JORGE LABORDA

QUILO DE CIENCIA
VOLUMEN III
(2005-2006)

© Jorge Laborda, 2014
Reservados todos los derechos
All rights reserved

JORGE LABORDA

QUILO DE CIENCIA
VOLUMEN III
(2005-2006)

Artículos de divulgación científica lo más informativos, comprensibles y divertidos que un soñador pudo crear

© Jorge Laborda, 2014
Reservados todos los derechos
All rights reserved

TÍTULO:
Quilo de Ciencia Volumen III (2005-2006)

AUTOR:
Jorge Laborda

© Jorge Laborda Fernández, 2014

EDICIÓN Y COORDINACIÓN:
Jorge Laborda

MAQUETACIÓN:
Jorge Laborda

PORTADA:
Alberto Nueda y Jorge Laborda
NIH PET" by National Institutes of Health -
http://www.alzheimers.org/rmedia/IMAGES/HIGH/PET20YEA
ROLD_HIGH.JPG. Licensed under Public domain via
Wikimedia Commons -
http://commons.wikimedia.org/wiki/File:NIH_PET.JPG#media
viewer/File:NIH_PET.JPG

IMPRESIÓN:
Lulu

Reservados todos los derechos. De acuerdo con la legislación vigente y bajo las sanciones en ella previstas, queda totalmente prohibida la reproducción o transmisión parcial o total de este libro, por procedimientos mecánicos o electrónicos, incluyendo fotocopia, grabación magnética, óptica, o cualesquiera otros procedimientos que la técnica permita o pueda permitir en el futuro, sin la expresa autorización, por escrito, de los propietarios del copyright.

ISBN: 978-1-326-08965-8

Reservados todos los derechos
All rights reserved

ÍNDICE

Resurrección y Muerte Del Virus De La Gripe 1
Pokemon y Cancer 5
Censura Anti Sida 9
Macacos, Pago Por Visión 13
Farmacopea Antivejez 17
La Boca y El Corazón 21
Neuronas "Mecachis" 25
Imágenes De La Mente 29
Una Sonada Terapia Contra El Cáncer 33
X Men, XX Women 37
Vitamina, ¿Eh? 41
Investigación Antianquilosante 45
Mi Mamá Me Mima Mi ADN 49
Materia Madre 53
¿Por Qué Nadamos y Guardamos La Ropa? 57
Creencias Borrachas 61
Aire Limpio y Efecto Invernadero 65
Ojo Con La Evolución 69
Matemáticas Mundurucús 73
Desafío a La Genética 77
Causalidades De La Vida 81
Diamantes a La Carta 85
Los Genes De La Fidelidad 89
Ciencia, Política y Homosexualidad 93
Calentamiento Global, ¿Enfriamiento Local? 97
Mujeres, Olor y Sexo 101
Nuevos Avances Sobre La Enfermedad De Alzheimer 105
Edad Celular y Carbono 14 109
Peso Ganado, Memoria Perdida 113
Pestañeas y No Te Enteras 117
El Termitero y El Hígado 121
¿Por Qué Creemos? 125
Ciegos a Lo Dulce, Sordos a Lo Salado 129
Anticuerpos Antidiabetes 133
Espabilenol 137

No Más Sequía De Energía Solar 141
P53: ¿Freno Tumoral, Acelerador Del Envejecimiento?.................... 145
E Pluribus Unum.. 149
Enfermedad Global... 153
Drogas... 157
¿Por Qué El Cielo No Es Morado?... 161
Antibióticos Bajo Nuestros Pies 165
Proyecto Hapmap 169
El Mol, El Placebo y La Homeopatía 173
Sancho Panzas Neuronales... 177
Parásitos Manipuladores.. 181
El Vesubio, Herculano, Medicina y Arqueología............................. 185
Bioquímica De La Confianza En El Prójimo 189
Anestesia Aprendida 193
Evolución 2005 197
Mamas y Madres 201
Ladrones De Prestigio... 205
Geometría Mundurucú 209
Motores a Metalina 213
Esperar Lo Malo Es Peor... 217
Ciencia y Consecuencias En La Reproducción Asistida 221
Virus y Obesos 225
Algo Escrito Sobre El Gusto 229
Los Factores Humanos 233
Homo Et Al. 237
Simetría y Cáncer 241
Longevihemia.. 245
Luminoso Futuro 249
Érase Una Vez El Cáncer 253
Arrepentimiento Inevitable... 257
Superratón Anticáncer.. 261
Platensimicina.. 265
Violeciencia... 269
¿Vitaminas Para Mamá, Obesidad Para Los Hijos? 273
Alimentos Transgrásicos... 277
El Tumbasolarismo y La Crema 281
La Edad De La Felicidad 285
La Ciencia Del Fútbol... 289

Panopticón	293
El Amor Está En El Aire	297
Nos Quedamos Sin Pilas	301
Sexo y Muerte	305
Nuevas Esperanzas Anti-Sida	309
Esta Noche Sí, Cariño, Que Me Duele La Cabeza	313
Materia Incógnita	317
Místico Cerebro	321
Sueño Ligero, Peso Pesado	325
Amargos Genes	329
Interferencia Génica	333
Madres Del Cáncer	337
Parásitos, Sexismo y Cultura	341
Un Nuevo Gen Para *Rain Man*	345
Vida y Calor	349
Homo diabetens	353
Alimentos Hipogénicos	357
La Resurrección De Stradivarius	361
^{210}Po: Veneno Radiactivo	365
Canal Hacia El Sindolor	369
Obesidad Floral	373

Resurrección y Muerte Del Virus De La Gripe

La temporada de la gripe está en su apogeo. Solo la semana pasada se triplicó el número de casos en España. Como todos sabemos, la gripe está causada por un virus. Menos sabido es que este virus, como el del SIDA, contiene ARN en su genoma, en lugar de ADN. Esta particularidad lo convierte en un virus que muta con mayor facilidad y puede así cambiar y convertirse en un virus mortal. ¿Debemos preocuparnos por la aparición de una nueva cepa de virus de la gripe tan mortal o más que la llamada gripe española de 1918?

La respuesta a esta pregunta reside quizá en conocer lo que yo llamo "espacio virus", en este caso, "espacio virus de la gripe" ¿Qué es eso? Vamos a ver. Supongamos que tenemos una foto digital de Fulano. Con medios informáticos, esta foto puede "mutarse", modificarse poco a poco. Podemos, por ejemplo, en el ordenador cambiarle el color de los ojos, o aumentarle ligeramente las orejas a Fulano. O podemos borrarle la nariz, ponerle o quitarle arrugas, redondear o alargar su rostro. Algunos de esos cambios no impedirán que sigamos reconociendo a esa foto como perteneciente a Fulano. Estos cambios se encuentran pues dentro del "espacio Fulano", es decir, son cambios que el rostro de Fulano puede admitir y seguir siendo reconocido como Fulano. Otros cambios, sin embargo, convertirán al rostro de Fulano en irreconocible. Son cambios que sacan a la foto fuera del "espacio Fulano".

Es evidente que algunos cambios mejorarán a Fulano, quizás lo conviertan casi en un modelo de pasarela. Otros cambios, por el contrario, podrán convertirlo en un monstruo. Lo mismo sucede con el virus de la gripe. Este virus cambia, y estos cambios, si suceden dentro del espacio "virus de la gripe", pueden convertirlo en un virus benigno o un virus muy virulento, pero si lo expulsan del espacio "virus de la gripe", lo convierten en un virus inoperante, del que no hay que preocuparse. En otras palabras: el virus puede cambiar, pero dentro de unos límites.

Los cambios que experimenta el virus de la gripe se producen por dos mecanismos diferentes. El primero sucede siempre, cuando el virus de la gripe se reproduce tras invadir a una célula de nuestro epitelio pulmonar. Para reproducirse, su genoma de ARN debe también copiarse. En el proceso de copia, se pueden producir errores que generan a virus "hijos" ligeramente diferentes de los "padres". Estos virus hijos pueden quizá reproducirse mejor, o invadir con más eficacia las células epiteliales del pulmón, pero, en general, no lo hacen de una manera dramáticamente diferente.

Por otra parte, estos cambios no impiden que nuestro sistema inmune, que se ha puesto en marcha desde el primer contacto con el virus para reconocerlo y neutralizarlo, reconozca a los virus hijos y los neutralice igualmente. Tras recuperarnos de una gripe, quedamos inmunizados contra un "subespacio de virus de la gripe" al que el virus que nos ha infectado pertenece, subespacio al que pertenecen igualmente la inmensa mayoría de virus hijos derivados del padre, que nuestro sistema inmune podrá reconocer y neutralizar, al menos parcialmente.

Por supuesto, estos virus hijos tendrán a su vez nietos, biznietos, etc., que serán progresivamente más diferentes del padre original; algunos se situarán incluso fuera del subespacio vírico que nuestro sistema inmune reconoce. En ese caso, no estaremos protegidos contra ellos, y si el virus es muy virulento, podremos sufrir una seria enfermedad, que podría ser la última. Esto puede suceder si transcurren muchos años entre el primer contacto con un virus de la gripe y un encuentro subsiguiente. En esos años, el virus habrá podido variar tanto que nuestro sistema inmune no lo reconocerá, igual que nosotros seguramente no reconoceremos tampoco a nuestro compañero de colegio al que no vemos desde hace mucho tiempo, pero esto sucederá solo a unos pocos individuos, y en absoluto será causa de epidemia.

Sin embargo, existe otro mecanismo por el que pueden producirse virus de la gripe tremendamente diferentes a los que nuestros sistemas inmunes saben reconocer y neutralizar. Se trata del "mezclado" de dos virus. Esto puede suceder si dos virus de la gripe diferentes, incluso de diferentes especies de animales, como el pollo y el ser humano, infectan a la vez a un sujeto, animal o humano. En ese caso, puede producirse la combinación de sus moléculas de ARN, y producirse así un virus nuevo dentro del "espacio virus de la gripe" que puede ser muy virulento y al mismo tiempo escapar al reconocimiento de los sistemas inmunes de prácticamente la humanidad entera, que no se habrán encontrado nunca con un virus semejante y no estarán en absoluto preparados para luchar contra él. Se producirá entonces la temida epidemia.

No obstante, no nos asustemos de manera indebida, que para eso ya tenemos a los estadounidenses. Este mecanismo de generación de nuevos virus es, afortunadamente, bastante improbable, y no sabemos cuándo, ni si sucederá en nuestras vidas. Además, contamos hoy con herramientas terapéuticas bastante sofisticadas, con las que no se contaba en 1918, que podrán ayudar a evitar la epidemia, caso de producirse ese nuevo virus.

Por otra parte, para estar más seguros, siguen las investigaciones, algunas de ellas con el objetivo de estudiar virus de la gripe situados en un subespacio particularmente virulento, como el virus de la gripe de 1918. No hace mucho, un equipo de investigadores logró "resucitar" parte de ese virus, recuperando parte de su genoma de víctimas esa enfermedad, cuyos cadáveres el ejército americano aún mantenía conservados tras la autopsia. No se ha conseguido el virus completo todavía, pero las investigaciones realizadas hasta la fecha indican que ese virus pudo crearse por la combinación de un virus de la gripe del pollo con otro virus de otra especie animal hoy aún no identificado.

Genes del virus de 1918, introducidos en virus de nuestros días, los convierten en mortales para ratones de laboratorio. Sin embargo, el tratamiento de esos animales con los fármacos antivíricos de los que disponemos hoy mata al virus y les protege de la enfermedad. Estos datos indican que, incluso si se produjera un nuevo virus tan mortal como el de

1918, o este resucitara, hoy no lo tendría tan fácil y posiblemente podríamos controlar o al menos limitar seriamente la epidemia.

Como siempre, la investigación sigue mejorando nuestras vidas, y alargándolas. Investigación nueva, vida nueva, pero no olvide por ello cuidarse mucho y, sobre todo, lavarse bien las manos antes de comer, que es lo que más protege del contagio de la gripe y del catarro, según indican también algunas investigaciones.

10 de enero de 2005

Pokemon y Cáncer

La semana pasada saltó la noticia del descubrimiento de un nuevo oncogén, al que se ha llamado Pokemon, el cual, como ya sucedió hace veintitantos años con el descubrimiento de los primeros oncogenes, promete nuevos fármacos para vencer al cáncer. Recordaremos aquí que un oncogén es un gen involucrado en el origen y crecimiento de tumores. Tras el descubrimiento estas tres últimas décadas de varias decenas de oncogenes y también de otros genes implicados en el cáncer, como son los llamados genes supresores de tumores, cabe preguntarse por qué tanto interés por el descubrimiento de este nuevo oncogén. Vamos a intentar explicarlo en términos sencillos.

Nuestras células son máquinas; unas máquinas extraordinarias y muy complejas, pero máquinas al fin y al cabo. Como todas las máquinas, las células funcionan con un propósito, como puede ser filtrar la sangre, ayudar a que podamos movernos o rascarnos la nariz, o incluso hasta ayudarnos a pensar. Distinto tipo de células realizan distinto tipo de funciones en nuestro organismo.

Con el uso, las máquinas pueden estropearse, y lo mismo les sucede a las células. Una célula estropeada sin capacidad de arreglo es una célula que debe ser eliminada y reemplazada, si es posible. Por otra parte, los organismos están formados por miles de millones de células que provienen de una célula original. Con todo esto, lo que quiero decir es que las células, además de ser máquinas que funcionan con un propósito determinado, son máquinas capaces de copiarse a sí mismas, de reproducirse, y de reemplazar así a las células muertas.

Las funciones de las máquinas más complejas creadas por el ser humano dependen de las piezas que las forman y de la relación que guardan entre ellas. Es evidente que un avión o un coche solo son avión o coche si sus piezas están encajadas correctamente unas con otras. El ensamblado correcto de piezas es lo que capacita para su función, correr o volar.

La interrelación de determinadas piezas en las máquinas es lo que hace posible las distintas subfunciones que las máquinas pueden ejercer. Por ejemplo, un coche, además de moverse, debe poder ser dirigido. El volante y otras piezas es lo que hace posible que las ruedas giren. Podríamos fabricar un coche sin volante, que solo iría hacia delante o hacia atrás; serviría de poco, pero es posible imaginarlo. Igualmente, podríamos tener un coche sin frenos, solo con acelerador; sería peligroso, pero posible.

Las máquinas que son las células también disponen de determinadas piezas para ejercer funciones definidas. Estas piezas, como últimamente todas las piezas con las que cuenta la célula para su funcionamiento, son fabricadas por los genes. Como decía antes, una de las funciones que la célula ejerce es la de su propia reproducción, y la célula cuenta con genes específicos para llevarla a cabo.

Es evidente para todos que las máquinas necesitan elementos de control para regular su funcionamiento. Por ejemplo, un coche cuenta con un acelerador y un freno. Unas piezas determinadas mantienen al acelerador y al freno en su posición de reposo. En este caso, es el conductor quien ejerce las presiones oportunas en el momento adecuado para controlar el desplazamiento del vehículo.

Sion embargo, las células deben controlarse solas, sin conductor. Por esa razón, unos genes son los encargados de apretar el acelerador de la reproducción celular, y otros son los encargados de apretar el freno. Los genes encargados de apretar el acelerador, si se estropean, si mutan y lo aprietan demasiado fuerte, pueden llegar a conseguir que la célula se reproduzca sin control. Son los oncogenes, que pueden causar el cáncer. Por otra parte, si los genes encargados de apretar el freno, los llamados genes supresores, se estropean y no aprietan el freno bien, puede suceder lo mismo. Incluso sin apretar el acelerador demasiado, sin frenos, la célula puede reproducirse sin control y convertirse en tumoral.

Hasta el descubrimiento de Pokemon (cuyo nombre, derivado del inglés y no del japonés, para quien quiera saberlo, es un acrónimo para factor oncogénico eritroide mieloide de la familia POK), se pensaba que oncogenes y genes supresores eran los únicos genes involucrados en el control de la reproducción celular y el cáncer, pero la existencia de Pokemon ha venido a invalidar esta idea. ¿Por qué? ¿Cómo funciona Pokemon?

Seguramente los conductores despistados han comprobado alguna vez que con el freno de mano puesto, el coche no se mueve al acelerar como normalmente debe hacerlo. Es de igual modo evidente que si mantenemos el freno de pie apretado fuertemente, tampoco podremos conseguir que el coche se mueva al apretar el acelerador. Pues bien, Pokemon es un gen que actúa sobre los genes que aprietan el freno de la reproducción celular e impide que lo aprieten demasiado. Si Pokemon no funciona, el freno de la reproducción celular está tan apretado que, incluso si los oncogenes aprietan el acelerador de la reproducción, la célula no puede reproducirse. Sin embargo, si hay demasiado Pokemon en la célula, el freno de la reproducción celular está muy poco o nada apretado, y a poco que los oncogenes aprieten el acelerador consiguen que la célula se convierta en cancerosa y se reproduzca sin control.

El descubrimiento de este nuevo gen involucrado en el cáncer, además de proporcionar nuevo conocimiento sobre el proceso del control de la división celular, abre, como todo nuevo descubrimiento, un poco más la puerta de la esperanza hacia la curación de esta enfermedad. Es evidente, visto el modo en que Pokemon funciona, que un fármaco que impidiera el funcionamiento o inutilizara a Pokemon conseguiría que el freno de la reproducción celular se apretara de tal manera que las células cancerosas dejaran de reproducirse. La investigación para conseguir fabricar el primero de este tipo de fármacos está ya en marcha.

Una vez más, este tipo de estudios demuestra que la investigación básica, esa que intenta estudiar y comprender simplemente lo que sucede en la Naturaleza, es la que abre la puerta a que podamos más tarde desarrollar una tecnología, un modo de actuar sobre esa Naturaleza. Habrá que esperar años hasta poder disponer de un nuevo fármaco que actúe sobre Pokemon, pero sin conocer la existencia de este gen, ni su funcionamiento, no hubiera sido posible ni esperar; y hubiera sido menor la esperanza.

24 de enero de 2005

Censura Anti Sida

Cuando, hace más de veinte años, quedó claro que el SIDA era causado por el virus VIH (virus de la inmunodeficiencia humana), se consagraron muchos esfuerzos para entender cómo actuaba este organismo. Se averiguó que el VIH infectaba a los llamados linfocitos T CD4, que son las células sobre las cuales se apoya el funcionamiento del sistema inmune. Al matar el virus a estas células, el sistema inmune deja de funcionar, haciendo al organismo vulnerable al ataque de múltiples microorganismos, lo que acaba por causar la muerte. Se obtuvo también la secuencia completa del genoma del VIH, con lo que se averiguó cuáles y cuántos genes posee este terrible enemigo de la humanidad.

Sin embargo, conocer el genoma de un virus no es suficiente para entenderlo. La razón de esto es que los virus no son autónomos, y necesitan de las células a las que infectan para reproducirse. Los virus son como figuras geométricas, que no tienen sentido si no se proyectan sobre un fondo, con el que deben compararse para que se revelen sus características propias. Así, para entender de verdad cómo funciona un virus, hay que entender de verdad también el fondo sobre el que se proyecta. Es necesario entender, pues, cómo funcionan las células a las que infecta y cómo se aprovecha de ellas, y eso es mucho más difícil.

No obstante, si por algo se caracterizan los científicos y la ciencia es por ser enemigos mortales del misterio. Para la ciencia, el misterio está ahí no para maravillarse, o para adorarlo, sino para destruirlo. Luchando contra el misterio no siempre se acaba con él, pero siempre se aprende algo nuevo.

Fue así cómo se descubrió, no hace mucho, un nuevo mecanismo de defensa anti virus que nuestras células poseen y que el virus del SIDA es capaz de anular. La manera en que funciona es muy interesante. Intentaremos explicarla.

La filosofía del funcionamiento de este mecanismo es la censura de la información genética que el virus posee. Imaginemos una sociedad futura ultratecnológica en la que, desgraciadamente, se ha impuesto la dictadura como medio de gobierno. Se permite publicar cualquier cosa, cualquier idea, pero los libros subversivos disponen de un sofisticado mecanismo de autocensura. Si un libro detecta que está influyendo demasiado en las ideas de quien lo lee, entonces intercambia sus letras; sus palabras se convierten en ininteligibles y no es posible leerlo.

Como debemos saber, la información genética de todos los organismos está formada por la secuencia de las moléculas que forman el ADN. Esta información se encuentra en un alfabeto de cuatro letras, A,T,C,G, que forma palabras en combinaciones de tres de esas letras. Palabras de este lenguaje son por ejemplo AAA, TCA, o CCG. Las palabras tienen un significado; al igual que estas que leen, se refieren a algo que existe en el mundo. En este caso, las palabras del ADN se refieren a las moléculas de los llamados aminoácidos que deben unirse entre sí, en el orden especificado por las palabras del ADN, para formar proteínas que funcionen correctamente. Proteínas son las piezas que el virus debe producir en la célula para reproducirse.

La maquinaria celular también produce las proteínas que la célula necesita para vivir. Esta maquinaria es la que el virus utiliza. La maquinaria lee de manera automática la información genética que el virus introduce en el interior de la célula al infectarla. Esta información es subversiva y transforma a la célula, convirtiéndola en enemiga del orden establecido. En ese momento, la célula no puede ya hacer nada, y se ve esclavizada por el virus, obligada a reproducirlo. Los nuevos virus producidos saldrán de la célula infectada e irán a infectar a otras. La invasión parece imparable. ¿O no? La célula infectada sí puede hacer una cosa para ayudar a las otras a evitar la "subversión vírica", y es introducir un mecanismo molecular en el "libro" del genoma vírico que ella se ve obligada a reproducir para que si otra célula intenta leerlo, no pueda entender lo que dice.

¿Cómo logra esta hazaña la célula? Pues, por supuesto, con una proteína que produce a partir de su genoma, una proteína que es capaz de modificar la química de las letras del ADN, lo que resulta en un cambio de todas las Gs por As en el genoma del virus. Esta proteína "cambialetras" sale junto con los nuevos virus formados y cuando estos intentan infectar una nueva célula, actúa. Cambiar una letra por otra puede no ser muy grave en un alfabeto de veintiocho letras, pero en un alfabeto de cuatro letras, resulta fatal. La información es destruida por completo; y el libro de su genoma convertido en incomprensible. El virus no puede reproducirse más.

Si este mecanismo funcionara sin fallos, el virus del SIDA, y otros virus, no tendrían posibilidad de reproducirse. Sin embargo, los virus no son "tontos" y han desarrollado, a lo largo de la evolución, mecanismos para contrarrestar esta arma molecular anti "subversión vírica" que las células poseen.

El virus del SIDA, y sospecho que otros virus de su misma clase, han incorporado, a lo largo de la coevolución con sus células huésped, un gen en su genoma que produce una proteína que anula a la proteína "cambialetras". De nuevo, la manera en que este gen funciona es aprovechándose de otros mecanismos celulares. Las células cuentan con plantas de destrucción y reciclaje de proteínas para eliminar aquéllas que se han estropeado. El gen del virus del que hablamos, que se llama vif, se une a la proteína "cambialetras" y la envía a esa planta celular de destrucción. Sin que esa proteína estorbe ahora, las letras del genoma del virus no son cambiadas, y el virus puede reproducirse.

¿Qué podemos hacer con este conocimiento? Es evidente que si pudiéramos impedir que el gen vif funcionara, el virus del SIDA no podría reproducirse. Un fármaco que inutilizara la acción de este gen, por consiguiente, podría ser un muy eficaz, e incluso ser capaz de curar la enfermedad. En ello andan trabajando algunos laboratorios. Les deseo de corazón, todo el éxito del mundo en sus investigaciones.

31 de enero de 2005

Macacos, Pago Por Visión

Numerosas veces he intentado responder a la pregunta de por qué a la gente le gusta leer, o al menos ojear, revistas del "corazón", seguir las vidas y andanzas de los artistas de Hollywood y ver "Gran Hermano". Desde mi punto de vista, todas estas son actividades que ponen en duda lo apropiado del nombre *Homo sapiens*, que hemos dado a nuestra propia especie, y sugieren que sería mejor habernos bautizado *Homo cotilleandens*.

Afortunadamente, la ciencia acude en nuestra ayuda para intentar responder también a preguntas aparentemente tan peregrinas como esta o, al menos, para indicarnos por dónde andan los tiros de la posible respuesta. En este caso, el estudio científico del comportamiento de los primates, primos hermanos nuestros con los que compartimos la enorme mayoría de nuestro genoma e historia evolutiva, es el que nos ofrece luz para intentar comprender mejor nuestro comportamiento.

Los primates vivimos en sociedades en las que el mejor manejo de las relaciones sociales y el estatus social son críticos para el bienestar de los individuos. En apoyo de este hecho, sabemos que la talla del neocórtex cerebral de estos animales, es decir, la región del cerebro encargada de procesar información de alto grado de complejidad, aumenta con el tamaño de los grupos sociales que forman las diferentes especies de primates estudiadas. Esto sugiere también que la adquisición, almacenamiento y manejo de información social ha sido una fuerza evolutiva importante que ha conformado las capacidades cognitivas de los primates, es decir, la talla de nuestro cerebro es en parte la que es debido a la necesidad de gestionar una gran cantidad de información social.

Si el bienestar y la mayor probabilidad de éxito reproductivo de los primates dependen de la información social que son capaces de almacenar en sus cerebros, entonces los individuos de estas especies deben estar dispuestos a adquirir este tipo de información y dispuestos a pagar un precio por ello. En nuestra especie, es evidente que así es. No mencionemos si no, los cafés, y hasta comidas, que podemos llegar a pagar para escuchar rumores y comentarios sobre nuestros colegas o nuestros jefes, o sobre las mujeres o maridos de nuestros conocidos; en suma, sobre individuos con los que interaccionamos y con los que debemos comportarnos de una determinada manera que, para nuestro mayor beneficio social, e incluso sexual, debe ser modulada siempre por la información que disponemos sobre su carácter, deseos, virtudes y defectos.

Para averiguar lo que lo algunos primates pueden llegar a valorar esta información, no existe otra manera que llevar a cabo experimentos controlados. Como no siempre es fácil llevarlos a cabo con seres humanos, se usa a menudo especies lo evolutivamente más próximas a nosotros que los experimentadores sean capaces de mantener en el laboratorio. En este caso, en los estudios que voy a describir a continuación, llevados a cabo por investigadores de la universidad de Duke, en Carolina del Norte, EE.UU., se utilizaron monos de la especie *Macacus rhesus*.

Los investigadores entrenaron a los macacos para que eligieran mirar a uno de dos puntos en una pantalla de ordenador. Si el macaco miraba al de la izquierda, se le recompensaba con una cantidad, conocida previamente por el macaco, de zumo de frutas, bebida que los macacos sedientos valoran literalmente más que el oro. Si, por el contrario, miraba al punto de la derecha, se le recompensaba con menor cantidad de zumo y con una imagen. Esta imagen correspondía bien al rostro de uno de sus colegas, rostro que reflejaba el mayor o menor estatus social de su propietario, bien al "trasero" de una hembra, zona de su cuerpo que los macacos machos deben explorar visualmente para averiguar si una hembra se encuentra sexualmente receptiva o no. En este caso, los macacos sabían a qué tipo de los dos anteriores pertenecía la imagen que se les iba a mostrar, y también sabían que iban a recibir menor cantidad de zumo según las imágenes fueran de uno o de otro tipo, es decir, si el macaco elegía ver una imagen, debía pagar un precio, medido en la diferencia en la cantidad de zumo que recibía.

Disminuyendo progresivamente la cantidad de zumo que ofrecían con las imágenes, los experimentadores fueron capaces de averiguar cuáles eran las más valoradas por los macacos. Hay que decir que los macacos son expertos en determinar qué cantidad de zumo reciben, y son muy sensibles a recibir menor cantidad de la que creen les es debida, por lo que la evaluación del precio de la imagen, en términos de cantidad de zumo, es muy precisa.

Si pensaba usted que la imagen por la que los macacos machos estaban dispuestos a pagar mayor precio era la del "trasero" de una hembra, lo ha adivinado. En eso los macacos macho no parecen muy diferentes de los hombres. Sin embargo, el precio no era dramáticamente diferente del que estaban dispuestos a pagar por la imagen de un rostro de un macaco de alto rango. Ahora bien, para hacerles contemplar un rostro de un individuo de bajo rango, había que pagarles, y darles más zumo que cuando elegían no mirar a imagen alguna. El rostro de los animales de rango inferior les repelía hasta el punto de tener que sobornarles con más zumo para que aceptaran mirarlo.

Estos resultados indican que los macacos son capaces de pagar por recibir información que sería socialmente y sexualmente beneficiosa para ellos, de vivir en un entorno natural, y no en el laboratorio, claro está. Esto sugiere que esos animales están predispuestos genéticamente a dedicar cierto esfuerzo a adquirir esa información y que nosotros también lo estamos, sobre todo si consideramos que nadie recibe clases para cotillear o rumorear mejor, y sin embargo, casi todos lo hacemos.

Así, pues, la ciencia, al estudiar a nuestros primos primates, intenta que aprendamos algo más sobre nosotros mismos. Este conocimiento puede no ser fundamental para curarnos de alguna cosa, pero es fundamental, en mi opinión, para algo tan importante como la tolerancia. Creo que comprender las razones biológicas de por qué somos cómo somos ayudará a que nos aceptemos mejor a nosotros mismos y, de paso, a que aceptemos mejor al otro, a ese que, como los macacos, no es tan diferente de nosotros como puede parecer a primera vista.

7 de febrero de 2005

Farmacopea Antivejez

A PESAR DE que tengo muy claro que la religión y la ciencia son cosas muy diferentes, en algo comienzan a parecerse, y es en la promesa de la vida eterna. Las investigaciones recientes sobre el envejecimiento, aunque todavía no nos conceden la vida eterna, sí parecen prometer alargarnos la existencia sustancialmente, además de acortar el estado de decrepitud que supone la vejez.

Han sido numerosos los estudios que indican que el envejecimiento es una cuestión de genes. Cuando hablo de estas cosas, suelo recordar que las diferentes especies de animales gozan de diferentes longevidades, y que esto está determinado por sus genes. Son los genes los que decretan que la vida de un gusano sea mucho más corta que la de un mamífero, y que la vida de estos sea más corta que la de algunos reptiles. Además de esta obviedad, estudios en animales con genes mutados, es decir, con genes anormales, indican que cambios en determinados genes ejercen un efecto dramático en la duración de la vida. Además, en el caso del ser humano, se ha determinado que en el cromosoma número cuatro, de los veintitrés pares que tenemos, se concentran genes que poseen un efecto muy marcado sobre la longevidad.

Como todo en la vida, nada depende solo de los genes, sino también del entorno en el que vivimos y de sus efectos sobre los seres vivos. Se sabe hoy que el efecto de las moléculas oxidantes sobre el ADN de las células ejerce un efecto claro sobre la tasa de envejecimiento. Sustancias antioxidantes, como la vitamina E o la C, pueden ejercer un efecto beneficioso y por ello una alimentación adecuada alarga la vida; al igual que la alarga una dieta baja en calorías. No comer demasiado es bueno, al menos para animales de laboratorio.

Si las sustancias en la dieta pueden alargar la vida, quizá la puedan alargar también algunos medicamentos que tomamos para aliviar o curar determinadas enfermedades. Es una hipótesis que han explorado investigadores de la Facultad de Medicina de San Luis, en EE.UU.

Como es natural, no podemos estudiar fácilmente el efecto de medicamentos en la longevidad de los seres humanos por al menos dos razones. La primera es que no está demasiado bien administrar medicamentos a individuos sanos, aunque podría hacerse con el consentimiento de estos. La segunda es que para averiguar si un determinado medicamento alarga la vida, haría falta que el investigador del estudio se muriera más tarde que los individuos objetos de este estudio o, de otra manera, no podría llegar a observar los resultados de su experimento. Este problema podría resolverse con estudios generacionales, es decir, en este caso, empleando a varias generaciones de investigadores. Los estudios sobre la longevidad se "heredarían" de padres a hijos e incluso a nietos "científicos" del investigador que iniciara el estudio, hasta que todos los sujetos sometidos al estudio murieran y pudiera determinarse si habían vivido más o menos que los sujetos a quienes no se administró nada.

Para evitar estos problemas, lo mejor es estudiar los posibles efectos de los medicamentos en una especie animal de vida muy corta, pero lo más similar al *Homo sapiens* posible, o al menos razonablemente similar. Es lo que han hecho los investigadores de San Luis, quienes, para sus estudios, utilizaron al simpático gusanillo, *Caernorhabditis elegans*, un animalillo de alrededor de un milímetro de longitud que vive una media de 16,7 días. Pensará usted que ese animal nada tiene que ver con nosotros y, sin embargo, compartimos la mayoría de nuestros genes con él. Decir a alguien "eres un gusano" no es un insulto tan formidable como parece. La ciencia nos lo dice a menudo.

Con el fin de estudiar el posible efecto de los medicamentos sobre la longevidad de *Caernorhabditis elegans*, los investigadores eligieron administrar diecinueve medicamentos diferentes, uno de cada clase principal, es decir, un antiinflamatorio, un analgésico, un antivírico, etc. De lo que no hay duda es de que, en este estudio, los investigadores "tenían el gusanillo" de saber qué iba a pasar con sus gusanillos. ¿Vivirían más?

Dieciocho de esos medicamentos no mostraron efecto alguno sobre la longevidad de los gusanos; pero uno, sí. Sorprendentemente, se trata de un anticonvulsivo, concretamente, la etosuximida, un fármaco con actividad sobre las sinapsis neuronales que se utiliza para tratar la epilepsia. La administración de este medicamento alargaba la vida de los gusanos hasta los 19,6 días, es decir, un 17%. En nuestro caso, esto supone que si la esperanza de vida es de 80 años, esta aumentaría hasta los 93 años y medio, más o menos.

Para saber si esta sustancia podría alargar la vida de los seres humanos, había que averiguar si su funcionamiento era similar en los dos casos, es decir, había que averiguar si las moléculas biológicas sobre las que este medicamento podía actuar eran similares o diferentes en gusanos y humanos. Para ello, los investigadores realizaron varios experimentos. En el primero, estudiaron si otros medicamentos pertenecientes a la clase de la etosuximida también alargaban la vida del gusano, como en efecto así fue, y en algún caso incluso bastante más que la misma etosuximida. En otro experimento, determinaron si la concentración de medicamento que más alargaba la vida de los gusanos era similar a la concentración de medicamento en la sangre humana con mayor efecto terapéutico, como también resultó ser el caso.

Los dos resultados anteriores sugieren que las propiedades anticonvulsivas de este medicamento se deben a su acción sobre un mecanismo neuronal, similar en gusanos y en el hombre, que puede ejercer un efecto sobre la longevidad. La modificación de este mecanismo por el medicamento puede, quizá, afectar a la duración de nuestra vida.

Un momento, por favor, no corra aún a la farmacia para comprar etosuximida o sus derivados. Todavía hacen falta muchos más estudios para asegurarnos de que el consumo de este medicamento realmente alarga la vida del ser humano, el cual, después de todo –¿quién lo diría?–, no es completamente igual a un gusano de laboratorio. Si quiere vivir más tiempo, no fume, beba con moderación, haga ejercicio y, sobre todo, lea todas las semanas estos artículos de ciencia que le ayudarán a mantener su cerebro en forma.

14 de febrero de 2005

La Boca y El Corazón

PODRÍA PARECER QUE los dientes y el corazón no tienen nada que ver. Al fin de cuentas, sacarle los dientes a alguien no es lo mismo que recibirle con el corazón en la mano. Sin embargo, estudios recientes indican que la salud bucal tiene que ver con la salud cardiaca más de lo que parece.

Es de muchos conocido que la arteriosclerosis es una enfermedad cardiovascular, una enfermedad de las arterias causada por depósitos grasos en la pared de las mismas. Estos depósitos pueden disminuir el flujo de sangre que atraviesa las arterias. Si el paso de la sangre llegara a detenerse, se interrumpiría el riego sanguíneo por el órgano o tejido que esa arteria irrigara, con la consiguiente muerte de, al menos, una parte de las células de ese órgano, las cuales se verían privadas de oxígeno y nutrientes. Si este órgano es vital, como el corazón o el cerebro (el segundo órgano preferido de Woody Allen), puede sobrevenir la muerte.

Sin embargo, la arteriosclerosis no está causada solo por depósitos de grasa. En el depósito de grasa se acumulan también células inflamatorias, células que normalmente luchan contra las infecciones bacterianas. Son los macrófagos, que se han transformado en otra cosa: se han transformado en las llamadas células espumosas, aunque no es espuma lo que contengan en su interior, sino enormes cantidades de grasa que se suman al depósito.

Debido a la presencia de células inflamatorias en los depósitos grasos que causan la arteriosclerosis, se cree hoy que esta enfermedad es, en realidad, un proceso inflamatorio. El daño a las arterias es causado por la inflamación crónica que supone esta enfermedad.

Normalmente, los procesos inflamatorios se producen como respuesta a las infecciones. Por esta razón, se ha comenzado a estudiar si las enfermedades infecciosas y la arteriosclerosis están relacionadas.

En uno de los estudios más recientes, los investigadores analizan si existe una relación entre la presencia de bacterias causantes de enfermedades dentales y el riesgo cardiovascular. Para llevarlo a cabo, se estudiaron 657 personas sanas, y con dientes, de edades comprendidas entre 9 y 69 años y sin historia previa de enfermedad cardiovascular. La población estudiada provino de cinco regiones concretas del norte de Manhattan, zonas en las que no existen diferencias importantes en cuanto a la calidad de la asistencia sanitaria que las personas reciben. De este modo, los investigadores se aseguraban lo más posible de que las diferencias entre los pacientes no fueran debidas a diferencias sociosanitarias importantes, y que todos tuvieran un estado de salud más o menos homogéneo.

A estas personas se les hizo un cultivo de bacterias extraídas de sus encías, bacterias que fueron caracterizadas por técnicas moleculares. Se comprobó que la mayoría de las bacterias correspondían a once especies diferentes, de las cuales cuatro estaban involucradas en problemas bucales y siete, no.

¿Cómo puede saberse si tener bacterias patógenas en la boca es un factor de riesgo cardiovascular en personas que aún no han desarrollado enfermedad cardiovascular alguna? Evidentemente, se puede esperar a ver qué sucede en esa población de personas sobre las causas de su mortalidad. Por ejemplo, se puede esperar a comprobar si las que tienen bacterias patógenas se mueren más frecuentemente por infarto de miocardio o por derrame cerebral que las que no las tienen. O se puede intentar comprobar si existe una relación entre el contenido de bacterias patógenas en la boca y otra cosa que se sepa fiablemente que está relacionada con el riesgo cardiovascular.

Esto último fue lo que decidieron hacer en este estudio. Los investigadores eligieron comprobar si existía una relación entre las bacterias y el espesor de la pared de la arteria carótida, la que sube por el cuello hacia la cabeza. Se sabe muy bien que cuanto más espesa es la pared de esa arteria, se sufre mayor riesgo de enfermedad cardiovascular. Además, el espesor de la carótida puede medirse sin problemas, y sin cortar el cuello a nadie, mediante una técnica de barrido con ultrasonidos.

Lo que los investigadores encontraron fue que cuanto mayor era el contenido en las cuatro bacterias patógenas de la boca, mayor era el grosor de la arteria carótida. Esta relación sucedía con las bacterias patógenas, pero no con las no patógenas, es decir, el contenido en la boca de bacterias no patógenas parecía ser irrelevante. Solo el contenido de bacterias patógenas se relacionaba de manera directa con el grosor de la carótida.

¿Quiere esto decir que las bacterias patógenas bucales son la causa del incremento del grosor de la arteria carótida? Bien, no podemos afirmar que esto sea cierto, puesto que no sabemos qué ocurre antes, si la infección bacteriana o el incremento de grosor de la arteria. Podría suceder, por ejemplo, que el grosor de la carótida reflejara un peor estado de salud que potenciara que las bacterias patógenas colonizaran la boca. Para saber si el contenido en bacterias patógenas puede constituir un riesgo cardiovascular, se hace necesario seguir la historia clínica de los sujetos bajo estudio y comprobar si experimentan mayor mortalidad cardiovascular. También se hace necesario un programa profiláctico para eliminar las bacterias patógenas de la boca de aquellos individuos que las poseen y comprobar si así disminuye la mortalidad cardiovascular. En resumen que, como para casi cualquier programa de investigación serio, son necesarios años de pacientes estudios con pacientes y sujetos sanos antes de poder averiguarlo a ciencia cierta.

Sin embargo, averiguarlo es muy importante. Las implicaciones para la salud de la población pueden ser substanciales. Puesto que las infecciones bucales son muy comunes, incluso si este factor solo incrementa el riesgo de problemas cardiovasculares en un porcentaje no muy alto, el impacto en la salud de la población sería aún grande. De ser así, deberían establecerse programas de salud bucal que, sin duda, impactarían en un menor costo para la sanidad en general, puesto que disminuirían el riesgo de enfermedades cardiovasculares. Esto sería quizás lo que, por fin, convencería a las autoridades sanitarias a dar luz verde a que la Seguridad Social cubra los gastos dentales. Si, a la postre, sale más barato que no hacerlo, tengan por seguro que sucederá. Esperemos que no haya que esperar mucho para saber si cuidar la boca es la manera más barata de cuidar el corazón.

21 de febrero de 2005

Neuronas "Mecachis"

A NADIE LE gusta equivocarse, y si detectamos que es posible cometer un error, procuramos evitarlo. Esto es lo más natural del mundo y, por esa razón, este fenómeno está al alcance del estudio de la ciencia. ¿Qué sucede en nuestros cerebros cuando intentamos evitar cometer errores? ¿Cómo aprendemos a evitar meter la pata para que no nos hagan pagar el pato?

Los neurocientíficos, bueno, algunos de ellos que, por desgracia, no suelen ser los que estan trabajando en España, han descubierto que una región de nuestros cerebros, llamada el córtex cingulado anterior, se pone en funcionamiento cuando se detectan errores o discrepancias entre acontecimientos esperados y lo que sucede en realidad. Igualmente, la misma región se pone en marcha cuando los sujetos se equivocan en la ejecución de alguna tarea, al menos en condiciones de laboratorio.

Sin embargo, no está claro cómo esta región interviene, si lo hace, en el aprendizaje de lo que constituye un error, o aprende a detectar contradicciones en las posibles maneras de actuar. Es más, aún no está claro si esta región no interviene solo en eso, y no en darse cuenta de los errores propiamente dichos. Bien es cierto que para evitar errores primero tenemos que aprender a detectarlos y comprender que podemos equivocarnos al actuar de determinada manera; de otro modo, no es posible el cambio de conducta necesario para evitar equivocaciones en el futuro.

Por esta razón, investigadores del Departamento de Psicología de la Universidad Washington, localizada en San Luis, Missouri, EE.UU., estudiaron si el córtex cingulado anterior de nuestros cerebros se ponía en marcha, no cuando detectaba un error, sino en situaciones donde era alta la probabilidad de meter la pata. En otras palabras, los científicos intentaron demostrar la hipótesis de que esta región sirve como señal de alarma ante la posibilidad de fastidiarla, y nos pone sobre aviso para evitar que cometamos posibles y probables idioteces. Los resultados de este estudio aparecen en la revista *Science*.

Para conseguir este propósito, entrenaron a varias personas a realizar una tarea muy simple en dos condiciones diferentes. En una de ellas, la probabilidad de equivocarse era baja; en otra, alta. La tarea consistía en lo siguiente: en una pantalla de ordenador aparecía una línea recta de color blanco o azul. Exactamente un segundo después, la línea recta se convertía en una flecha horizontal que apuntaba hacia la izquierda o hacia la derecha. La dirección de la flecha indicaba qué tecla debía ser pulsada, si la que estaba bajo el dedo índice izquierdo o bajo el dedo índice derecho. Por cada tecla correctamente pulsada por los participantes estos recibían una recompensa. Para pulsar las teclas, los sujetos contaban con todo un segundo para pensárselo. Pasado ese tiempo, era demasiado tarde y el jugador no recibía su premio.

Hasta aquí, la cosa era muy simple. El truco de este juego, sin embargo, consistía en que tras aparecer la flecha apuntando en un sentido determinado, un 33% de las veces, aparecía sobre esta otra flecha más gruesa apuntando en el sentido opuesto, que era el que correspondía realmente a la tecla que había que pulsar, es decir, un tercio de las veces, se inducía al error a los participantes. Es como si les dijeran: "vale, aprieta el botón de la izquierda", y una fracción de segundo después les dijeran: "No. Lo siento, el de la izquierda, no; el de la derecha".

Esta inducción al error no era igual en todos los casos. Si en la pantalla había aparecido una línea blanca, el tiempo que tardaba la flecha gruesa en aparecer era corto, por lo que, como no había dado mucho tiempo para pulsar la tecla correspondiente, existía la posibilidad de enmendar la intención inicial y pulsar la tecla correcta. Sin embargo, si la línea que aparecía en la pantalla era de color azul, el tiempo que tardaba la flecha gruesa en aparecer era más largo. En ese caso, era muy probable que los participantes ya hubieran pulsado la tecla correspondiente a la dirección inicial, y hubieran metido la pata, puesto que solo tenían un segundo para apretar la tecla desde que veían aparecer la primera flecha.

Los participantes no sabían inicialmente que la línea blanca indicaba que habría tiempo para reaccionar y que la línea azul indicaba que habría poco tiempo, pero, al cabo de unos cuantos intentos, todos averiguaron que la línea azul indicaba que se podía cometer un error con mucha mayor probabilidad que cuando aparecía la línea blanca.

En estas condiciones, los experimentadores analizaron lo que sucedía en el cerebro de los participantes mediante resonancia magnética funcional, una técnica que permite analizar el funcionamiento del cerebro, en vivo y en directo, sin necesidad de hacer una trepanación. Lo que observaron fue que cuando aparecía la línea azul en la pantalla, pero no la línea blanca, la actividad del córtex cingulado anterior aumentaba. Es decir, ante un signo de que era más probable cometer un error, esta área del cerebro se ponía en funcionamiento. Este resultado es indicativo de que esta zona cerebral no se activa cuando hemos cometido el error, sino antes de cometerlo. De alguna manera, nos avisa de que seamos cuidadosos porque podemos equivocarnos si no lo somos.

Estos estudios sugieren que el mejor o peor funcionamiento de esta zona del cerebro puede tener mucho que ver con la cantidad de errores que podamos cometer en la vida, o al menos durante el matrimonio. Habrá que esperar algo más para ver si esta zona del cerebro se activa en determinadas circunstancias aparentemente normales de la existencia de una persona, pero que pueden suponer un enorme error, como cuando estamos a punto de invertir dinero en bolsa, a punto de invitar a los suegros a comer, o tenemos tentaciones de hablar bien del jefe. Será interesante comprobarlo.

28 de febrero de 2005

Imágenes De La Mente

EN LOS ÚLTIMOS años, se ha producido un avance extraordinario en el conocimiento del cerebro, el órgano favorito de los antiguos eunucos. Estos avances se deben, en buena parte, a la capacidad de explorar lo que sucede en ese órgano cuando realizamos diversas actividades que requieren un esfuerzo mental. Y de eso quiero hablarles hoy, de cómo funciona un procedimiento que permite obtener imágenes de la actividad cerebral y conocer qué regiones de nuestro cerebro están implicadas en determinadas actividades.

Antes de entrar en los detalles del procedimiento y de sus posibilidades, me gustaría invitarle a que me acompañara en un breve paseo por la historia. Nos encontramos en 1926, en el Hospital Peter Bent Brigham de Boston. El Dr. John Fulton tiene la oportunidad de examinar un caso extraordinario. Un marinero de origen alemán, Walter, había sido ingresado en el hospital aquejado de severos dolores de cabeza y de una visión pobre que se había ido deteriorando en los últimos cinco años. Durante los seis meses anteriores a su ingreso en el hospital, Walter se había quejado de la presencia de un molesto ruido en su cabeza (y eso que la televisión no se había inventado aún, ni Walter seguía ni el tres por ciento de las acusaciones políticas de unos a otros por la radio). El Dr. Fulton comprobó que la visión de Walter era mala, y que, en efecto, si se aplicaba un estetoscopio a la parte occipital (trasera) de la cabeza de Walter ¡se podía oír un ruido!, probablemente el ruido del que este marinero se quejaba. El ruido subía y bajaba en intensidad con la misma frecuencia que los latidos del corazón de Walter.

Walter fue sometido a una operación exploratoria en la que se observó que sobre el córtex visual de su cerebro, que se encuentra en la parte occipital del mismo, se encontraban unos vasos sanguíneos extraños, procedentes de alguna malformación arteriovenosa. Era seguramente el paso de la sangre por esos vasos lo que producía el ruido. La malformación no pudo ser eliminada, con lo que Walter se quedó con su ruido y, además, con una cicatriz que tenía la ventaja de permitir al Dr. Fulton escuchar con su estetoscopio aun mejor el ruido en la cabeza de Walter.

Durante su estancia en el hospital, Walter dijo al Dr. Fulton que había observado que el ruido aumentaba cuando usaba sus ojos, para intentar leer, por ejemplo. En efecto, el Dr. Fulton comprobó que si Walter cerraba los ojos el ruido iba poco a poco desapareciendo, pero, al abrirlos, el ruido aumentaba en intensidad. ¡Era extraordinario!, pensó el Dr. Fulton. Lo que sucedía era la evidencia que faltaba para confirmar las hipótesis de otros investigadores, quienes aseguraban que el flujo sanguíneo en algunas zonas del cerebro cambiaba con la actividad mental. Eso es lo que parecía sucederle a Walter. Al intentar leer, el flujo sanguíneo por su córtex visual aumentaba, aumentando así el ruido en su cabeza al pasar la sangre por los vasos sanguíneos malformados. Al cesar en esta actividad, el flujo sanguíneo disminuía y con ello también el ruido.

El caso de Walter confirmó, pues, que la actividad cerebral va asociada con un aumento del flujo sanguíneo por la región del cerebro involucrada en esa actividad. Al parecer, es necesario un aumento del flujo de nutrientes y de oxígeno transportados por la sangre para la realización de las actividades mentales. A partir de esta observación, y apoyándose en el aumento de conocimiento en muchas otras áreas de la ciencia y la tecnología, hoy disponemos de un procedimiento que permite explorar las regiones del cerebro que se ponen en marcha al efectuar diferentes actividades. Este procedimiento se denomina Tomografía por Emisión de Positrones y, como todo en ciencia, su fundamento es muy sencillo.

Se trata de un método que usa ciertos trucos para, simplemente, medir el flujo sanguíneo en distintas zonas del cerebro. Para ello se inyecta agua radiactiva en la sangre del sujeto bajo estudio. El agua radiactiva que se usa aquí contiene un átomo de oxígeno que va a desintegrarse emitiendo un positrón, una partícula de antimateria correspondiente al electrón. El positrón y un electrón del cuerpo se aniquilan mutuamente y, al hacerlo, emiten una radiación que puede detectarse con una cámara especial. Por supuesto, cuanto más agua radiactiva se encuentre en un sitio determinado del cerebro, es decir, cuanta más sangre pase por ahí, mayor será el número de desintegraciones y mayor la radiación emitida. Puesto que, como hemos dicho, al realizar una actividad mental el flujo sanguíneo aumenta en las zonas del cerebro involucradas en esa actividad, será en esas zonas donde haya más sangre, donde mayor sea el número de desintegraciones y, por tanto, donde mayor intensidad de radiación detectará la cámara. Digamos, para terminar, que la cantidad de radiactividad que se inyecta no es perjudicial para las personas en modo alguno, ya que desaparece en tan solo diez minutos.

Este procedimiento, pues, es muy utilizado en la actualidad para analizar lo que sucede en nuestros cerebros cuando hablamos, leemos, escribimos, o intentamos resolver un problema, además de para explorar posibles anomalías asociadas a las diversas enfermedades mentales. Con este procedimiento, se han descubierto muchas cosas interesantes sobre nuestros cerebros. Un ejemplo es la demostración de que las partes del cerebro que se activan al memorizar una correspondencia de palabras y sonidos dada son las mismas zonas que las que se activan al intentar recordar lo que se ha memorizado. En otras palabras, los resultados de esos estudios parecen indicar que, en el proceso de almacenaje de información, se activan unas zonas del cerebro que luego es necesario reactivar para extraer dicha información. La evocación de los recuerdos pone en marcha de nuevo las mismas zonas del cerebro que la experiencia vivida activó. En cualquier caso, ojala que esta lectura les haya activado las zonas cerebrales del conocimiento y del divertimento y que eso les dure, por lo menos, hasta que enciendan la televisión.

7 de marzo de 2005

Una Sonada Terapia Contra El Cáncer

Seguramente, cuando niño, tiró usted una piedra a un estanque en calma y observó las ondas que se formaban y propagaban divergiendo desde el punto de caída. Quizá, hasta tenga una película grabada de esos momentos de la infancia que, al rebobinarla, permite ver cómo las ondas viajan para atrás en el tiempo y convergen hacia el punto donde cayó la piedra y, al llegar a ese punto, expulsan la piedra del estanque hacia la dirección donde se encontraba usted. La tecnología moderna, y no tan moderna, permite que visualicemos lo que sucedería si el tiempo transcurriera al revés, aunque en la realidad, no podemos invertir el flujo del tiempo.

Sin embargo, la Física nos dice que ciertos fenómenos podrían ser simétricos en el tiempo, es decir, que el fenómeno físico simétrico puede ser posible en tiempo real, aunque este siempre fluya en la misma dirección. En el caso de las ondas formadas por el impacto de la piedra sobre la superficie del estanque, esto supondría formarlas al revés, es decir, generar un frente de ondas inverso, igual al que la piedra genera al chocar con el agua, pero que en lugar de propagarse desde un punto hacia afuera, se propagara del exterior hacia ese punto y convergiera en él.

De ser esto posible, se conseguiría que toda la energía de esas ondas convergiera en un solo punto. La energía que ese punto recibiría sería igual a la que la piedra que cayó sobre él comunicó al agua, con lo que de encontrarse un objeto flotante de igual masa que la piedra en ese punto, saldría disparado hacia el aire con casi la misma velocidad con que la piedra cayó, como sucedía en la película al revés. Esto es simplemente resultado del principio de conservación de la energía.

Si la generación de un frente de ondas inverso no se ha realizado en el agua, sí se ha realizado en el aire. Como todos sabemos, en el aire se propagan las ondas sonoras, y esas sí han podido ser invertidas. Para comprender mejor lo que esto significa, imaginemos que vamos conduciendo y alguien nos regala una maniobra inesperada que nos obliga a dar un brusco frenazo. ¡Idiota!, le gritamos por la ventanilla. El otro conductor, inmutable, responde: "esas palabras te las vas a tragar". Y saca un extraño dispositivo del que surge un sonido que converge en nuestra garganta, justo en nuestras cuerdas vocales: ¡atoidl!, nos tragamos literalmente.

No corra todavía a la tienda a comprarse este cacharro para usarlo con su marido. Aunque es posible invertir el sonido, los dispositivos que lo consiguen no han abandonado el laboratorio, de momento, y son mucho más complejos que un instrumento doméstico. Sin embargo, sus aplicaciones pueden ser muy útiles, y no precisamente para hacer callar a su marido, sino para alargarle la vida a usted y, seamos piadosos, también a él.

Una de las primeras aplicaciones médicas que se está estudiando para este dispositivo, que se ha dado en llamar "espejo acústico de inversión temporal", es su uso para destruir piedras renales mediante ultrasonidos. Otra aplicación, quizá aun más interesante, es su potencial empleo para destruir tumores inoperables.

El principio es relativamente simple. Si se pudiera hacer converger ondas de ultrasonidos allí donde se encuentra un tumor, se transferiría la energía de estas ondas al tumor. Esto haría subir su temperatura, lo que acabaría por "cocer" literalmente a las células cancerosas, matándolas. Por supuesto, esto debería conseguirse sin afectar a los tejidos vecinos del tumor, y con una precisión muy elevada.

El problema es que los tumores son mudos, no emiten sonido alguno. No se puede por consiguiente, hacerles rebotar el sonido que emitan, puesto que no emiten ninguno. ¿Cómo se puede solucionar este problema?

Sabemos que los ordenadores pueden simular fenómenos que suceden en la realidad. Si hemos visto últimamente alguna película de animación, podremos hacernos una idea de la cantidad de cosas que pueden simularse. Desde luego, una de las cosas que pueden simularse hoy con facilidad es la emisión sonora desde un punto, o un área determinados. Todo consiste en saber dónde se encuentra este punto, la forma del área de emisión, etc. En el caso de un tumor cerebral, por ejemplo, estos factores pueden conocerse gracias a las técnicas de adquisición de imagen de las que disponemos en la actualidad, como la resonancia magnética nuclear, o la imagen por ultrasonidos, por ejemplo.

Una vez conocido dónde se encuentra y cómo es el tumor que queremos destruir, se simula una emisión de ultrasonidos desde ese punto. La simulación permite que sepamos cómo sería el sonido que, en caso de emitirse por el tumor, deberíamos invertir para hacerlo converger en ese punto. Esta información se utiliza para generar un frente de ondas de ultrasonidos que convergen en el punto desde el que se ha simulado la emisión, es decir, el tumor.

Esto no es aún realidad. De momento, se ha experimentado con ovejas a las que se les ha podido destruir mediante esta técnica tejido cerebral localizado en lugares precisos. Se ha determinado así que el punto de convergencia del sonido se calienta hasta 65°C, lo que lo destruye, pero la temperatura de los tejidos circundantes solo lo hace unos tres o cuatro grados.

Estos prometedores resultados han animado a los investigadores a experimentar en el futuro inmediato con monos, un modelo animal mucho más cercano a nosotros que la oveja. De tener éxito estas investigaciones, quizá en unos años muchos hospitales dispongan de un nuevo dispositivo de "cirugía ultrasónica" que pueda salvarnos la vida, o la de uno de nuestros seres queridos.

A veces, los proyectos de investigación aparentemente más fútiles, que solo intentan encontrar una respuesta a una pregunta teórica cuya respuesta solo importa a unos pocos "locos", como este de intentar comprobar si era posible invertir las ondas sonoras en el tiempo, encuentran una aplicación inesperada, y una vez hecha realidad esa idea, fuerza a que muchos deban tragarse las palabras de crítica que han vertido sobre esos pobres "locos". Y es que la ciencia, en ocasiones, avanza gracias a unos pocos visionarios, que, no solo ven, sino que hasta oyen más allá. La humanidad tiene mucho que agradecerles.

14 de marzo de 2005

X Men, XX Women

Hace unos años, se propagó por el mundo la noticia de que los hombres provienen de Marte y las mujeres, de Venus. En realidad, era el título de un libro popular que hablaba de las diferencias entre hombres y mujeres. Siempre pensé que el título del libro se quedaba corto, porque no es que hombres y mujeres provengan de mundos diferentes y vivan juntos en este. No, hombres y mujeres viven en mundos diferentes, pero creen que viven en el mismo.

Más sorprendente es aun la variabilidad encontrada entre mujeres, que a pesar de ser del mismo sexo, pueden ser tan diferentes entre ellas en carácter, gustos, etc. como los hombres difieren de las mujeres. Se cree, aunque no está demostrado científicamente, que la variabilidad entre las mujeres es mayor que entre los hombres. En otras palabras, los hombres son más iguales entre sí que las mujeres lo son. ¿Existe alguna razón para explicar este fenómeno si, como parece, es verdad?

No creo que descubra nada a nadie diciendo que las hembras de muchas especies, entre ellas la nuestra, poseen dos cromosomas X, mientras que los machos, indigentes genéticos, solo poseen uno. Este simple hecho explica por qué la incidencia de enfermedades genéticas asociadas al sexo es mucho mayor en los hombres que en las mujeres. En el cromosoma X se reúnen muchos genes que afectan a importantes funciones biológicas, entre las que se encuentran el buen funcionamiento del sistema inmune, el buen funcionamiento de la visión, el buen funcionamiento de muchos procesos metabólicos y, sobre todo, el buen funcionamiento del cerebro, que tanto puede impactar en nuestra inteligencia y personalidad. Puesto que los hombres solo poseen un cromosoma X, si acaso tienen la mala suerte de heredar de su madre (los varones siempre heredan su cromosoma X de su madre) un cromosoma X defectuoso en alguno de sus genes, van a sufrir una enfermedad genética, más o menos grave dependiendo del gen que se trate.

Sin embargo, puesto que las mujeres heredan dos cromosomas X, uno de su padre y uno de su madre, es probable que si heredan un cromosoma defectuoso, el otro no lo sea. En este caso, la enfermedad genética no se manifestará, ya que en general, una copia sana de un gen del cromosoma X es suficiente para asegurar el buen funcionamiento de los procesos biológicos que dependan de él. Esto parece muy claro (eso espero) hasta aquí, si no fuera porque la biología ha demostrado que aunque las mujeres poseen dos cromosomas X en cada una de sus células, en ellas solo funciona uno de los dos; el otro ha sido desactivado.

En un período determinado y relativamente temprano del desarrollo embrionario de las hembras, uno de los cromosomas X en cada una de las células que en ese momento forman el embrión femenino sufre un proceso de desactivación y a partir de ese instante deja de funcionar, se queda como "dormido". Evidentemente, las células embrionarias continúan reproduciéndose para dar lugar a la niña que nacerá más tarde, pero cada una de las células que se produzcan a partir de una inicial que haya desactivado el cromosoma X recibido del padre dará lugar a células que siguen teniendo desactivado el cromosoma X del padre. Lo mismo sucederá con las células que, por azar, hayan desactivado el cromosoma X recibido de la madre: tendrán siempre desactivado ese cromosoma X de ahí en adelante.

A fin de cuentas, pues, nos encontramos con que, en realidad, las mujeres también son como los hombres en lo que respecta al cromosoma X y solo tienen funcionando uno en cada una de sus células. ¿Quién lo hubiera dicho, verdad?

Al menos esto es lo que se creía hasta hoy.

Porque, si son como los hombres, ¿por qué entonces tienen menos enfermedades genéticas asociadas con genes del cromosoma X? Una posible razón es que si una mujer hereda un cromosoma X defectuoso de uno de sus padres, este va a estar desactivado en aproximadamente la mitad de sus células, es decir, la mitad de sus células, elegidas al azar, tendrá el cromosoma "bueno" funcionando, lo que puede ser en algunos casos suficiente para que la enfermedad no se produzca, sobre todo en el caso de enfermedades del sistema inmune, por ejemplo.

Sin embargo, un reciente artículo publicado en la revista *Nature*, invalida esta simple interpretación de las cosas. Investigadores de Carolina del Norte y Pensilvania, en los EE.UU, han encontrado que no todo el cromosoma X desactivado realmente lo está. Los resultados de sus investigaciones indican que un 15% de los genes del cromosoma "dormido" están realmente "despiertos" en todas las mujeres estudiadas, y otro 10% más están "despiertos" en una parte de las mujeres estudiadas, pero no en todas.

Estos resultados implican al menos dos cosas. La primera es que para algunos genes del cromosoma X, las mujeres tienen dos copias funcionando, por lo que estas disponen de más dosis de esos genes que los hombres, es decir, las mujeres no son como los hombres en lo que respecta a la cantidad de producto génico derivado de algunos de los genes del cromosoma X. Esto, en ciertos casos, puede disminuir aun más la incidencia en mujeres de enfermedades genéticas asociadas con ese cromosoma.

La segunda implicación es que no todas las mujeres tienen los mismos genes "despiertos" en el cromosoma "dormido". En otras palabras, la dosis de producto génico de algunos de los genes del cromosoma X puede diferir de mujer a mujer. Sin embargo, nunca sucede esto con los hombres, puesto que estos solo tienen un cromosoma X en todas sus células, que siempre está funcionando. Este hecho es compatible con la idea que expresaba al principio de que las mujeres son más diferentes entre sí que los hombres, al menos en la medida en que los genes del cromosoma X pueden afectar a sus características como mujer y, además, puede explicar por qué algunas mujeres son más parecidas a los hombres que otras.

Los estudios de Biología Molecular y Genética no han acabado aún de sorprendernos, y me temo que no acabarán hasta dentro de mucho tiempo. Poco a poco, vamos descubriendo por qué somos como somos, seamos del sexo o la tendencia sexual que seamos. Es, quizá, una da las partes más fascinantes de la aventura de la ciencia, de la aventura del conocimiento.

21 de marzo de 2005

Vitamina, ¿Eh?

El poder del mito es enorme, incluso entre gentes de ciencia. Quizá porque la construcción de mitos ha sido una fuerza de cohesión social a lo largo de la historia de la Humanidad, seguimos construyéndolos con facilidad, y destruyéndolos con enorme dificultad. La ciencia también ayuda a la construcción de mitos, muy a su pesar, aunque posea las armas para destruirlos. Y uno de los mitos que la ciencia ha ayudado a construir, y que afortunadamente parece que está acabando de destruir, es el de los efectos beneficiosos de los suplementos de vitamina E en la dieta.

Millones de personas en EE.UU y Europa han tomado, y aún toman, suplementos vitamínicos ricos en vitamina E, un poderoso antioxidante. La idea que justificaba este comportamiento derivaba de estudios médicos realizados a principios de los años 90 del siglo pasado. Estos estudios demostraban bastante a las claras que personas que tomaban suplementos de vitamina E de más de 150 miligramos (mg) diarios (la cantidad recomendada es de solo 15 mg) disminuían el riesgo de mortalidad cardiovascular, en particular por aterosclerosis. Se suponía que los procesos de oxidación que contribuyen al depósito del colesterol sobre las paredes de las arterias, responsables de esta enfermedad, estarían disminuidos o impedidos en presencia de grandes cantidades de vitamina E. Igualmente, puesto que los procesos de oxidación también pueden dañar el ADN y producir mutaciones conducentes al desarrollo de tumores, se supuso que los suplementos de vitamina E ejercerían un efecto protector en el desarrollo de tumores.

Con estas ideas diseminadas por la población, muchas personas suplementaron su dieta no ya con 150 mg, sino con 300, 600 o 1.200 mg diarios. Por supuesto, estos suplementos de "salud y vida" se pagaban a buen precio en las farmacias.

Sin embargo, no todos estaban convencidos de que la vitamina E fuera tan beneficiosa como muchos pensaban, y hacían pensar. Algunos defectos en los estudios indicaban que sus conclusiones pudieran no ser del todo válidas. Determinar esto con seguridad era importante; la salud de muchas personas podía depender de ello. Si la vitamina E no era tan beneficiosa como se suponía, muchas personas la tomarían creyendo, sin embargo, que les protegía de un supuesto efecto negativo del tabaco, del abuso del alcohol, o de la vida sedentaria, y podrían mantener o dejar de adquirir conductas menos saludables de lo que lo harían si supieran que la vitamina E no les protegía de nada.

Por esta razón, se efectuaron estudios clínicos encaminados a determinar con mayor grado de precisión los supuestos beneficios de la vitamina E. Uno de los más recientes en suscitar la duda fue el dirigido por Edgar R. Miller, epidemiólogo de la Universidad Johns Hopkins, publicado el pasado 4 de enero en *The Annals of Internal Medicine*. En este estudio, no solo no se encontró un beneficio claro de la vitamina E, sino que se encontró que quienes consumían altas dosis diarias de esta vitamina sufrían de un ligero incremento, no de una disminución, del riesgo por muerte cardiovascular.

Un estudio más reciente aún, publicado este mes por el *Journal of the American Medical Association*, concuerda con el anterior. En este estudio, se realizó un seguimiento de 9.541 pacientes voluntarios desde el año 1993 hasta hoy. Estas personas, bien tomaron una píldora diaria de 300 mg de vitamina E, bien ingirieron placebo, es decir, una píldora idéntica a la anterior, pero sin vitamina. Ni los médicos ni los pacientes sabían quienes tomaban la vitamina y quienes placebo. Solo al final del estudio se revela esa información, que se guarda en secreto para evitar una influencia de la misma sobre los resultados. Es lo que se denomina estudio doble-ciego controlado por placebo, puesto que ni médico ni paciente "ven" ni saben si toman la vitamina o el placebo hasta el final. Los resultados de este estudio, que parecen sólidos debido a su diseño y al elevado número de pacientes estudiados, indican que la vitamina E no parece conferir protección alguna sobre el desarrollo de tumores y la mortalidad por cáncer, o sobre episodios cardiovasculares graves. Al contrario, el riesgo de mortalidad cardiovascular puede ser incluso mayor.

Estos resultados suscitan algunas cuestiones: ¿Acaso los antioxidantes no son pues beneficiosos para la salud? ¿Por qué estudios anteriores indicaban que la vitamina E era beneficiosa, si resulta en realidad que no lo es?

Sobre la primera pregunta, existen numerosos estudios que indican que los antioxidantes son beneficiosos para la salud y previenen del envejecimiento prematuro. Los resultados de estos estudios con la vitamina E indican, sin embargo, que no todos los antioxidantes son iguales, y los debe haber más activos que otros. Por ejemplo, el resveratrol, una sustancia que se encuentra en la uva y el vino tinto, es capaz de alargar la vida de gusanos de laboratorio, pero no se conoce que la vitamina E pueda hacer otro tanto. Esto no quiere decir que no haga falta tomar vitamina E, sino que posiblemente con la que tomamos normalmente con la dieta es suficiente, y tomar más no ayuda.

¿Y sobre los resultados conflictivos de los estudios anteriores con los más recientes? Bien, no hay duda de que aquellos que toman suplementos vitamínicos están más preocupados por su salud que quienes no los toman, y llevarán una vida en general más sana que quienes no se preocupan tanto por su salud. Por esta razón, si estudiamos de qué enferman y mueren las personas que toman vitamina E, podremos encontrar que sufren menos de enfermedades cardiovasculares o de cáncer, pero la razón de esto no es que tomen vitamina E, sino que se cuidan más en general.

Lo que lo anterior nos enseña es que conviene ejercer un espíritu crítico con muchas, si no con todas las noticias que sobre salud aparecen en los medios de comunicación, y más cuando la noticia pudiera enmascarar ciertos intereses económicos, como es el caso con las vitaminas. No nos hemos olvidado de la multa con que hace unos años la Comisión Europea castigó a varias empresas farmacéuticas por compincharse para manipular el mercado de las vitaminas y mantener sus precios artificialmente elevados. Las noticias sobre los avances en temas de salud suelen ser buenas, pero son raramente sensacionales, aunque sean sensacionalistas. De lo contrario, a juzgar por lo publicado en algunos medios de comunicación, el cáncer, el SIDA y otras muchas enfermedades hubieran sido ya erradicadas de la faz de la Tierra. Poco a poco, quizá lo consigamos de todos modos, pero será a base de tesón y esfuerzo investigador.

28 de marzo de 2005

Investigación Antianquilosante

Espero que le resulte familiar la idea de que defectos en ciertos genes pueden causarnos males de lo más variopinto. Por ejemplo, enfermedades desde el daltonismo hasta el retraso mental poseen una base genética, es decir, son el resultado de defectos en ciertos genes.

Con lo que creo estamos menos familiarizados es con la idea de que el defecto en un gen pueda impedir que se desarrolle una determinada enfermedad. Sí, sí, está leyendo bien: la ausencia o el menor funcionamiento de un gen normal podría ser beneficiosa en determinados casos. Un ejemplo muy sencillo podríamos encontrarlo en los genes que regulan la síntesis del colesterol. Uno de ellos es crítico para la síntesis de este compuesto, que en exceso es perjudicial. Si este gen sufriera una mutación que resultara en una mayor producción de colesterol, sería una mutación perjudicial, pero si la mutación resultara en un gen que funcionara peor, sería probablemente una mutación beneficiosa, siempre y cuando, en este caso, no inutilizara el gen por completo, porque el colesterol es necesario para la vida.

Otro ejemplo de este tipo de genes lo encontramos en unos recientes artículos publicados en la revista *Nature*. En ellos, investigadores australianos y estadounidenses nos explican que la eliminación de un simple gen en ratones impide el desarrollo de la artritis, una enfermedad progresiva propia de edades avanzadas, que puede conducir a discapacidades pronunciadas.

La causa de la artritis es la degeneración del cartílago de las articulaciones, que cumple una función de almohadilla de las mismas y permite el adecuado deslizamiento de los huesos. Sin el cartílago, el movimiento de unos huesos sobre otros resulta doloroso; los huesos y articulaciones llegan a deformarse, y hasta puede alcanzarse la incapacidad total para mover determinadas articulaciones. Esta enfermedad afecta a más de la mitad de los mayores de 65 años y no tiene tratamiento farmacológico alguno, es decir, una vez declarada la enfermedad, a lo más que podemos aspirar es a que los analgésicos funcionen para evitar el dolor, pero la enfermedad, hoy por hoy, es incurable e imparable en su progresión.

Por esta razón es tan interesante el descubrimiento relatado por dichos investigadores. Se sabía ya que la degeneración del cartílago que conduce a la artritis era consecuencia de su acelerada descomposición. En particular, las células cartilaginosas segregan a su exterior unas sustancias, formadas por azúcares y proteínas, que confieren al cartílago sus propiedades elásticas, imprescindibles para el buen funcionamiento de la articulación. Una de las más importantes de estas sustancias es el agrecán.

Como todo en la vida, el agrecán, una vez formado, debe ser destruido, puesto que una excesiva acumulación de la sustancia es perjudicial, además de que si la sustancia pierde sus propiedades con el tiempo, es mejor que sea destruida y reemplazada por agrecán nuevo. Todo funciona bien si existe un equilibrio adecuado entre la formación de agrecán nuevo y la destrucción del viejo, pero si la velocidad a la que el agrecán se forma es menor que la velocidad a la que se destruye, el agrecán va poco a poco desapareciendo de las articulaciones. Esto es lo que conduce a la artritis.

Para destruir al agrecán viejo existen unas proteínas de la familia de las enzimas, es decir, de la familia de los catalizadores biológicos que hacen posible las reacciones químicas que sustentan la vida. Estas enzimas se denominan agrecanasas. Muchas agrecanasas parecen no poder destruir muy eficazmente del agrecán en un tubo de ensayo, por lo que no se sabía cuál de los miembros de la familia de la agrecanasas era el responsable más importante de la destrucción del cartílago en los pacientes (que no suelen vivir en tubos de ensayo), y el posible causante, por tanto, de la artritis.

Para descubrirlo, los investigadores decidieron eliminar uno por uno los genes de las agrecanasas del genoma del ratón, hasta dar con la agrecanasa responsable. La metodología de ingeniería genética permite hoy producir animales a los que se ha eliminado un determinado gen para estudiar los efectos que esta eliminación produce. En el caso de las agrecanasas, los investigadores se propusieron estudiar si la eliminación de alguna de ellas protegía contra la progresión de la artritis, artritis que hacían aparecer en los ratones por medios quirúrgicos. Los investigadores eliminaron uno de los genes de la agrecanasa, llamado ADAMTS1, pero su eliminación no protegió a los ratones contra a progresión de la artritis. Entonces, decidieron eliminar el gen ADAMTS5. Esta vez hubo suerte y descubrieron que la eliminación de este gen sí impide la progresión de la artritis en ratones, lo que sugiere que este puede ser también el caso en el ser humano.

Claro, se dirá usted, para impedir que sufra de artritis, no van a quitarme el genecito ese de la ADAMTS5 en el hospital de la esquina. ¿O sí? No señor, no señora. Nadie le va a tocar a usted su genoma. Sabiendo qué gen es el responsable de que pueda desarrollarse la artritis, se puede impedir su funcionamiento por medios farmacológicos, es decir, se puede intentar conseguir un nuevo fármaco, del que ahora carecemos, que impida el desarrollo de la enfermedad al impedir el funcionamiento de la agrecanasa que ese gen produce. Se trataría pues de encontrar una molécula que se uniera a la agrecanasa producida por el gen ADAMTS5 y le impidiera funcionar. Con la agrecanasa impedida, el cartílago no sería destruido con tanta rapidez, y se daría más tiempo para que el agrecano nuevo pudiera reemplazar al viejo.

¿Tardará mucho? ¿Me podrá curar el doctor de mi artritis pronto? Poner un medicamento en el mercado cuesta varios años de cara investigación. Sin embargo, el tipo de medicamento que debería ser eficaz contra la acción de la agrecanasa es ya conocido. Se trata de un inhibidor enzimático, y sabemos ya en parte qué tipo de estructura química debería tener. Por esta razón, si en efecto impedir la acción de la agrecanasa con un fármaco también es eficaz para prevenir el progreso de la artritis en ratones, es posible que tras los correspondientes ensayos clínicos en pacientes, quizá antes de que seamos demasiado viejos y achacosos de artritis, podamos contar con él.

4 de abril de 2005

Mi Mamá Me Mima Mi ADN

¿TIENE USTED MIEDOS, respuestas excesivas al estrés cotidiano? Si es así, es posible que, cuando niño, sus progenitores no le hayan acariciado y tocado a usted todo lo necesario. Es más, es posible que usted aún muestre en sus genes el efecto del deficiente contacto físico con sus padres. ¿Es esto posible? ¿Acaso no son los genes entes casi inmutables que se trasmiten de generación en generación? ¿Cómo pueden las caricias paternas o maternas afectarles?

En los años cincuenta del pasado siglo XX, a los niños recién nacidos se les imbuía en camisetas, jerséis y ropa diversa, ropa que no dejaba mucha superficie de la piel expuesta al exterior, y se les dejaba tranquilos en su cuna, sin tocarlos más de lo necesario. Supongo que este comportamiento tenía como propósito proteger a los bebés de los gérmenes y del frío. Sin embargo, algunos pediatras y psicólogos de la época arguyeron que las caricias en la piel son necesarias para el buen desarrollo psíquico de los bebés, y que si faltan es más difícil conseguir adultos emocionalmente equilibrados. Poco a poco, esta idea se ha ido imponiendo, y hoy se ha modificado la forma de tratar a los recién nacidos. Ya no se les recubre completamente de prendas de vestir, y madres, e incluso enfermeras de los servicios de neonatología, entran en contacto físico frecuente con los bebés.

Respecto de este tema, una cuestión importante que sería conveniente responder es la siguiente: si es cierto que el contacto físico y las caricias son necesarias para el equilibrio emocional y psíquico, ¿cómo funcionan? ¿Qué huella dejan en los bebés para que cuando adultos reaccionen mejor o peor ante situaciones de estrés o de tensión?

Como para muchas otras cosas, este tema es difícil de estudiar en los seres humanos, por razones éticas. Necesitamos un modelo animal con el que podamos llevar a cabo experimentos imposibles de realizar en personas. Afortunadamente, esos modelos animales han podido conseguirse con ratas de laboratorio.

Al igual que sucede en el caso de nuestra especie, no todas las ratas de laboratorio son buenas madres en igual medida. Existen diferencias individuales a veces muy marcadas en el comportamiento maternal. Por ejemplo, algunas ratas pueden dedicar sesiones de muchos minutos a lamer, limpiar la piel y coger a sus pequeños. Otras ratas madres, en cambio, dedican mucho menos tiempo a estas tareas. Estas características han permitido a los investigadores estudiar los efectos de estos comportamientos sobre la respuesta a situaciones de estrés en ratas recién nacidas, y también cuando estas ratas se convierten en adultas. Los resultados son claros. La respuesta al estrés es más intensa en los animales que menos han sido tocados por sus madres.

Muy bien, pero ¿no será esto debido a diferencias genéticas trasmitidas? Al fin y al cabo, los pequeños de madres menos atentas con sus hijos han recibido los genes de ellas. ¿No tendrán esos genes que ver con la respuesta al estrés y también con un comportamiento maternal despegado y descuidado? ¿Cómo podemos saberlo?

Pues, como con casi todo en biología, con un experimento. Un experimento imposible de realizar en seres humanos, como digo, porque se trata de cambiar a los pequeños de familia, e incluso de familias fundadas por el mismo padre. En otras palabras, los pequeños bebés rata nacidos del cruce de un macho con una rata madre descuidada se intercambian con los nacidos del mismo padre cruzado con una rata madre amorosa para con sus hijos. Ninguna de las dos madres cuida ahora de sus verdaderos hijos, que son del mismo padre. ¿Qué sucede? Y bien, lo mismo. Los bebés rata bajo los cuidados de la madre adoptiva menos atenta muestran respuestas más intensas a situaciones de estrés. Queda pues demostrado que es el comportamiento de la madre, y no los genes recibidos de los progenitores, el que afecta a esta respuesta emocional al estrés.

¿Cómo?

Puesto que todo comportamiento animal y humano depende de la actividad cerebral, la hipótesis que los investigadores estudiaron fue que los cuidados maternales producían modificaciones cerebrales, modificaciones que podían permanecer por mucho tiempo y condicionar así el comportamiento de respuesta a estímulos estresantes incluso en la vida adulta. Se pensaba que las modificaciones que pudieran causar las caricias y cuidados maternos en los cerebros de las ratas se limitarían a cambios en las conexiones entre las neuronas, como sucede en los procesos de aprendizaje. Sin embargo, el grupo de investigación dirigido por el Dr. Michael Meaney, en Canadá, ha demostrado recientemente que los cuidados maternos producen cambios en la activación de genes en las neuronas de ciertas zonas del cerebro, genes que no son otros que los que intervienen modulando a la baja la respuesta a las hormonas del estrés.

Los resultados de estos estudios han demostrado que las ratas recién nacidas tienen estos genes "dormidos", pero que los cuidados maternales los ponen en funcionamiento. Si estos genes no se ponen en marcha correctamente, las ratas son más sensibles al estrés.

Los estudios han demostrado igualmente que la manera en que estos genes se ponen en marcha es mediante una modificación química del ADN, modificación que consiste en eliminar grupos metilo (CH_3) de los genes, y que permite a la maquinaria celular ponerlos en funcionamiento para producir las proteínas correspondientes. Esta modificación química se activa a través de mecanismos no bien comprendidos aún, pero se sabe que puede trasmitirse de célula madre a célula hija.

De nuevo, estos estudios nos hablan de la futilidad de considerar genes y entorno por separado a la hora de explicar su influencia sobre nosotros, incluso sobre nuestra personalidad. La pregunta de qué influye más en la manera de ser de un organismo, incluidos nosotros, si los genes o el entorno, depende de los genes de que se trate y del entorno en el que vivamos. Como organismos, somos un sistema integrado de genes y de entorno y, desgraciadamente, no podemos escapar a su influencia fácilmente, ya que son los genes y el entorno los que nos han hecho como somos, con nuestros miedos, nuestros anhelos, nuestro carácter.

Es cierto, los seres humanos no son ratas (al menos, no la mayoría). No podemos estar seguros de que lo que sucede con esos animales suceda con nosotros. Sin embargo, en vista de lo importante que, como ya sabemos, es el contacto físico para nuestros bebés, es razonable suponer que sucede algo similar. Por esa razón, creo que podemos concluir, por si las ratas, digo, por si las moscas, que es bueno dedicar más tiempo al contacto con los hijos. ¿Acaso no lo sabíamos ya?

11 de abril de 2005

Materia Madre

Si usted tuvo niños pequeños, o los tiene ahora, es posible que les haya comprado algún juego de construcción. Si así lo ha hecho, seguro que se ha dado cuenta, usted y también su hijo o hija, de que para construir algo hay que coger piezas que encajen unas con otras y aplicar cierta fuerza para unirlas.

Quizá lo que no sepa, o la vida corriente le haya hecho olvidar, es que el universo en el que estamos inmersos es, en realidad, un enorme juego de construcción. Y es, además, un juego de construcción que ha construido sus propias piezas. Sí, sí, no me mire con esa cara. El universo ha construido sus propias piezas a partir de una pieza, o quizás unas pocas piezas iniciales. Se trata de las partículas elementales que se encuentran en el corazón de los átomos.

Hace unos 13.700.000.000 años, minuto más, minuto menos, el universo nació en lo que se ha dado en llamar el *Big Bang*, la Gran Explosión. Hay quien dice que esta explosión fue un parto (el parto madre podríamos llamarlo, ya que hoy, si no se emplea esa palabra, parece que nos falta algo); hay quien dice que fue una ventosidad ligeramente mayor de lo normal. Sea como fuere, fue, en lugar de no ser, y somos el resultado de ella.

Esa gran explosión dio nacimiento a las piezas iniciales del juego de construcción que es el universo. Además, en las condiciones de presión y temperatura que imperaban en los primeros quince minutos, digo bien, en los quince minutos iniciales de vida del universo, esas piezas pudieron unirse unas con otras y comenzar así la construcción de piezas más complejas, es decir, los átomos iniciales de la materia que conocemos, el hidrógeno, el helio y un poco de litio. Es curioso que los primeros minutos de vida del universo dieran origen a un elemento, el litio, que es usado para tratar algunas enfermedades mentales. Quizá era esto la premonición, la premonición universal madre, de que la locura nos iba a acompañar desde ese momento.

Mantengamos la cordura temática. Tras los quince primeros minutos de vida del universo, la temperatura y la presión reinantes ya no permitieron la formación de más materia común. De este modo, la composición de la materia del universo quedó fijada, inmutable. Solo contenía, como digo, hidrógeno, helio y litio. No contenía carbono, oxígeno, nitrógeno, hierro, ni siquiera oro, elementos todos ellos necesarios para la vida.

¿Entonces, de dónde provienen esos otros elementos, de los que estamos hechos?

Afortunadamente, la materia tiene la mala costumbre de interaccionar consigo misma. La materia se atrae o se repele mediante varias fuerzas, una de las cuales es la fuerza de la gravedad. Esta fuerza de atracción fue recolectando poco a poco materia hasta formar enormes cúmulos que se constituyeron en las madres de las galaxias. Dentro de esos cúmulos, otros cúmulos más pequeños se formaron, más pequeños, pero también más densos. Eran las madres de las estrellas. En su interior la materia alcanzó la temperatura y presión suficientes y necesarias para que el proceso de construcción de más piezas de nuestro universo, es decir, de átomos diferentes a los iniciales, recomenzara. El proceso de fusión nuclear que tiene lugar en las estrellas, y que es el responsable de la enorme energía que el Sol nos regala cada día, es también el responsable de la formación de los átomos de la materia con la que nos encontramos a diario. Hierro, cobre, aluminio, etc., fueron átomos que se formaron en el interior de una estrella que, en el momento de su muerte, los expulsó en otra gran explosión. Con esa materia pudo así formarse otra estrella, el Sol, con su corte de planetas, uno de ellos el nuestro, La Tierra.

¿Podemos saber que esto sucedió así? ¿Podemos saber que la materia inicial del universo, tras sus 15 minutos de vida, solo contenía hidrógeno, helio y litio?

Evidentemente, la respuesta es sí. Y recientemente, un descubrimiento publicado por la revista *Nature* confirma que lo anterior es cierto. Se trata del descubrimiento de dos estrellas muy antiguas, tan antiguas que la materia que las forma es prácticamente la materia inicial del universo.

La luz que nos llega de esas estrellas muestra, en sus características como radiación electromagnética, la firma de los elementos químicos que se encuentran en su interior. Captar la luz de una sola estrella lejana y, además, analizar sus características no es tarea fácil y, sin embargo, está hoy al alcance de la tecnología que nuestra especie ha desarrollado.

Las características de la luz que nos llega de esas antiguas y lejanas estrellas no dejan lugar a dudas. Las estrellas no habían tenido tiempo, cuando emitieron la luz que alcanza hoy nuestros telescopios e instrumentos de análisis, de convertir más que una mínima parte de su materia inicial en otros átomos. Así, estas estrellas contienen cantidades de hierro de doscientas a trescientas mil veces menores a las del Sol.

El contenido en hierro de las estrellas es una señal de su edad. A más hierro, más viejas. Esas estrellas descubiertas, pues, son muy jóvenes, y la materia que contienen en su interior es mucho más similar a la materia inicial del universo que la materia de nuestro Sol. El estudio de su composición, mediante el análisis de la luz que nos llega de ellas, ayudará a comprender mejor lo que sucedió en los primeros minutos de la vida del universo.

Así que ya ve usted lo que la ciencia es capaz de hacer. En mi caso, que tengo la manía de seguir más o menos de cerca sus avances, estoy seguro de que acabaré sabiendo más de los primeros minutos del universo que de los primeros minutos de mi propia vida, inalcanzables ya hasta para las mayores tecnologías, debido a la desaparición de mis mayores. Sin embargo, al margen del conocimiento científico, sé también que mis primeros quince minutos fueron más difíciles que los primeros quince minutos de mis hijos, y así creo que ha sido para la mayoría de nosotros. Esta mejora ha sido posible gracias a los avances de la ciencia, que aunque parezcan baladíes, como este de conocer qué sucedió en el origen de todo, siempre acaban impactando, casi siempre para bien, en nuestras vidas, por largas que sean.

18 de abril de 2005

¿Por Qué Nadamos y Guardamos La Ropa?

Hace unos dos años, escribía que una de las hipótesis para explicar por qué, a diferencia de los otros primates, carecemos de pelo en el cuerpo, excepto en aquellas regiones en donde suele estar rizado, era que los ancestros de nuestra especie, hace unos cinco millones de años, atravesaron una etapa de vida semiacuática. Como consecuencia de la adaptación a la vida en el medio acuoso, fuimos perdiendo el pelo hasta convertirnos en monos y monas desnudos.

Esta teoría del homínido acuático ha sido ridiculizada en los ámbitos especializados. ¿A quién se le había ocurrido tamaña estupidez, a un pescador sin sandalias? No era serio. Estaba claro que la especie humana había evolucionado en la sabana africana, compitiendo con otros predadores y primates.

Sin embargo, como ya he dicho muchas veces, la ciencia, como la verdad, es cruel, sobre todo con los que ridiculizan sin disponer de todos los datos. Poco a poco, se han ido acumulando evidencias aquí y allá que, tomadas en su conjunto, fuerzan a creer que nuestros ancestros pasaron por un periodo acuático más o menos largo en su evolución hacia nosotros.

Tomemos, si no, nuestro cerebro. Es un órgano cuya evolución no tiene paralelo en el mundo animal. La talla de nuestro cerebro se triplicó en unos pocos cientos de miles de años. Ningún animal de la sabana ha conseguido otro tanto. Al contrario, la evolución de los animales de la sabana indica que en relación a la masa del cuerpo, el cerebro no se ha hecho más grande, sino más pequeño. El ser humano sería pues una excepción difícil de explicar.

Si quitamos el agua al cerebro, lo que queda es grasa en un 60%. La grasa es el componente fundamental de las membranas de las neuronas, que transmiten el impulso nervioso, aunque cualquier tipo de grasa no sirve para hacer cerebros. Es imprescindible la grasa poliinsaturada, los famosos ácidos grasos omega-tres, líquidos a temperatura ambiente, que no podemos fabricar, pero que con tanta abundancia se encuentran en pescados, mariscos y algas.

Curiosamente, no solo es rico en grasa el cerebro, sino también el cuerpo de los recién nacidos. Al final del embarazo, el feto incrementa diez veces su contenido en grasa. Esta grasa es luego utilizada para mantener el crecimiento del cerebro durante los primeros meses de vida. Los chimpancés, la especie más cercana a nosotros, nacen con un cerebro de talla similar a la nuestra, pero no poseen grasa corporal. Si han visto chimpancés recién nacidos en la televisión o el zoo, se habrán dado cuenta de que son mucho más escuálidos que nuestros bebés. Esta ausencia de grasa corporal impide el crecimiento de sus cerebros.

Lo dicho anteriormente indica que la ingesta en abundancia de grasa poliinsaturada por la madre es particularmente importante para el crecimiento del cerebro y de todo el cuerpo de los bebés durante el embarazo. Esta grasa es mucho más fácilmente obtenible en las costas de lagos y mares.

La vida en las costas hace unos millones de años ayuda a explicar también la rápida migración y colonización del planeta por nuestros ancestros. Igualmente, el hallazgo de fósiles de homínidos en algunas islas indica que fueron capaces de atravesar grandes extensiones de agua para colonizarlas, lo cual solo puede suceder en un animal que se encuentra cómodo en ese medio.

No obstante, uno de los hechos que apunta con más intensidad a un pasado acuático para nuestros ancestros es nuestra capacidad actual de aguantar la respiración. Los mamíferos terrestres, incluido nuestro hermano el chimpancé, no pueden controlar la respiración; respiran de manera totalmente involuntaria. Por otra parte, los mamíferos acuáticos solo respiran de manera voluntaria. Los delfines, por ejemplo, deben respirar voluntariamente, hasta tal punto que turnan las dos mitades de su cerebro para dormir, una de las cuales debe siempre estar despierta para mantener la actividad respiratoria.

Entre ambos extremos, se encuentran los animales semiacuáticos, que pueden pasar de un control de la respiración involuntario a otro voluntario, como nosotros. Curiosamente, esta capacidad de controlar la respiración es fundamental para nuestra capacidad de hablar, y hay quien cree que de no haber pasado nuestros ancestros por un periodo semiacuático, no hubiéramos podido desarrollarla.

Aún hay más. Nuestros bebés nacen con una capa en la piel similar a la cera que, para facilitar nuestra memoria, se ha dado en llamar "vernix caseosum". Este barniz se observa también en animales marinos, por ejemplo en las focas, y es más espeso cuanto más rápidamente deben los recién nacidos sumergirse en agua. Parece ser, pues, un barniz protector de la humedad, que más tarde desaparece. ¿Por qué, de entre todos los primates, compartirían nuestros bebés con las focas ese barniz si nuestros ancestros nacieron en medio de la seca sabana?

Muchas tribus primitivas encuentran muy natural dar a luz en el agua y sus bebés son capaces de nadar a los pocos días, incluso a las pocas horas de vida. Estudios recientes indican que parir en el agua es la mejor manera para que la madre pueda hacerlo sin ayuda. El bebé, al nacer, cuenta ya con el reflejo de cerrar la garganta y no respirar al contacto de su cara con el agua, por lo que no se ahogará al salir del útero materno. Por otra parte, al flotar gracias a su alta cantidad de grasa corporal, el bebé puede ser recogido fácilmente por la madre y llevado a su pecho, acto que causa la ruptura natural del cordón umbilical.

Por supuesto, el periodo acuático en nuestro camino evolutivo habría causado la pérdida del pelo y creado más tarde la necesidad de cubrirnos con las pieles de otros animales para protegernos del frío. Así que, ya ve usted, no gozamos de nuestras capacidades físicas sin razón y existe una explicación para que podamos nadar y guardar la ropa. Todo parece tener una razón evolutiva. Hace unos meses, también escribía que esas mismas razones, en otra etapa de nuestra evolución, explicaban nuestra capacidad de resistencia en carrera. Parece pues que nuestra especie ha pasado por extraordinarias experiencias evolutivas, y probado muchos nichos y posibilidades de las que hoy guardamos la huella, que explican las extraordinarias cualidades de las que disponemos, así como nuestra capacidad de adaptación a casi cualquier medio y situación. Hay que alegrarse por nuestra suerte.

25 de abril de 2005

Creencias Borrachas

Una de las cosas que supuestamente aprendemos pronto en la vida es a diferenciar el amor del sexo. Si el amor es ciego, el sexo tiene buen olfato. Y mientras es fácil evaluar la posibilidad de tener relaciones sexuales con alguien, es mucho más difícil evaluar si llegaremos a amar o a ser amados.

Las apariencias juegan un enorme papel en el juego "amoroso", que quizá conduzca, por último, al verdadero amor. Todos pretendemos mostrarnos a los demás como alegres, guapos, interesantes; atractivos, en una palabra. Todos pretendemos mostrar lo mejor de nosotros mismos, pero si pensamos que nuestra capacidad de atraer a los demás depende solo de lo que "trabajemos" nuestro aspecto, o incluso nuestra personalidad, estamos en un error.

Exploremos si no unos recientes experimentos que ilustran bastante bien que no reluce todo el oro cuando nos empeñamos en que no lo haga. Estos experimentos estudian el efecto de las creencias de cada uno sobre las ideas que nos hacemos de los demás, y en algo tan primitivo y básico como la atracción sexual.

Es sabido por todos que el alcohol modifica nuestra libido. A algunos les activa el deseo sexual, mientras que a otros puede reducírselo. A algunos les desinhibe y les permite funcionar mejor sexualmente; a otros les disminuye sus capacidades sexuales. Incluso puede afectar nuestro juicio y conseguir que consideremos sexualmente atractivo al abuelo de Brad Pitt y repelente a su nieto (sin entrar en consideraciones sobre qué es más normal que suceda).

La idea que tuvieron investigadores de la Universidad de Missouri-Columbia, en USA, no fue la de estudiar los efectos del alcohol, sino los efectos que nuestras expectativas sobre los efectos que el alcohol ejerce sobre nosotros pueden tener sobre nuestro juicio referente a lo sexualmente atractivo que encontramos a alguien. En otras palabras, no estudiaron si una persona que no encontramos sexualmente atractiva se convierte en un adonis o una "miss" tras beber mayores o menores cantidades de diversos licores, estudiaron si nuestras creencias sobre los efectos sexuales que el alcohol podría causarnos ejercen un efecto sobre lo atractiva que encontramos a esa persona.

¿Cómo estudiamos el efecto de nuestras creencias sobre el efecto que el alcohol nos causaría sobre lo atractivo que encontramos a los demás? Parece complicado, pero no lo es tanto. Para conseguirlo, los investigadores utilizaron la estimulación subliminal. Se trata aquí de evocar en el subconsciente la idea de bebidas alcohólicas antes de preguntar a los sujetos del experimento lo sexualmente atractiva o no que encuentran a una determinada persona.

Para ello, ochenta y dos estudiantes varones de la mencionada universidad fueron sometidos a un cuestionario para averiguar si creían que el alcohol les aumentaba o les disminuía su deseo sexual. Un mes más tarde, los sujetos fueron colocados frente a la pantalla de un ordenador que, por unos breves instantes, mostraba palabras relacionadas con las bebidas alcohólicas, como whisky, cerveza o vino, o palabras que nada tenían que ver con ellas, como café, zumo o agua. Las palabras se mostraban por un periodo tan breve que no podían estimular la conciencia, pero sí el subconsciente de los sujetos bajo estudio. Es lo que se llama estimulación subliminal, es decir, como su nombre indica, por debajo del umbral de la conciencia.

Tras ser estimulados de esta forma, y en absoluto bebiendo alcohol, se pedía a los sujetos que calificaran con una puntuación de uno a nueve lo atractivas que encontraban las fotos de veintiuna estudiantes jóvenes. Pues bien, los muchachos que creían que el alcohol aumentaba sus deseos sexuales calificaron las fotos con mayor puntuación, en términos de atracción sexual, que los muchachos que creían que el alcohol disminuía su deseo o capacidad sexual. Sin embargo, las puntuaciones otorgadas a las jóvenes por grupos de muchachos no expuestos a las palabras que evocaban a las bebidas alcohólicas no fueron diferentes entre sí.

Para comprobar lo específico que podía ser este efecto subliminal, los investigadores repitieron el experimento, pero esta vez, en lugar de evaluar el atractivo sexual de las jóvenes, se solicitó a los universitarios que evaluaran el nivel de inteligencia que percibían en las fotos de las estudiantes, nivel que, muy posiblemente y por desgracia, no tiene nada que ver con el atractivo sexual. En esta ocasión, que creyeran que el alcohol aumentaba su deseo sexual o que lo disminuía no tuvo impacto alguno en las calificaciones obtenidas por las jóvenes. Si lo que creemos sobre el alcohol puede hacernos cambiar de idea sobre la atracción que podemos sentir por alguien, al menos no parece que afecte a lo que creemos sobre su inteligencia. Algo es algo.

Así pues, es posible que lo que los demás perciben sobre nosotros dependa en buena manera de lo que esperen percibir, de sus creencias sobre otras cosas. Por otra parte, es preocupante que las percepciones que tenemos sobre los demás, seguramente también sobre un determinado líder político, puedan ser tan susceptibles a influencias subconscientes, cuyo efecto no comprendemos aún en su totalidad. Además, no son solo las percepciones sobre los demás las que pueden ser afectadas inconscientemente, sino también nuestra propia conducta, como demuestra otro experimento realizado por los mismos investigadores en el que la exposición subliminal a palabras tales como "anciano" y "bingo" lograban que los jóvenes caminaran más despacio por los pasillos.

No cabe duda de que comprender el "poder del inconsciente" puede proporcionar beneficios a largo plazo. Quizá pudieran ponerse en marcha métodos subliminales para lograr que los conductores fueran más despacio por nuestras carreteras, o para dejar de fumar en lugares públicos, o para hacer que nos sintiéramos, en general, más felices. Claro que a nadie le gusta que le manipulen la mente, a pesar de que lo hagan de manera más o menos sutil y sin nuestro permiso todos los minutos del día. Por eso, puede que lo importante no sea que no nos manipulen, sino que, ya que lo hacen, ya que lo hacemos, por intereses varios, decidamos también manipularnos para nuestro bien; que tomemos el inconsciente bajo nuestro control consciente con el fin de mejorar nuestras vidas y de ser más felices. ¿Usted qué cree?

2 de mayo de 2005

Aire Limpio y Efecto Invernadero

Supongo que sabe que muchas de las verduras e incluso de las frutas que hoy comemos se cultivan en invernaderos. Supongo que también sabe que un invernadero funciona atrapando el calor. La luz que atraviesa el vidrio u otros materiales transparentes de sus paredes incide en el interior del invernadero y lo calienta. Todo lo que se calienta, tiende a enfriarse, incluso el mal carácter. Por esta razón, el suelo y las paredes del invernadero eliminan el exceso de calor que reciben de la luz solar que les llega emitiendo, a su vez, otro tipo de luz que no podemos ver, pero que sí podemos detectar con los instrumentos adecuados. Este tipo de luz es la denominada luz infrarroja, así llamada por situarse por debajo del rojo en el espectro luminoso.

Si la luz visible puede atravesar el vidrio u otros materiales transparentes, la luz infrarroja no puede hacerlo. Los vidrios de nuestras ventanas, o de los invernaderos, son opacos a la luz infrarroja. Esto implica que cuando los materiales calientes del interior del invernadero emiten luz infrarroja y se enfrían, esta rebota en los cristales y es reenviada al interior, con lo que vuelve a calentarlo. El invernadero no puede pues enfriarse por el procedimiento de emisión de luz infrarroja (aunque sí se enfría por otros medios más lentos), y esta es la razón que explica que su interior se encuentre a una temperatura superior en varios grados a la del exterior. Esto es lo que se llama el "efecto invernadero", que es también el responsable de que nuestro coche, dejado al sol, alcance una temperatura insufrible en verano, aunque agradable en invierno.

Habrá oído hablar de que el efecto invernadero es el responsable del calentamiento global, y de que dentro de poco, además de refugiados políticos y de emigrantes económicos, tengamos que contar con refugiados climáticos, con personas incapaces de vivir en su hábitat habitual, valga la redundancia, debido a causas climáticas.

Por supuesto, nuestro planeta no está rodeado de una capa de vidrio que impida salir a los rayos infrarrojos emitidos por tierra, mar, e incluso aire, al ser calentados por el Sol. En este caso, el efecto invernadero se debe a la absorción de los rayos infrarrojos por ciertos gases que la Humanidad lleva emitiendo a la atmósfera por siglos. Se trata, principalmente, del dióxido de carbono, del óxido nitroso y del metano, producido sobre todo por las emisiones de gases intestinales de vacas y otros animales domésticos, incluido su marido.

Estos gases, como el vidrio, no son tampoco transparentes a los rayos infrarrojos, y cuando uno de estos rayos choca con una molécula de ellos, rebota y es reenviado hacia la Tierra, impidiendo que esta se enfríe a mayor velocidad. Sin embargo, es bueno que esto suceda en alguna medida, ya que sin efecto invernadero alguno, es decir, si la atmósfera dejara pasar sin problemas a todos los rayos infrarrojos que se producen, la temperatura media de la Tierra sería unos treinta y tres grados centígrados menor. Esto supondría que solo en los días más calurosos del verano gozaríamos de agua líquida, aunque bastante fría de todos modos, por estas latitudes. La vida en la Tierra sería mucho más difícil sin el efecto invernadero.

No obstante, como sucede con tantas otras cosas, demasiado de algo bueno puede ser catastrófico. Si el efecto invernadero se incrementa en exceso, debido a la acumulación en la atmósfera de gases opacos a los rayos infrarrojos, la temperatura de la Tierra aumentará, lo que se estima tendrá consecuencias graves para el clima, modificará el patrón de lluvias, subirá el nivel del mar y acabará con los glaciares. Por consiguiente, parece conveniente limitar la emisión de gases de efecto invernadero, y este es el objetivo del famoso protocolo de Kyoto.

Sin embargo, además de que los rayos infrarrojos no puedan escapar del invernadero, otro factor adicional influye en el proceso de su calentamiento, un factor del que a menudo nadie habla, quizá porque es obvio. Y es que es elemental que la temperatura del invernadero depende no solo de la cantidad de rayos infrarrojos atrapados, sino de la iluminación que recibe. Es obvio, insisto, que en un día soleado el invernadero se calentará más que en un día nublado, simplemente porque será mayor la cantidad de luz que incidirá en su interior, calentándolo.

En el caso de nuestro planeta, no se habla de este factor porque se supone que la cantidad de luz que recibe del Sol no varía de año en año. Aunque haya días soleados o nublados aquí o allá en el planeta, por término medio, cada latitud recibe la misma cantidad de iluminación. De ser así, este factor no debe influir en el efecto invernadero.

Sin embargo, estudios recientes publicados por la prestigiosa revista *Science* indican que esto no es cierto. Resulta que, además de gases, la Humanidad, en su actividad agrícola e industrial ha enviado a la atmósfera partículas, sobre todo en forma de humo, pero también en forma de micropartículas.

Estas partículas poseen la particularidad, valga de nuevo la redundancia, de disminuir la cantidad de luz que llega a la Tierra. El humo y las partículas en suspensión en la atmósfera funcionan como una tenue pantalla, una tenue nube que impide que la luz del Sol incida con todo su esplendor sobre el planeta. Este efecto pantalla de las partículas tiende a disminuir el calentamiento de la superficie de la Tierra, por lo que se opone al efecto invernadero.

Hasta aquí todo bien, si no fuera porque la preocupación cada vez mayor por el medio ambiente, si no ha conseguido limitar demasiado las emisiones de gases de efecto invernadero, sí ha logrado limitar las emisiones de partículas. Esto ha conseguido que, a lo largo de los últimos quince años, la atmósfera sea más limpia y la superficie de la Tierra haya visto incrementada la luz que le llega del Sol, como demuestra las mediciones publicadas en esos estudios.

En resumen, que mientras hemos ido limpiando nuestras emisiones, consiguiendo así un aire más puro, que es de agradecer, sin darnos cuenta hemos aumentado también el calentamiento del planeta, no solo por los gases que emitimos, sino por las partículas que evitamos emitir. La conclusión que debe extraerse de esto es que no queda más remedio que reducir la emisión de gases si queremos evitar el efecto invernadero y, al mismo tiempo, gozar de una atmósfera más limpia. Piense en esto, por favor, a la hora de coger el coche para ir a comprar un paquete de tabaco al estanco de la esquina.

9 de mayo de 2005

Ojo Con La Evolución

Hay misterios de la ciencia todavía no resueltos que ni siquiera sabemos que preocupen a los científicos. El ser humano medio está tan preocupado por los problemas de la existencia cotidiana que ¿cómo se va a preocupar de temas tan perentorios como lo que sucedía en el planeta hace unos 543 millones de años? ¿A quién le importa, si la vida es corta?

No obstante, la vida no es tan corta, al menos no la vida tal y como la entienden los que entienden de ella, es decir, los biólogos. Porque la vida comenzó sobre la Tierra hace al menos tres mil quinientos millones de años. Para entender lo que esa cifra significa, consideremos que el mismo número de segundos suponen más de ciento diez años, es decir, si viviéramos un segundo por cada año que la vida ha existido sobre la Tierra, nuestra esperanza de vida sería de más de un siglo.

En la vida de un ser humano no todo sucede con tranquilidad y progresivamente. Acontecimientos más o menos bruscos pueden afectar de manera importante la vida de la gente, y lo mismo ha sucedido en la vida sobre la Tierra, en el proceso de evolución de la misma. Uno de esos acontecimientos es el que se denomina la explosión del Cámbrico, que sucedió hace 543 millones de años, es decir, hace solo diecisiete años y dos meses, si cada año de vida sobre el planeta lo reducimos a solo un segundo. Esta explosión no fue causada por un meteorito que se estrelló sobre la Tierra, sino que se trata de una explosión biológica. Algo sucedió por esas fechas para que de solo tres clases de animales, tres filos, propiamente dichos, pasáramos a tener, casi de repente, treinta y ocho, incluyendo en ellos a la mayoría de los filos que tenemos hoy.

Los tres filos que existían allá por el 1 de enero del año 543.000.000 AC eran muy primitivos, e incluían a las esponjas de mar y a las medusas. No obstante, por el 31 de diciembre de 538.000.000 AC, habían aparecido, entre los treinta y cinco filos, los artrópodos, los moluscos (¡qué ricos!), los equinodermos, y los cordados, de los que derivamos todos los vertebrados. En solo cinco millones de años, parece que la cantidad de tipos de animales se multiplicó por diez. Cinco millones de años suponen solo cincuenta y siete días de la duración de la vida sobre la Tierra, si reducimos cada año a un segundo, es decir, hace diecisiete años y dos meses existían tres tipos de animales, pero hace diecisiete años, ya existían treinta y ocho tipos.

Tras esta observación, realizada por paleontólogos a lo largo y ancho del mundo, analizando yacimientos fósiles en varios continentes, la pregunta que un científico debe hacerse es la misma que haría un niño de tres años: ¿por qué? Es un buen ejemplo de cómo funciona la ciencia, puesto que tras la observación, viene la búsqueda de la explicación. Para encontrarla, los científicos se "inventan" explicaciones posibles que luego tratan de probar o falsificar. Son las llamadas hipótesis. Los niños de tres años también tienen sus hipótesis. Por ejemplo, el hijo de un amigo mío supuso, al descubrirse los testículos, que provenían de los dos huesos de aceituna que se había tragado el día anterior. Hipótesis a todas luces falsa, pero que no es necesario falsificar mediante grandes carcajadas lanzadas a la cara del pobre niño, porque si no mataremos al científico que ya vive dentro de él, el cual se pregunta por qué, y trata de dar explicaciones a lo que observa.

Volvamos al Cámbrico, hace 543.000.000 de años. ¿Por qué esa explosión de lo viviente? ¿Por qué en ese momento y no antes? No han faltado hipótesis para intentar explicarla. Estas hipótesis se extienden desde la intervención de seres extraterrestres, o el dedo de Dios, para dirigir nuestra evolución, hasta hipótesis menos místicas, como un cambio de composición en la atmósfera o en la química del agua de mar.

Sin embargo, antes de imaginar hipótesis para explicar una observación, conviene asegurarse de que la observación es cierta. Por esa razón, se debe intentar confirmarla por otros medios. En este caso, la biología molecular aparece en escena para intentar confirmar que existe también una rápida divergencia a nivel del ADN de las clases de animales que aparecen en el Cámbrico, pero la biología molecular no confirma las observaciones de los yacimientos fósiles, e indica que la filogenia, es decir, la relación entre los distintos animales, es muy diferente de la que sugieren los restos fosilizados, y que los distintos tipos de animales aparecen mucho antes de lo que indica el registro fósil.

¿Qué está sucediendo? Lo que sucede es que vemos solo lo que es posible ver, y en el caso de los fósiles, solo vemos los restos de los animales que ha sido posible que se conviertan en fósiles, pero no vemos hoy los restos de animales blandos que no se fosilizaron. De hecho, un análisis de los fósiles del Cámbrico indica que lo que sí sucede de repente es la aparición de estructuras rígidas, de esqueletos internos o externos, que permiten la fosilización.

Así que ahora nos encontramos con que el verdadero misterio es por qué aparecen los esqueletos tan de repente en la evolución. Sigue siendo un misterio, aunque una hipótesis reciente sugiere que la razón por la que aparecen los esqueletos es que los animales necesitaron hacerse más difíciles de matar, porque por esa época, aparecen también los primeros animales de presa con ojos.

La vista es un sentido fantástico para los predadores, porque las presas, si pueden ser silenciosas, no pueden ser invisibles. Así, la aparición de un arma de tremenda eficacia para la caza, como la vista, puso en marcha una carrera de armamentos evolutiva que condujo en muy poco tiempo al desarrollo de estructuras duras en los animales, que permitieron su fosilización y que los paleontólogos los pudieran descubrir y analizar.

No está aún demostrado que esto sucediera así, aunque no cabe duda que es más probable que los animales ya existentes desarrollaran estructuras sólidas en lugar de que aparecieran treinta y cinco nuevas clases de animales en un abrir y cerrar de ojos. Fue, en cambio, la abertura del primer ojo la que parece abrirnos los ojos a nosotros ahora sobre lo que sucedió hace más de quinientos millones de años. Esperemos que los estudios futuros acaben por confirmar que fue esto lo que sucedió, y la ciencia tenga un misterio menos del que ocuparse.

16 de mayo de 2005

Matemáticas Mundurucús

Imagine que uno de sus amigos, o amigas, solo sabe contar hasta cuatro. Su amigo o amiga no es un bebé, sino una persona hecha y derecha. No es una persona anormal o disminuida psíquicamente, sino alguien perfectamente normal y adaptado a la vida actual. ¿Es esto posible en el mundo de hoy, el mundo de Internet y de los ordenadores ultrarrápidos? Contemos hasta cinco antes de responder a esta pregunta. ¿Ya? Bien. Si ha podido contar hasta cinco, ya sabe más matemáticas que su amigo. ¡Enhorabuena!

Respondamos ahora a la pregunta. Pues claro que sí, es posible. Es posible tener un amigo que solo sepa contar hasta cuatro. Es posible si su amigo es un miembro de la etnia de los Mundurucús, que habita en aldeas a orillas de los afluentes del Amazonas, en Brasil. ¿Quién hubiera podido imaginarlo?

Los Mundurucús son una etnia extraordinaria que cuentan con unos siete mil miembros, que solo cuentan hasta cuatro. Es evidente que esta etnia no sabe de cuántos miembros dispone, ya que dispone de más de cuatro. Solo los miembros de etnias matemáticamente más desarrolladas, como la nuestra, pueden contar cuántos individuos pertenecen a los Mundurucús.

El interés de esta etnia reside, precisamente, en esta extraordinaria capacidad para odiar las matemáticas. El lenguaje de esta gente no dispone de palabras para números mayores que cuatro, y tras llegar a esa cantidad, la palabra que utilizan para representar cantidades mayores es "un puñado" o "un montón".

Lingüistas y neurólogos estudian desde hace tiempo la cuestión de si, en alguna medida, las capacidades de cálculo de nuestra especie son innatas o si son adquiridas, es decir, un producto de la cultura. En otras palabras, ¿puede el ser humano calcular sin contar con palabras o símbolos para representar los números?

Para responder a esta pregunta, algunos investigadores han estudiado la capacidad de cálculo de niños de tan solo cuatro meses de edad. Puesto que esos niños no son aún capaces de hablar, es evidente que no disponen de palabras para representar los números, ni de otros símbolos que permitan manipularlos. Pues bien, en esas condiciones, ha quedado demostrado que esos niños son capaces de saber que uno y uno suman dos, y no uno, o tres. Por consiguiente, algunas de nuestras capacidades de cálculo son innatas, y no aprendidas.

Estudiar las capacidades cognitivas de niños de solo meses de edad es muy dificultoso. No es posible realizar estudios complicados o hacerles preguntas. Para conocer cuántas de nuestras capacidades de cálculo son innatas y cuáles son adquiridas, necesitaríamos estudiar a individuos adultos que no hubieran recibido nunca entrenamiento matemático y los cuales no dispusieran tampoco de herramientas de representación lingüística o simbólica de los números. ¿Dónde encontrar a individuos como esos en el mundo de hoy, si quien más quien menos entiende que un euro son 166,386 pesetas?

Los Mundurucús vinieron al rescate de los pocos investigadores que estudian estas importantes cuestiones sobre las capacidades de nuestra propia especie. Los Mundurucús no disponían de las herramientas culturales o lingüísticas necesarias para el aprendizaje de la manipulación numérica, lo que les convertía en los individuos ideales para estudiar la cuestión de sus capacidades de cálculo innato.

Para este estudio, el lingüista Pierre Pica, que había pasado algún tiempo viviendo entre los Mundurucús aprendiendo su lenguaje, y que se había dado cuenta del extraño hecho de la ausencia de palabras para números mayores que cuatro, contactó con el especialista en psicología cognitiva de la aritmética Stanislas Dehaene. Este último se da cuenta de que los individuos de esa etnia no tienen su cerebro contaminado por el aprendizaje de un sistema numérico y constituyen un tesoro de la Humanidad para resolver la cuestión de las capacidades de cálculo innatas. Stanislas Dehaene se muestra encantado de colaborar con Pierre Pica y desarrolla tres pruebas cognitivas a las que su colega Pierre debe someter a los Mundurucús. Las mismas pruebas son utilizadas para estudiar cómo las realizan individuos de nuestra civilización.

En la primera prueba, se presenta a los Mundurucús dos montones de semillas; de una ojeada, deben estimar cuál contiene más. Los resultados son bastante claros, y no existen diferencias significativas de capacidad de realización de esta prueba entre los Mundurucús y nosotros, si bien parece que lo hacen un poco peor. En cualquier caso, queda demostrado que los Mundurucús poseen la capacidad de comparar dos cantidades sin contarlas.

En la segunda prueba, los Mundurucús pueden ver cómo se añade un puñado de semillas a una lata vacía. Unos instantes después, se añade otro puñado de semillas a la misma lata. Hay que decir que, una vez dentro de la lata, los Mundurucús no pueden ver lo que hay dentro, es decir, han tenido que estimar la cantidad total de semillas en el momento en que se añadían a la misma. Ahora, los Mundurucús deben estimar si hay más o menos semillas dentro de la lata que las que se les presenta en otro montón. En este caso, los Mundurucús lo hacen tan bien como nosotros. De nuevo, cuando se trata de estimar cantidades sin contar, los Mundurucús no se diferencian de nosotros.

En la tercera prueba, se añaden a la lata una pequeña cantidad de semillas. A continuación, se retira una cantidad menor, y se trata entonces de adivinar el número correcto de semillas que quedan en la lata, eligiendo de entre tres proposiciones la respuesta correcta. En este caso, los Mundurucús fracasan estrepitosamente. Son incapaces de calcular el número exacto de semillas, es decir, en este caso, son incapaces de realizar una resta simple que comporta números de solo una cifra.

La conclusión de estos estudios es clara. Mientras la capacidad para estimar cantidades de una manera grosera es innata, nuestra capacidad para el cálculo exacto es aprendida y depende de los útiles simbólicos, palabras y números, que hemos inventado. Estos resultados explican, al menos en parte, por qué las zonas del cerebro que se activan cuando realizamos un cálculo aproximativo son diferentes de las que lo hacen para el cálculo exacto.

Lo que todavía no sabemos es si esta incapacidad de los Mundurucús para el cálculo exacto les hace más o menos infelices que al resto de los mortales. Por mi parte, sospecho que, aunque la capacidad de calcular hace posible la moderna economía, algo ha restado también a nuestras vidas, que seguramente son menos armónicas con la Naturaleza que las de los Mundurucús.

23 de mayo de 2005

Desafío a La Genética

UNA DE LAS maravillas de la aventura de la ciencia es que, a veces, cuando creemos que ya sabemos cómo son y cómo funcionan ciertas cosas, nuevos descubrimientos hacen tambalear los cimientos de ese conocimiento. De repente, el edificio científico en una determinada área amenaza con derrumbarse, y hace falta integrar el nuevo descubrimiento en una teoría más amplia, que logre explicar tanto los fenómenos antiguos como los nuevamente expuestos.

La situación anterior no es tan infrecuente como podría parecer. Bien es cierto que suele suceder en áreas muy especializadas y particulares del saber, allí donde se encuentra la frontera del conocimiento. Rara vez sucede en el tronco de una disciplina, donde el conocimiento está bien adquirido y fundamentado. Y, sin embargo, esto es lo que sucede hoy, nada menos que en la genética, una ciencia que en apariencia no podía ya darnos sorpresas.

La sorpresa, además, no surge del estudio de un organismo raro, jamás utilizado por los científicos, sino por el estudio de un aspecto de la planta más empleada para establecer en el laboratorio el comportamiento de los genes en los vegetales. Esta planta es muy común, a pesar de su nombre, *Arabidopsis thaliana*, cuyo genoma, como el nuestro, ha sido completamente secuenciado, y que puede encontrarse, salvaje, en todas las provincias de nuestro país.

Fue Gregorio Mendel, a mediados del siglo XIX, quien descubrió las leyes de la genética. Estas leyes establecen, entre otras cosas, que los caracteres genéticos se transmiten de padres a hijos. Esto parece una perogrullada, aunque bien podría suceder que los caracteres genéticos se transmitieran, por ejemplo, de abuelos a nietos, sin pasar por los hijos. Sería extraño, pero cosas más raras suceden hoy en el mundo de la burocracia.

Un carácter genético es, por ejemplo, el color de las flores de una planta. El color de una determinada flor puede depender de uno o de varios genes, que la planta, al reproducirse, transmite a sus hijos, junto con los genes del compañero de reproducción, por supuesto. Así, el color de las flores de los hijos dependerá de los genes recibidos de sus progenitores. Por ejemplo, podría suceder, como de hecho sucede en algunas plantas, que el color dependiera de un solo gen del que existen dos variantes, una normal y otra mutante. La variante normal podría ser la responsable de conferir un color rojo a las flores. Por el contrario, la variante mutante originaría flores de color blanco. Como cada planta recibe un gen de cada progenitor, podríamos tener flores de tres colores: rojas, si han recibido dos genes "rojos", blancas, si han recibido dos genes "blancos", o rosas, la mezcla entre blanco y rojo, si han recibido un gen "rojo" y otro "blanco".

En esta situación, si cruzamos a dos plantas de flores rosas, puesto que estas poseen una variante génica de cada color, las flores de sus hijos podrán ser de todos los colores posibles: rojas, si reciben las dos variantes "rojas" de sus progenitores; blancas, si reciben las dos variantes "blancas"; o rosas, como sus padres, si reciben un gen "blanco" de uno de ellos y un gen "rojo" del otro.

Mendel dejó claro que los hijos blancos del cruce anterior, que poseen los dos genes "blancos", jamás podrán a su vez tener hijos rosas, y mucho menos rojos. Los genes no se cambian unos en otros y, por tanto, de padres de flores blancas se generarán siempre hijos con flores del mismo color. En otras palabras, las plantas de flores blancas están condenadas a ser siempre de flores blancas, y las plantas de flores rojas, a ser de flores rojas, incluso si sus "abuelos" pudieron ser rosas. Los caracteres de sus "abuelos" estarían perdidos para siempre.

Pues bien, es esta ley de la genética la que se ve ahora amenazada por lo que sucede con la planta *Arabidopsis*. En esta planta, se ha descubierto un gen, llamado *Hothead* (cabeza caliente), cuya variante normal produce flores normales, pero cuya variante mutada produce flores anormales. La mutación cambia una letra del ADN por otra, una "C" por una "T", y esa mutación es suficiente para producir una anomalía en las flores de la planta.

En este caso, si la planta cuenta con una variante normal y otra mutada de *Hothead*, las flores son normales. Es necesario, pues, que la planta posea las dos variantes anormales del gen para que sus flores sean anormales. En esta situación, es de esperar, si las leyes de la genética son correctas, que los hijos de esas plantas siempre tengan flores anormales, ya que los progenitores solo tienen la variante anormal del gen.

Sin embargo, en este caso, eso no sucede. Hasta un 10% de los hijos de plantas de flores anormales son normales, siempre que los padres anormales provengan de abuelos normales que poseen un gen anormal, es decir, un 10% de los nietos de plantas normales, pero cuyos hijos son anormales, vuelven a ser como sus abuelos; han recuperado la característica normal. ¿Estaba Mendel equivocado? ¿Cómo es esto posible?

Nadie lo sabe a ciencia cierta, pero la evidencia de que de plantas de flores anormales pueden surgir plantas normales es clara. La frecuencia de este acontecimiento, un 10%, es demasiado alta como para producirse por un proceso de mutación inversa, que cambie ahora la T por la C de *Hothead*, al azar. Debe existir un mecanismo distinto por el que una planta anormal pueda guardar información de las características de sus progenitores normales, aunque ella no las manifieste, para transmitirla a su descendencia.

¿En qué puede consistir este mecanismo? ¿Es un mecanismo común en la Naturaleza o sucede solo en plantas simples? Nadie lo sabe. Algunos suponen que los genes de los padres, además de guardarse en dos copias de ADN, pueden quizá guardarse también en una copia más, almacenada en la molécula de ARN, la molécula responsable de transmitir la información desde ADN a las proteínas. Esta copia de ARN sería normal y capacitaría para cambiar los genes de ADN mutado a ADN normal de nuevo.

La investigación para comprender esta anomalía de las leyes de la genética está lanzada. Quizá un premio Nobel espera al final del camino. Mientras tanto, es deseable que los nuevos descubrimientos aumenten nuestro conocimiento sobre los procesos biológicos básicos que, sin duda, podrán más tarde ser utilizados para nuestro provecho. Quien sabe, quizá comprender cómo una planta puede recuperar un gen normal a partir de uno mutado pueda ayudar a desarrollar una herramienta terapéutica para curar las numerosas enfermedades genéticas causadas por mutaciones en alguno de nuestros genes.

Nota: El misterio relatado en este artículo ha sido resuelto, como puede verse en http://www.genetics.org/content/180/4/2295.long. En realidad, el fenómeno se debe a resultados falsos debido a una tendencia superior de los mutantes a la polinización cruzada con plantas no mutantes y al hecho de que los experimentos iniciales no controlaron debidamente para evitar esta posibilidad.

30 de mayo de 2005

Causalidades De La Vida

UNA DE LAS cosas que más me fascina ir aprendiendo es cuáles han sido las numerosísimas casualidades necesarias para que esté usted ahora leyendo y comprendiendo estas palabras. Me explico. Desde el origen de la vida sobre este planeta hasta el momento actual han sucedido muchas cosas extraordinarias para que se produzca, no ya una especie inteligente, sino una especie tecnológicamente inteligente, como la nuestra. Y esta especie va descubriendo poco a poco estas cosas, y comprendiendo la inmensa suerte que ha tenido de llegar hasta aquí.

He dicho ya en alguna ocasión que las condiciones que pueden permitir que en un planeta surja una especie tecnológicamente inteligente, como la nuestra, solo pueden ocurrir sobre tierra firme, no en el agua. El animal marino más inteligente quizá sea el pulpo. ¿Y los delfines? ¿Y las ballenas?, me dirá usted. Los delfines y ballenas no son animales verdaderamente marinos. Primero, abandonaron el agua para vivir sobre la tierra firme y solo más tarde regresaron a la vida marina. No se hicieron, pues, tan inteligentes sin jamás abandonar el agua.

Es además claro que, si quizá nunca podremos demostrar por completo la imposibilidad de aparición de vida tecnológicamente inteligente en el medio acuoso, sí que parece difícil comprender cómo podría desarrollarse la tecnología sin controlar el fuego, lo que parece imposible de lograr en el agua. Y no mencionemos que, sin extremidades, de las que carecen peces y delfines, el uso de herramientas es obviamente imposible. Precisamente, los mamíferos marinos perdieron sus extremidades al regresar al medio acuoso, lo que les impidió cualquier posibilidad de evolucionar instrumentos tan maravillosos como nuestras manos, que solo parece posible que puedan surgir y evolucionar fuera del agua.

Sin embargo, la vida solo puede aparecer en el agua, eso está hoy más allá de toda duda. Es más, hoy podemos afirmar, sin temor a equivocarnos, que la vida no es posible sin un medio acuoso líquido y, además, no es posible sin compuestos de carbono. Lo que la ciencia ha ido conociendo sobre la vida, sus causas, su funcionamiento, desautoriza cada vez más las hipótesis de que pueda haber vida en el universo no basada en el carbono y en un medio acuoso.

Así que si la vida solo surge en el agua, pero la inteligencia tecnológica solo es posible fuera de ella, hace falta que la vida sea capaz de colonizar la tierra firme, y de adaptarse a ella, y evolucionar sobre ella para que surja una especie tecnológica. Para ello, hace falta primero que sea posible, es decir, que tengamos al menos un planeta con agua y con tierra firme. Y después, hace falta una razón, algo que impulse a los organismos primitivos a salir de su confortable medio acuoso para emigrar a un ambiente hostil, con extremos cambios de temperaturas, donde la fuerza de la gravedad se hace sentir con toda su intensidad, como también se sienten los rayos del Sol. Es una emigración tan extraña como si los ciudadanos de Suiza decidieran de repente irse a vivir a Nigeria, con todo el respeto para los nigerianos, y también para los suizos. Esto es posible, pero haría falta una razón poderosa, ¿no cree?

Esa razón, en opinión de muchos científicos, nos la da la Luna. La Luna, el único satélite de la Tierra, de un tamaño muy considerable con respecto al tamaño del planeta, es la que posibilita las mareas. Esta subida y bajada periódica del nivel del mar en las costas causa que se produzca una interfase, un nicho ecológico doble, en el que el medio marino deja periódicamente sitio al terrestre, y viceversa. Las mareas generan pues un entorno que facilitó la colonización de la tierra firme por la vida marina.

Esto quiere decir que si la Tierra no tuviera Luna, quizá la vida en este planeta no hubiera pasado de los moluscos, mariscos y peces. La inteligencia tecnológica no se hubiera desarrollado. Entonces, ¿de dónde proviene la Luna? ¿Era acaso inevitable que la Tierra tuviese ese compañero planetario? Desde luego que no, no era inevitable. De hecho, se sabe hoy que el origen más probable de la Luna fue una colisión entre la Tierra y un protoplaneta del tamaño de Marte, que expulsó al espacio la ingente cantidad de materia que luego se condensó en órbita alrededor de la Tierra para formar la Luna. Las colisiones entre dos cuerpos tan grandes, y en las condiciones adecuadas como para que no se destruyan los dos en el impacto, son muy improbables. Es una enorme suerte y casualidad tener a la Luna a nuestro lado.

Además de la improbable Luna, ¿es necesario algo más para que la vida marina colonice el entorno terrestre? No lo sabemos con certeza, pero investigaciones recientes sugieren que ciertos sucesos pudieron acelerar significativamente la colonización de la tierra firme por los organismos vivos, que quizá de otro modo no hubiera sucedido. Uno de estos fue causado por una colisión, otra más, entre dos estrellas masivas ocurrida hace unos 440 millones de años y relativamente cerca de nuestro planeta, que coincide con el inicio de colonización de la tierra firme por las plantas. Esta colisión creó una intensa emisión de rayos gamma, rayos de luz invisibles, más energéticos que los rayos X. Al alcanzar nuestra atmósfera, los rayos gamma causaron una reacción química que generó óxidos de nitrógeno, gases tóxicos, que producen hoy lluvias ácidas, nocivos para la vida.

Sin embargo, en aquellos lejanos tiempos, la lluvia ácida no fue algo perjudicial, sino beneficioso. Esa lluvia ácida desparramó sobre la tierra firme una buena cantidad de nitratos y nitritos que son necesarios para el crecimiento de las plantas. Este "abono celestial", piensan algunos investigadores, fue fundamental para que las plantas se diseminaran por la tierra firme y posibilitaran así la colonización de la misma por los animales, la cual sucedió más tarde, y que nos conduce hasta nosotros.

Así que ya ve usted, tantas cosas grandes y pequeñas han tenido que suceder hasta vivir este momento, tantas, que bien pensado, es prácticamente imposible que lo estemos viviendo. Sin embargo, aquí estamos. Cada cual puede interpretar esto como desee, pero lo más sano es utilizar este conocimiento para relativizar esas pequeñas cosas de la vida que tan infelices pueden hacernos, y vivir con la idea de que nuestra existencia es tan extraordinaria que no merece la pena que nos amarguemos la vida, terrestre o marina, por nimiedades cotidianas, por síes o noes en francés o en holandés, o porque nuestro equipo baje a segunda.

6 de junio de 2005

Diamantes a La Carta

¿A QUIÉN NO le gustan los diamantes? El diamante es la piedra preciosa por excelencia y la que la mayoría piensa regalar antes de cometer la imprudencia del matrimonio. La palabra diamante proviene del griego antiguo "adamas", que significa "insuperable". Transparente, brillante, esplendorosa, ligera, esta piedra preciosa bien cortada y pulida refleja y refracta la luz de tal manera que bien podría decirse un trocito de estrella caído del firmamento.

Lo extraordinario del diamante es, precisamente, su sencillez. Está formado por carbono puro, aunque la mayoría de los diamantes naturales contienen inclusiones de otros elementos que pueden conferirle bellos colores. De todas formas, los más familiares son los de color blanco.

La edad de los diamantes que admiramos hoy oscila entre 990 y 3.200 millones de años, y todos se han formado en el interior de la Tierra, a 150 o 200 km. de profundidad. Es a esas profundidades donde existen las condiciones de presión y de temperatura necesarias para forzar a los átomos de carbono a empaquetarse unos junto a otros formando el ordenamiento atómico propio del diamante. Este ordenamiento es muy denso, y en otras condiciones no se produce.

El grafito es igualmente carbono puro, como el diamante, pero en lugar de ser blanco, es negro; y en lugar de ser la sustancia más dura del universo conocido, es la más blanda. La razón no es otra que la disposición espacial de sus átomos de carbono, los cuales no han sido forzados a empaquetarse tan juntos durante el proceso de su formación, que sucede a presiones y temperaturas más suaves que las del diamante. Mientras que en el diamante los átomos están densamente empaquetados y fuertemente unidos unos a otros, en el grafito los átomos se ordenan en capas, y la unión entre capa y capa es muy débil, lo cual convierte al grafito en una sustancia conveniente para escribir sobre el papel, que es más duro que él.

Para quien no lo sepa, la dureza no es la propiedad que mide la dificultad de los cuerpos a ser fragmentados, sino la dificultad a ser rayados. El diamante no puede ser rayado por nada, y raya a todos los demás materiales. El grafito, en cambio, no puede rayar nada, y todo lo raya a él. Paradójicamente, al escribir sobre el papel con una mina de grafito, es el papel el que raya al grafito, y no el grafito el que raya al papel, a pesar de dejar sobre este sus rayas. Espero que quede claro, a pesar de tanta raya.

Como todos los materiales raros, los diamantes pueden tener usos mucho más interesantes que el de colgarlos de una oreja. De hecho, de las veintiséis toneladas de diamantes extraídas cada año, veinte son destinadas a uso industrial, y solo seis a otros usos. De todas formas, con solo parte de esas meras seis toneladas, el mercado de la joyería del diamante movió, el año 2003, nada menos que 56.000 millones de dólares.

Sin embargo, veinte toneladas de diamantes naturales no son suficientes para satisfacer las necesidades industriales del producto, sobre todo utilizado como abrasivo o como parte fundamental en herramientas de corte de materiales duros. Hace falta fabricar diamantes para satisfacer la demanda. En la actualidad, se producen más de cien toneladas al año de diamantes artificiales de baja calidad, que no se usan en joyería.

Fue la empresa estadounidense General Electric la que, en diciembre de 1954, consiguió fabricar el primer diamante artificial. Lo consiguió sometiendo al grafito a una temperatura de 2.700°C y a una presión de 100.000 atmósferas, equivalente a la que existiría en el fondo de un océano de mil kilómetros de profundidad, que obviamente no existe en este planeta. El diamante sintetizado tenía un diámetro de solo un cuarto de milímetro. Tanto para tan poco, pero era un comienzo.

Hoy, la técnica APAT (Alta Presión, Alta Temperatura) se ha mejorado considerablemente, y pueden sintetizarse diamantes de hasta 1,5 quilates, es decir, de 0,3 gramos, que son ya de un tamaño relativamente grande, y que resultan bastante más baratos que los diamantes naturales de comparable tamaño. Incluso hoy, por unos miles de euros, la sociedad suiza "Algordanza" ofrece convertir el carbono de las cenizas de nuestros seres queridos, ya desaparecidos, en diamantes de color azul. ¿No me cree? Si tiene Internet, acérquese a http://www.algordanza.com/ y compruébelo usted misma. Ahora, gracias a la tecnología moderna, puede conseguir, señora, lo que siempre deseó: llevar a su marido colgado del dedo, convertido en el diamante que él nunca le regaló, siempre que sea viuda, claro está. Después de todo, un diamante es para toda la vida, sobre todo si estuvo casada con él.

No obstante, la tecnología no se detiene en esas minucias, y avanza sin pausa. Un nuevo método de reciente invención consigue ya fabricar diamantes sintéticos de gran pureza, de hasta 100 quilates, es decir, ¡veinte gramos de peso! Enorme para un diamante. Este nuevo método consiste simplemente en calentar una mezcla de gas metano, hidrógeno y nitrógeno mediante un haz de microondas y en presencia de una pequeña cantidad de diamante. El proceso consigue que los átomos de carbono del metano se separen de los hidrógenos que lleva unidos y se depositen suavemente sobre el diamante, que va creciendo poco a poco (el metano es un gas formado por un átomo de carbono y cuatro de hidrógeno, igual que el agua está formada por un átomo de oxígeno y dos de hidrógeno).

Esta tecnología promete fabricar diamantes por literalmente cuatro perras gordas, ya que cada quilate de diamante saldría por solo unos cuatro euros, en lugar de los 4.500 euros que cuesta ahora. Además, este proceso de fabricación permitiría conseguir diamantes semiconductores que podrían ser utilizados en la fabricación de transistores de carbono, en lugar de los de silicio usados hoy. Estos transistores serían capaces de funcionar en condiciones de temperatura en las que el silicio se derrite, como casi las que sufren ya algunos microprocesadores. Esto posibilitaría la fabricación de ordenadores más rápidos y potentes.

Si pensaba que el diamante no era más que una piedra bonita y cara, estaba en un error. Es una piedra útil, un material precioso que gracias a nuevas tecnologías pronto dejará de ser caro y posibilitará, a su vez, más y mejores tecnologías. Brillante, ¿no cree?

13 de junio de 2013

Los Genes De La Fidelidad

Es alarmante y perturbador saber que nuestros genes pueden determinar nuestro destino en lo que a la salud se refiere. Haber heredado un "mal" gen de nuestros padres o haber sufrido una mutación en alguno de los genes de nuestro genoma puede sernos funesto. Y es que los genes están implicados en el desarrollo de enfermedades como el cáncer, la aterosclerosis, la esquizofrenia, la depresión, entre muchas otras.

Si alarmante es que los genes puedan disponer a su antojo de nuestra salud, más alarmante aun es que puedan influir, quizá hasta determinar, otros aspectos de nuestras vidas, otros aspectos de nuestro destino que, como no impactan directamente en la salud, pocos estudian. Sin embargo, es cada vez más claro que nuestro carácter, nuestra relación con los demás, está tan influida por los genes como lo está nuestra salud física.

La revista *Science* publicó la semana pasada nuevos datos genéticos que revelan una posible influencia de algunos genes nada menos que en la fidelidad a la pareja y en la dedicación a los hijos. De momento, estos datos se han conseguido estudiando a los campañoles, unos simpáticos roedores de campo similares a los ratones comunes, pero ya se está estudiando si esas características genéticas pueden también afectar el comportamiento conyugal de chimpancés, bonobos (los chimpancés enanos), y seres humanos, tres especies hermanas que comparten más del 98% de su genoma.

¿Qué nos dicen estos estudios? Para comprenderlo, todos deberíamos saber, en esta era de la genómica, que solo una parte muy pequeña del nuestro genoma contiene información para producir proteínas o ARN, y que estas regiones son los genes. La mayoría de nuestro genoma, paradójicamente, no constituye genes; sin embargo, su naturaleza puede afectar al funcionamiento de los mismos.

Entre las zonas de ADN afectan al comportamiento de los genes se encuentran los microsatélites. Sería largo explicar por qué se les llama satélites, pero es fácil comprender que el prefijo "micro" se refiere a que están formados por unidades muy pequeñas. Estas unidades son repeticiones, por cientos de veces, de algunas de las cuatro moléculas que unidas forman el genoma, representadas como todos sabemos por A, T, C y G. Así, un microsatélite podría poseer la secuencia ...CTCTCTCTCT....; otro, ...TAGATAGATAGA... repetidas cientos de veces.

Lo interesante de estos microsatélites es que, por su naturaleza repetitiva, inducen errores en la reproducción del ADN. Así, cuando una de las cadenas de la doble hélice está sirviendo de molde para sintetizar la otra, durante la reproducción celular, pueden producirse "deslizamientos" sobre la secuencia repetitiva que acortan o alargan las repeticiones. Puesto que la secuencia es la misma diez bases antes que diez bases después, a veces la maquinaria de síntesis de ADN se despista, no sabe dónde anda, y se olvida de sintetizar algún trozo o, por el contrario, incluye un trozo de más en la cadena. Esta es la razón de que los microsatélites sean una de las partes del genoma que más varían de unos individuos a otros, por lo que son las secuencias que se analizan para determinar la identidad de las personas en accidentes, escenas del crimen, pruebas de paternidad, etc.

Volvamos ahora a los campañoles. Estudiando dos especies americanas de estos roedores, los investigadores comprobaron que aunque su genoma era extremadamente similar, unos, los campañoles de las praderas (*Microtus ochrogaster*), eran muy fieles a sus parejas, mientras que los otros, campañoles de montaña (*Microtus montanus*), eran muy promiscuos. Los estudios genéticos mostraron la existencia de diferencias en la longitud de un microsatélite que se encuentra muy cerca de un gen que produce una proteína receptora. Esta proteína receptora no era otra que la que se unía a una hormona, la vasopresina cerebral.

Los estudios mostraron también que la longitud de ese microsatélite cercano al gen del receptor de la vasopresina modulaba el comportamiento del mismo. El gen funcionaba más y mejor en los campañoles de pradera, que tenían microsatélites más largos y eran más fieles y mejores padres que los de montaña.

¿Sería posible que la fidelidad y el cariño a los hijos que mostraban esos roedores se debieran al funcionamiento de ese gen, funcionamiento aparentemente condicionado por la longitud de los microsatélites? Pregunta interesante y atrevida que, además, la tecnología moderna permite responder. Los investigadores produjeron un campañol de montaña que producía más receptor de la vasopresina en determinadas zonas de su cerebro. Sorprendentemente, estos campañoles se comportaban ahora como los de la otra especie. Eran mucho más fieles a su pareja y mucho más amorosos con su prole. Parecía, pues que el efecto de la longitud de los microsatélites sobre el funcionamiento de un solo gen modulaba aspectos tan importantes del comportamiento social de esos animales como las relaciones con su pareja y con sus hijos.

Solo quedaba comprobar, para demostrar definitivamente que esto era así, que las variaciones en la longitud del microsatélite en el campañol de la pradera, el más fiel de los dos campañoles, ejercían un efecto en su comportamiento dentro de su misma especie. Para ello, los investigadores cruzaron entre sí individuos de esta especie que tenían los microsatélites ligeramente más largos y lo mismo se hizo con los que tenían los microsatélites más cortos. Los resultados indican que, en efecto, los individuos, con los microsatélites más largos son más fieles y amorosos con los hijos que los individuos con los microsatélites más cortos. Este efecto es sobre todo evidente en los machos, más que en las hembras.

¿Cómo es posible que el funcionamiento de un solo gen pueda afectar a algo tan aparentemente intangible, inmaterial, como la conducta de los animales con su pareja e hijos? No se conocen los detalles, pero sí los aspectos generales. Es conocido que los productos de los genes ejercen un efecto sobre las neuronas, su crecimiento, su dinámica, sobre las conexiones que forman entre sí. Todo nuestro comportamiento, y el de cualquier animal con sistema nervioso, dependen del funcionamiento y conexiones entre las neuronas. Es evidente que los genes que las afecten afectarán a su vez la conducta, también a la nuestra. Afortunadamente, las conexiones y funcionamiento neuronal, en nuestro caso, también dependen de lo que hemos aprendido, de nuestro ambiente, por lo que los genes no determinan solos cómo hemos de comportarnos. Sin embargo, es cada vez más innegable que su influencia sobre nuestra conducta es muy importante, más de lo que habíamos sospechado y, por el momento, más de lo que estamos dispuestos a aceptar.

20 de junio de 2005

Ciencia, Política y Homosexualidad

Estos últimos días hemos asistido al bochornoso espectáculo del uso, una vez más y no será la última, de la ciencia con fines políticos. La supuesta evidencia demostrada, el supuesto conocimiento incontrovertible, se emplea para sustentar unas determinadas ideas en línea con determinadas ideologías. Por supuesto, me estoy refiriendo a las declaraciones, la semana pasada del catedrático de Psicopatología, Aquilino Polaino.

El Sr. Polaino afirmaba que la homosexualidad era una enfermedad causada por "un padre hostil, violento, alcohólico o distante; una madre sobreprotectora, fría, necesitada de afecto, emocionalmente vacía para con sus hijas lesbianas". A pesar de que la Organización Mundial de la Salud retiraba a la homosexualidad de su lista de enfermedades, donde nunca debía haberla incluido, el Sr. Polaino parecía no haberse dado por enterado.

Dejémonos de políticas e ideologías, y dediquémonos a la ciencia. ¿Qué estudios existen sobre la homosexualidad? ¿Qué es y por qué se produce?

Uno de los aspectos más estudiados sobre la homosexualidad es si esta podría explicarse por causas genéticas. En un estudio publicado en 1991, se demostró que el 52% de los hermanos gemelos de un homosexual eran homosexuales, mientras que solo lo eran el 22% de los hermanos no gemelos y el 11% de los hermanastros que habían sido adoptados y vivían con el homosexual en la misma familia. Además, si se era varón homosexual, era más probable tener un hermano homosexual que una hermana lesbiana, pero si se era lesbiana, era más probable tener una hermana de la misma condición que un hermano homosexual.

También en 1991 se publicó un estudio en el que se demostraba que el volumen de determinadas regiones del hipotálamo del cerebro de hombres homosexuales era más pequeño que el volumen de las mismas regiones de hombres heterosexuales, pero similar al de las mujeres. La homosexualidad parecía tener una causa biológica, aunque no necesariamente relacionada directamente con cambios genéticos.

En 1993, se publicó un trabajo realizado con 110 familias de varones homosexuales. Los resultados indicaron que la homosexualidad poseía un componente hereditario que se localizaba en la región Xq28 del cromosoma sexual X, precisamente el que determina, junto con el cromosoma Y, el sexo de animales superiores y seres humanos. Los resultados de este estudio fueron confirmados por otro, publicado en 1995. El componente genético de la homosexualidad tomaba fuerza.

Sin embargo, en 1999, otro estudio no pudo encontrar asociación alguna entre genes de la región Xq28 del cromosoma X y la homosexualidad. El conocimiento científico no es tan fácil de adquirir de manera definitiva. En este caso, como en otros, eran necesarios estudios adicionales.

En el corriente año 2005, se ha publicado el primer estudio de barrido genético completo, utilizando las nuevas tecnologías de chips de ADN, con la finalidad de encontrar posibles genes asociados con la homosexualidad. Este estudio encontró posibles candidatos en los cromosomas 7 y 8, aunque no en el cromosoma X.

De todos estos estudios podemos extraer la conclusión de que es muy posible que la homosexualidad tenga un componente genético entre sus posibles causas, pero todavía no está claro cuál es ni cómo ni cuándo actúa. Es evidente, por otra parte, que los genes y la sexualidad sí están íntimamente relacionados, porque dependiendo del cromosoma sexual del espermatozoide de nuestro padre que tuvo éxito en fecundar al óvulo de nuestra madre, somos hombres o somos mujeres.

¿Qué podemos decir de las causas no genéticas de la homosexualidad? Una búsqueda en las bases de datos médicas nos dice que se han publicado 4.443 artículos sobre este tema desde los años 60. Si nos propusiéramos leer uno cada día, tardaríamos más de 12 años en hacerlo, y para entonces se habrían publicado por lo menos otros tantos artículos más sobre el tema.

Con tanta tinta tonta, seguimos sin tener una idea clara de qué causas educativas o ambientales pueden influir en la homosexualidad, si es que influyen. Si además existe, como parece, un componente genético, este influirá en la manera en que el ambiente y la educación nos influye. Por esta razón, a menudo es muy difícil separar las causas no genéticas de las genéticas, no ya en la homosexualidad, sino en cualquier condición o enfermedad que no esté claramente influida por un solo gen o por uno solo o muy pocos factores ambientales.

Dicho lo anterior, ¿es pues la homosexualidad una enfermedad causada por genes y por el ambiente familiar hostil? La respuesta no puede ser otra que un rotundo no. La razón es, a mi parecer muy simple. Una enfermedad y un enfermo que la sufre no puede depender del entorno ideológico, político o social en el que nos encontremos. Una enfermedad es una condición debilitante que sigue siéndolo nos encontremos en una sociedad occidental, oriental, roja, azul, añil o violeta. Un cáncer lo es lamentablemente aquí y en China. No obstante, cómo son tratados los enfermos, o los que son diferentes, eso sí depende del entorno sociológico e ideológico.

Lo que la ciencia puede decir hoy sin temor a equivocarse es que la homosexualidad es una condición del ser humano, como lo es ser blanco, negro, alto o bajo, inteligente o torpe. En ningún caso consideramos a esas condiciones como enfermedades, sino simplemente como parte de la diversidad de las características del ser humano. Lo mismo sucede con la homosexualidad.

Sin embargo, incluso si la homosexualidad fuera una enfermedad, ¿no sería eso razón suficiente para ser tolerantes con esos enfermos? ¿Acaso nos enfadamos con una persona porque se haya resfriado, o porque desarrolle una enfermedad crónica? ¿Tienen acaso los enfermos posibilidad de elegir estarlo o no estarlo? En este sentido, el debate me parece completamente absurdo (y esto ya no es ciencia, sino mi opinión personal). Al igual que no podemos elegir enfermar del corazón, solo esforzarnos en prevenir que un día enfermemos del mismo, tampoco podemos elegir lo que somos sexualmente. Ser hombre, mujer u homosexual no parece una decisión responsable y razonada, que podamos cambiar en cualquier momento, como algunos cambian de afiliación política de la noche a la mañana. La homosexualidad, como la heterosexualidad, es algo que no podemos controlar, que forma parte de nuestra naturaleza como seres humanos. Será mejor que aceptemos cuanto antes este hecho que la ciencia sí avala y nos dediquemos a ser felices viviendo de acuerdo a nuestra naturaleza diversa y plural, también en lo que se refiere a la sexualidad humana.

27 de junio de 2005

Calentamiento Global, ¿Enfriamiento Local?

Recuerdo que una de las cosas que más me impresionaron cuando la aprendí de pequeño, allá cuando andaba por tercero de primaria, fue que existían corrientes marinas, en particular, la corriente del Golfo. Esta gran corriente, que se origina en el Golfo de México, de ahí su nombre, traía enormes cantidades de agua cálida hacia Europa, y lograba así que las temperaturas en el norte de este continente fueran mucho menos frías de lo que serían de no existir dicha corriente. De hecho, en la región del suroeste de Inglaterra, en Cornwall, incluso sobreviven palmeras al frío invierno, que, ya hemos dicho, no es tan frío.

Ya en aquella época, de la que no quiero olvidarme, como no habían conseguido aún que dejara de preguntarme el porqué de las cosas, una fea costumbre que procuramos que los niños dejen de tener cuanto antes, me pregunté por qué existía esa corriente, cuál era la fuerza que la originaba. Por timidez y miedo al ridículo, no me atreví a formular semejante pregunta a mi profesor, y decidí vivir momentáneamente en la ignorancia hasta que más adelante pudiera responderla, encontrando la información en algún libro.

La respuesta a mi pregunta la pude comprender años más tarde cuando adquirí el concepto de densidad y cómo variaba esta con la temperatura. Resultaba así fácil de entender que, en el Golfo de México, el agua se calentaba, con lo que su densidad disminuía y tendía así a flotar, a subir a la superficie. Por otra parte, más hacia el norte, el agua de mar se enfriaba; se hacía así más densa y tendía por tanto a hundirse hacia el fondo. Estos simples fenómenos debidos al diferente calentamiento solar que se producía en diferentes zonas del Atlántico Norte lograban que se pusiera en marcha una gigantesca corriente que en la superficie llevaba agua cálida del sur hacia el norte, donde se enfriaba y se hundía, regresando de nuevo por el fondo del océano hacia el sur, donde volvía a calentarse y a subir.

Así pues, la fuerza que pone en movimiento la corriente del Golfo no es otra que la diferencia de densidad que existe entre el agua del Golfo de México y el agua de latitudes más norteñas, aunque otros factores importantes contribuyen también a su formación. La corriente del Golfo es gigantesca, ya que mueve la increíble cantidad de 80 millones de metros cúbicos por segundo. Para comparar, el agua que llega al Atlántico de todos los ríos que desembocan en él, incluido el Amazonas, solo es de 0,6 millones de metros cúbicos por segundo.

Un fenómeno que ayuda a mantener la corriente del Golfo en marcha es que, a medida que la corriente sube de sur a norte, el agua se evapora, y la salinidad, es decir, el contenido en sal por litro de agua, aumenta. La salinidad también aumenta la densidad del agua, con lo que este aumento de la salinidad ayuda a que el agua se sumerja al llegar a latitudes más frías. Una disminución de la salinidad del agua en el Atlántico Norte haría disminuir la intensidad de la corriente, lo que podría afectar al clima de Europa del Norte, enfriándolo.

Sin embargo, no es fácil que se produzca un cambio en la salinidad del agua del Atlántico Norte, ¿o sí? Seguramente ha oído usted hablar del calentamiento global. Últimamente, la temperatura media del planeta ha subido de manera perceptible. Sabe usted también sin duda que el aumento de la temperatura puede hacer fundir los hielos polares y la capa de hielo permanente que existe sobre buena parte de Groenlandia. Este hielo está formado por agua dulce, por lo que al derretirse y verterse al mar, además de aumentar el nivel de los océanos, disminuirá la salinidad de los mismos. Por consiguiente, también disminuirá la densidad del agua, sobre todo cerca de donde se vierta.

En un reciente artículo publicado en la revista *Science*, dos investigadores noruegos publican estudios en los que concluyen que, en los últimos 40 años, se ha vertido al Atlántico Norte una cantidad de agua tres veces superior a la vertida por el Amazonas, procedente del deshielo causado por el calentamiento global. Esta cantidad extra de agua dulce ha disminuido la densidad del océano en esas latitudes, por lo que el hundimiento del agua hacia el fondo ha podido verse afectado. De hecho, un estudio llevado a cabo este mismo año, en el que un submarino ha determinado la cantidad de agua que se hundía bajo de la capa de hielo Ártico, ha encontrado que dicha cantidad era significativamente menor a lo esperado.

Estos efectos del calentamiento global pueden hacer disminuir o incluso detener por completo la corriente del Golfo. Si esto sucediera, el clima de Europa del Norte se vería afectado, pero no hacia un clima más cálido, sino, paradójicamente, en la dirección contraria, hacia un clima más frío.

¿Es esto posible? En los últimos 800.000 años, lo que es muy poco en términos geológicos, nuestro planeta ha sufrido al menos nueve glaciaciones en el hemisferio norte, y no cuatro, como se creía hasta no hace mucho. Estas glaciaciones se han producido por causas enteramente naturales, y demuestran que un enfriamiento drástico de las latitudes en las que vivimos es enteramente posible. Hoy, ha aparecido un nuevo factor: la actividad humana que está impactando de manera perfectamente detectable en el clima del planeta. Nadie sabe cómo esta actividad puede al final determinar el clima, pero conviene utilizar el principio de la prudencia y poner en marcha cuanto antes políticas energéticas conducentes a minimizar o a eliminar el impacto humano sobre el mismo. Será también conveniente estar lo más informado posible sobre los últimos descubrimientos de la ciencia en esta materia para poder tomar decisiones conducentes a equilibrar la actividad económica y el efecto de esta sobre el clima del planeta. ¿Seremos capaces?

4 de julio de 2005

Mujeres, Olor y Sexo

He explicado ya en numerosas ocasiones que la especie más cercana a la nuestra es el chimpancé. Nosotros también somos la especie más cercana al chimpancé. Los chimpancés están genéticamente más relacionados con nosotros que lo están con los gorilas, a pesar de la cara de monos que tienen los dos.

Los chimpancés, sin embargo, aunque cuentan con muchos menos individuos que la especie humana, son genéticamente más diversos que nosotros, es decir, sus genes poseen más variantes que los nuestros. Esta variabilidad genética solo puede mantenerse si existen cruces entre machos y hembras pertenecientes a diferentes clanes y familias, ya que de otra manera la consanguinidad sería dominante y la diversidad genética mucho menor.

Estudios recientes indican que las encargadas de mantener la diversidad genética son las hembras. Cuando les es posible, las hembras chimpancés se van a hacer "turismo sexual" a la frontera de su territorio, donde copulan con machos de grupos y territorios vecinos. Después, regresan a su clan donde dan a luz a un bebé cuyo padre no es el macho que creía poseer o dominar a esa hembra en cuestión.

Así que cabe preguntarse, ya que estamos tan genéticamente relacionados con los chimpancés, si las hembras de la especie humana también ejercen el "turismo sexual" en mayor o menor medida. Numerosos "estudios" publicados en revistas del "corazón" que no conviene confundir con las dedicadas a la cardiología, indican que esta respuesta debe, sin duda, responderse afirmativamente. Sin embargo, sí son necesarios estudios científicos controlados para determinar en qué extensión sucede esto y cuál puede ser la razón de que suceda, si finalmente sucede.

La revista *Nature* publica esta semana un resumen de un estudio reciente realizado por investigadores checos. Este estudio intenta determinar si las mujeres encuentran más atractivos los olores de los hombres en el momento de su ovulación, en comparación a otros momentos de su ciclo menstrual. Para ello, los investigadores recogieron con bolas de algodón el olor de los sobacos de 48 hombres a quienes se les hizo también pasar un test que evaluaba su propia percepción de su posición en la escala social.

Las bolas de algodón se dieron a oler a 65 mujeres a las que se pidió que calificaran la masculinidad y lo "sexy" que encontraban esos olores. Los resultados son cuando menos interesantes para los chimpancés: las mujeres que se encontraban ovulando o a punto de hacerlo tendían a preferir los olores de los hombres que se consideraban altos en la escala social. Y esto no era todo. Esta preferencia solo resultaba estadísticamente significativa si la mujer tenía una pareja estable. Esto sugiere que tanto el estado hormonal de las mujeres relacionado con su capacidad de procreación, como su relación afectiva con una pareja estable, ejercen un efecto sobre las preferencias sexuales hacia otros hombres.

La revista *Nature* indica que estos resultados apoyan la teoría del cruzamiento mixto, que mantiene que las mujeres buscan distintas cosas en distintos hombres y en tiempos diferentes de su vida. Para que nos entendamos, las mujeres desean establecer relaciones estables con hombres que sean buenos padres, y amen y se ocupen de los hijos, pero desean al mismo tiempo aventuras amorosas con hombres que provean de buenos genes a sus hijos, aunque no sean buenos padres.

Entre los proveedores de buenos genes, sin duda, deben encontrarse hombres de elevado estatus social, los cuales, sorprendentemente, manifiestan este estatus no solo conduciendo coches caros, sino también en el olor de sus sobacos, sin descartar otras partes olorosas del cuerpo. Aunque nada se habla de ello, me atrevo a especular que es posible que el estado hormonal de un hombre de un estatus social alto sea diferente del de uno de estatus social más bajo; sus niveles de testosterona quizá, sean más elevados. En cualquier caso, este olor debe ser un atractivo poderoso para las mujeres en ovulación, ya que así lo califican incluso sin haber visto ni oído al propietario del olor en cuestión.

Estos resultados sugieren, a su vez, que las mujeres de nuestra especie poseen un mecanismo hormonal, aun no bien comprendido, que les impulsa en cierta medida a tener relaciones sexuales con otros hombres, precisamente cuando es más probable que se queden embarazadas. Si unimos este hecho con otro que indica que el número de espermatozoides eyaculado por un hombre es muy superior cuando tiene la oportunidad de dejar embarazada a una mujer fuera de su pareja estable, comprobaremos que nuestra biología sexual está diseñada para favorecer el incremento de la diversidad genética.

¿Cuánta diversidad genética se genera, entonces? ¿Cuántos hijos o hijas se conciben fuera del matrimonio heterosexual? ¿Son las mujeres fieles compañeras y solo los hombres esos "sucios buscadores de oscuros placeres sexuales"? Los resultados de los estudios genéticos al respecto son escalofriantes. Un mínimo de un diez por ciento de las personas vivas hoy tiene un padre diferente de quien cree que lo es. Uno de cada diez de los que paseamos por la calle vivimos engañados por nuestra propia madre, que sí sabe, prácticamente siempre, quien es nuestro verdadero padre. Un diez por ciento de los hombres que cuidan a sus hijos están cuidando al menos a un hijo de otro.

¿Qué hacemos entonces con esa realidad? De momento, ignorarla por completo. Quizá sea lo más inteligente. Eso sí, otras realidades que ocurren con mucha menor frecuencia reciben una enorme atención. Reflexionemos si no sobre qué sucedería en nuestra sociedad si el diez por ciento de las mujeres sufrieran agresiones severas, incluso fueran muertas, por sus parejas. Con la atención que se otorga a este tema, que desde luego es muy importante, no se hablaría ni se ocuparía nadie de otra cosa más que de intentar solucionar esa catástrofe.

Si bien mujeres y hombres tienen derecho a tener relaciones sexuales con quien deseen, en el marco de las creencias de cada uno, todos y todas estaremos de acuerdo en que no se debería hacer "pagar" a otro las consecuencias de esas relaciones. En este sentido, son las mujeres las que tienen la responsabilidad de no ocultar a quien es el padre de su hijo que lo es y no dejar creer a quien no es el padre, que lo es. Un diez por ciento es un número de engaños muy elevado; sin embargo, nuestra sociedad lo sigue tolerando, a pesar de que los datos están disponibles para todos, a pesar de que nuestra biología nos incita a esta situación y que si de algo sirve nuestra sociedad es de lograr modular nuestros impulsos e instintos. No parece haberse logrado en este aspecto.

11 de julio de 2005

Nuevos Avances Sobre La Enfermedad De Alzheimer

Es estimulante seguir de cerca la evolución del conocimiento científico y médico sobre una determinada enfermedad y comprobar cómo, poco a poco, nos vamos acercando más y más a la comprensión de sus causas y, por consiguiente, a conseguir un tratamiento o mejorar los ya existentes.

Por supuesto, es más fácil seguir los progresos médicos y científicos en enfermedades todavía no curables y de cierta importancia. Una de estas enfermedades, terribles por su crueldad sobre el enfermo y su familia, es la enfermedad de Alzheimer. Recientemente, se han realizado progresos en la comprensión de sus mecanismos los cuales ponen en tela de juicio lo que se creía hasta ahora sobre las causas de la pérdida de memoria que se produce en esta enfermedad. Esto es otra de las grandes ventajas de seguir la evolución del conocimiento, porque esta nos enseña que el ser humano es capaz de abandonar viejas ideas por otras nuevas, algo inherente al progreso de la Humanidad, a pesar de que algunos se empeñan en aferrarse a viejas creencias y mitos.

En 1907, el neurólogo alemán Alois Alkzheimer describe por primera vez una rara enfermedad, a la que da su nombre. Esta enfermedad supone nada menos que el 75% de todas las demencias seniles. ¿Cómo se manifiesta? En primer lugar, aparecen problemas de memoria. El enfermo no se acuerda de lo que ha comido hoy, puede confundir el día con la noche (lo que también sucede a demasiados jóvenes), se olvida de fechas archiconocidas, como su aniversario de boda o su cumpleaños. Después, aparecen problemas de lenguaje; el enfermo no encuentra las palabras para expresarse adecuadamente.

Poco a poco, aparecen deficiencias mentales más graves y se pierde el contacto con la realidad del mundo, aunque uno no se haya dedicado nunca a la política, ni a la investigación científica. Progresivamente, el enfermo olvida lo que, como adulto, toda su vida ha conocido, y su propia identidad va diluyéndose a medida que pasa el tiempo. Para agravar la situación, la enfermedad evoluciona hacia el desarrollo de trastornos motores. El enfermo no puede abrir una puerta, mucho menos ducharse o vestirse, y acaba sus días como los comenzó: sin conocer nada del mundo y necesitando el cuidado constante de un adulto que le cambie los pañales.

Ante este horroroso panorama, saber que uno sufre de Alzheimer y que no hay cura posible, que la muerte le sobrevendrá en vida, ya que morirá sin saber ni quién fue, es doblemente horroroso. El enfermo es posiblemente espectador de la disolución progresiva de su propia identidad, de su propio yo. Si deseamos el derecho a una muerte digna, nadie debería morir por causa de esta enfermedad tan humillante y destructiva.

Como todas las enfermedades, la enfermedad de Alzheimer posee una causa molecular. Hasta la fecha, se han visto implicadas tres proteínas: la proteína precursora amiloide, la proteína tau y la apolipoproteína E. Por supuesto, las tres proteínas anteriores están producidas por sus genes, que pueden variar de individuo a individuo, por diversidad genética, o pueden sufrir mutaciones o cambios. Estos cambios o variaciones genéticas pueden, a su vez, producir proteínas que difieren de las normales o pueden resultar en un exceso de producción de la proteína. Ambas situaciones pueden causar la enfermedad.

Los progresos a los que me refería antes han sido publicados por la revista *Science*, y se han llevado a cabo estudiando el papel de la proteína tau. Esta proteína tiene que ver con la organización de unas estructuras en el interior de las neuronas llamadas microtúbulos que, como su nombre indica, parecen tuberías muy pequeñas. Estas tuberías tienen como misión transportar elementos nutritivos por toda la neurona. Si la proteína tau no funciona correctamente, debido a una mutación, o se produce en exceso, lo que también sucede en los enfermos de Alzheimer, la red de tuberías se desorganiza y forma túbulos enredados. Se cree que, por esta razón, los nutrientes no son transportados correctamente y la neurona puede morir.

Para comprobar si esto podía ser la razón última de la enfermedad, la doctora Karen Ashe y sus colegas investigadores de la universidad de Minnesota aprovecharon la tecnología de manipulación genética de animales y también hicieron uso de la tecnología de los "interruptores genéticos", es decir, de fragmentos de ADN que colocados cerca de un gen permiten "encenderlo" o "apagarlo". Crearon así un ratón transgénico muy particular al que se podía "encender" o "apagar" el gen de la proteína tau. Cuando se encendía el gen, las neuronas producían una cantidad trece veces superior a la normal de proteína tau. En efecto, los investigadores comprobaron que los ratones con el gen tau "encendido" tenían microtúbulos desorganizados en sus neuronas y mostraban una pérdida de memoria.

Los investigadores no se conformaron con esto. Si se desea establecer que un gen o una proteína defectuosa es la causa de una enfermedad, no basta con ponerlo a funcionar y comprobar que la enfermedad se produce. Hay también que eliminarlo, hay que "apagarlo", conseguir así que las células dejen de producir la proteína, y comprobar entonces que la enfermedad deja de progresar o incluso desaparece.

Cuando los investigadores "apagaron" el gen tau en los ratones que habían producido se llevaron una sorpresa. Comprobaron que los microtúbulos enredados continuaban formándose y progresando en sus cerebros; sin embargo, los ratones recuperaban, en parte, la capacidad para recordar. Estaba claro que la deficiencia de memoria no estaba relacionada con microtúbulos defectuosos, ya que estos continuaban formándose, sino con algo más que la proteína tau debía hacer en el cerebro y que afectaba a la memoria.

La proteína tau no es la única, como he dicho, que puede participar en el desarrollo del Alzheimer. Sin embargo, los resultados de estos investigadores generan, de nuevo, cuestiones insospechadas que tendremos que intentar responder. Quizá tras la respuesta se encuentre la puerta a un tratamiento más eficaz para esta enfermedad, que incluso permita recuperar la memoria, al menos en parte, a los enfermos de esta terrible enfermedad neurodegenerativa.

18 de julio de 2005

Edad Celular y Carbono 14

Uno de los logros de la tecnología moderna es la datación de objetos o restos de cientos o miles de años de edad. Las modernas técnicas de datación son capaces de fechar cuándo un determinado objeto fue fabricado, o averiguar la edad de un resto fósil. Estos métodos de datación han determinado que la Sábana Santa de Turín, que supuestamente envolvió el cuerpo de Cristo tras su crucifixión, solo tiene unos 800 años de edad, a pesar de lo cual se continúa teniendo fe en su autenticidad. Quizá Cristo vivió hace solo 800 años, después de todo.

¿Cómo funcionan estos maravillosos métodos de datación?

El método más utilizado es el llamado método del carbono 14 (C14). El átomo de carbono más común es el carbono 12 (C12). Este átomo posee 6 protones y 6 neutrones en su núcleo, de ahí que se le llame carbono 12. El número de protones en el núcleo de un átomo es lo que le confiere su identidad. Así, el átomo de carbono posee 6 protones; el de oxígeno 8 y el de oro, 79. No importa en número de neutrones, un átomo con 6 protones siempre será de carbono; con 79, siempre será de oro.

La Tierra es constantemente bombardeada por rayos cósmicos. Estos son partículas elementales que viajan por el espacio a gran velocidad. Cuando chocan con los átomos de la atmósfera terrestre, algunos producen neutrones energéticos que a su vez pueden chocar con los átomos de nitrógeno 14 (N14), tan abundantes en nuestra atmósfera. Los átomos de N14 poseen 7 protones y 7 neutrones, pero al chocar con un neutrón lo absorben y liberan un protón. Es decir, ganan un neutrón, se quedan con 8, y pierden un protón, se quedan con 6, y se convierten así en átomos de C14 (8+6=14).

El C14 es un elemento radiactivo, inestable, y se va convirtiendo poco a poco en N14 mediante la emisión de un electrón desde su núcleo. La velocidad de esta transformación es constante, aunque lenta, y cada 5.700 años una cantidad dada de C14 se ha reducido a la mitad. Por esto se dice que la vida media del C14 es de 5.700 años. Así, si partimos de un Kg. de C14, al cabo de 5.700 años solo tendremos medio Kg. Si partimos de 100 Kg., tendremos solo 50 Kg. al cabo del mismo tiempo.

Debido a que la velocidad de desintegración es constante, la cantidad de C14 en la atmósfera es también constante. Esto es así porque cuantos más átomos de C14 se forman, más también se desintegran. Recuerden que al cabo de 5.700 años solo quedan la mitad, sea cual sea la cantidad inicial de la que partimos.

El C14 convive pues con el más común C12, y las plantas los incorporan, al absorber dióxido de carbono en la fotosíntesis, en la misma proporción en la que se encuentran en la atmósfera. De las plantas, el C14 pasa los animales. De este modo, debido al metabolismo normal, los animales y plantas tienen la misma proporción de C14 en sus cuerpos que la que hay en la atmósfera.

Cuando los seres vivos mueren, se detiene, sin embargo, el intercambio de átomos de carbono con los de la atmósfera. El C14 de los restos de ese ser vivo se desintegra y va desapareciendo, mientras que el C12 es estable y su cantidad permanece invariable. De este modo, la relación entre C14 y C12 disminuye con el tiempo y se convierte en la mitad de la inicial cada 5.700 años. Si somos capaces de determinar esa relación en un resto, o un objeto fabricado con materiales biológicos, como madera, algodón, lino, cuero, etc., seremos capaces de determinar su edad.

Además de datar restos u objetos, existe un interés científico en saber cuál es la edad de las células de nuestros cuerpos. ¿Cuáles viven más, cuáles menos? Se cree que las células del cerebro viven más que las del intestino, pero ¿cuánto más? En principio, no podemos usar el método de C14 para saberlo, porque, como he dicho, la relación entre C14 y C12 es constante en la atmósfera y los seres vivos. ¿O no lo es?

Y bien, lo fue hasta 1945. Tras ese año, las bombas nucleares que explotaron en la atmósfera incrementaron notablemente la cantidad de C14. Esta ha ido disminuyendo desde que se prohibieron los ensayos nucleares, y por diversos procesos, aunque no por la desintegración radiactiva, cada 11 años se reduce a la mitad. Dentro de unas décadas, volverá a ser la que era, pero a los investigadores del futuro les va a resultar más difícil datar objetos y restos de nuestra época nuclear por este método.

Lo que puede perjudicar a unos, puede beneficiar a otros. Un grupo de científicos del Instituto Karolinska, en Estocolmo, ha aprovechado el incremento en C14 causado por los ensayos nucleares durante la guerra fría para datar con precisión las células vivas de nuestros cuerpos. Estas contienen ADN que se sintetizó en el momento de nuestra concepción. A cada división celular, el ADN de los cromosomas se duplica e incorpora carbono del exterior, modificando así la relación C14/C12. Sin embargo, si no hay división celular, la relación C14/C12 permanece fija. Esto quiere decir que las células de las personas hoy vivas que se dividan más rápidamente tendrán una relación C14/C12 menor que las que se dividan más lentamente, porque hoy, la relación C14/C12 en la atmósfera es menor que la que había en los años 60 o 70, cuando estas personas nacieron.

Estos investigadores publican sus resultados en la prestigiosa revista *Cell* y concluyen que las células más longevas de nuestros cuerpos son las del cerebro, que resultan ser tan viejas como las personas propietarias de las mismas. Las células del intestino viven unos 10 años y las de los huesos, un poco más.

Una vez, hace ya más de una década, amenacé a una amiga que no quería desvelar su edad con hacerle la prueba del C14 para averiguarla. Por supuesto, era una broma sobre su edad, siempre mayor que la que nos hacía creer. Además, la prueba del C14 era imposible por aquel entonces en seres vivos. No imaginaba que la tecnología, unida a la locura de la guerra fría, conseguiría convertir en real esa amenaza. Y es que las ciencias adelantan que es una barbaridad.

25 de julio de 2005

Peso Ganado, Memoria Perdida

La obesidad es un grave problema de salud pública, además, por supuesto, de un grave problema de salud privada para muchos obesos que no saben ni pueden dejar de serlo. Antiguamente, la obesidad se combatía simplemente fomentando el temor de Dios. La obesidad era la consecuencia directa y simple del pecado capital de la gula. Para combatir la obesidad, por tanto, bastaba con fomentar la virtud de la templanza, nunca con éxito suficiente. Los obesos eran pecadores y el infierno ardía pues, en parte, alimentado por el combustible de grasa acumulada por las pobres almas obesas que poblaban la morada de Belcebú.

Hoy, afortunadamente, sabemos algo más. Hoy sabemos que la obesidad no es un problema de falta de voluntad, de desidia personal, de falta de virtud, sino un problema hormonal. Y es que de igual manera que nos es imposible decidir, con nuestra sola voluntad, no ver el mar de color azul, porque nuestros mecanismos visuales que responden a los colores están fuera de nuestro control, tampoco podemos elegir comer menos, salvo estar dispuestos a un extraordinario sufrimiento, si nuestro sistema fisiológico de control del apetito, que también se sitúa fuera de nuestro control consciente, no funciona adecuadamente.

Entre las hormonas relacionadas con la obesidad que más atención han recibido los últimos años se encuentra, sin duda, la leptina, cuyo nombre proviene de la palabra griega "leptos", que significa ligero. Esta hormona es una proteína relativamente pequeña, producida por las células encargadas de acumular grasa, los michelinosos adipocitos.

Nuestro cuerpo no cuenta con un número fijo de adipocitos, como puede contar con un número fijo de neuronas (siempre demasiado bajo), sino que aquéllos se forman a partir de células precursoras, de acuerdo a las necesidades de almacenaje de energía en forma de grasa. Si la ingesta calórica es muy elevada, se forman adipocitos que se encargan de acumular la grasa en su interior para épocas de vacas flacas (que en general nunca llegan cuando más se las necesita y cuando no se las necesita, llegan).

Cuantos más adipocitos tenemos en nuestros cuerpos, más leptina producimos, con lo que su concentración aumenta en el plasma sanguíneo. La cantidad de leptina circulante es pues proporcional a la cantidad de tejido adiposo del que disponemos.

La leptina de la sangre viaja al cerebro, en particular a una región del mismo denominada el hipotálamo. Esta parte del cerebro es sensible a varias sustancias y produce también otras que regulan el apetito. En concreto, las células del hipotálamo contienen una proteína receptora en su membrana a la que la leptina debe unirse para ejercer su función supresora del apetito.

¿Qué sucede si los adipocitos, por alguna razón, no producen suficiente leptina? Evidentemente, que el apetito no es suprimido de la manera en que sería deseable y seguimos comiendo demasiado y formando nuevos adipocitos que, de todas formas, seguirán sin producir suficiente leptina. Si los niveles de leptina no son suficientes para estimular adecuadamente el hipotálamo, el apetito no es suprimido y seguimos engordando y formando adipocitos anormales que no son capaces de señalar su presencia al cerebro mediante la adecuada producción de leptina.

¿Qué ocurre si el hipotálamo no contiene suficientes receptores de leptina? Obviamente, no podrá entonces ser estimulado por esta hormona y tampoco suprimirá nuestro apetito. A pesar de que nuestros adipocitos produzcan suficiente leptina, seguiremos comiendo y generando más adipocitos que, a su vez, producirán leptina. Los niveles sanguíneos de esta hormona serán muy superiores a lo normal, a pesar de lo cual seguiremos comiendo como suidos domésticos, y engordando como tales.

Estudios recientes indican que esta situación puede suponer un problema más grave que el de tener que entrar de lado por las puertas. La obesidad, la diabetes y las enfermedades metabólicas, no parecen estar solo relacionadas con una mayor incidencia de problemas cardiovasculares, o de cáncer, sino que también se está comenzando a comprobar que las personas obesas sufren de déficit cognitivos, sobre todo de falta de memoria.

Un numero creciente de investigadores ha encontrado evidencias de que estos problemas de memoria están relacionados con la leptina y sostienen que es la concentración anormalmente elevada de esta hormona en la sangre la que afecta al cerebro y disminuye la capacidad de las neuronas para responder a determinadas señales estimuladoras. El aprendizaje y la memoria dependen de un proceso denominado potenciación a largo término. En este proceso, las neuronas se hacen más sensibles a un determinado estímulo con el aumento de las veces que se encuentran expuestas al mismo. Este proceso también se produce en el hipotálamo, la región del cerebro donde actúa la leptina.

Investigadores de la Universidad de Texas, en San Antonio, se propusieron estudiar si la leptina podía afectar a este proceso en ratas. Para ello, inyectaron en el hipotálamo de estos animales diferentes dosis de la hormona y estudiaron el proceso de potenciación a largo término. Lo que encontraron fue que mientras dosis bajas de leptina mejoraban este proceso, dosis elevadas, que pueden encontrarse en obesos, lo empeoraban.

Por supuesto, las ratas no son seres humanos, y su capacidad de aprendizaje es muy inferior a la nuestra. Sin embargo, estos resultados levantan una voz de alarma adicional ante problema de la obesidad, sobre todo ante el rampante problema de la obesidad infantil. Si los procesos de aprendizaje que tienen lugar particularmente en la infancia, están afectados por los niveles de leptina, convendría identificar cuanto antes a los niños que puedan tener niveles elevados de esta hormona y, por tanto, quizá problemas adicionales de aprendizaje, y actuar sobre ellos.

Sin embargo, antes de estar seguros de que esos problemas de aprendizaje suceden también en primates superiores, y no solo en roedores, son necesarias investigaciones adicionales. En ellas, entre otras cosas, deberá estudiarse si los niveles de leptina en sangre están asociados con dificultades de aprendizaje y de memoria en obesos, y si disminuyendo dichos niveles, por medios farmacológicos o incluso quirúrgicos, reduciendo por ejemplo la cantidad de tejido adiposo que, como hemos dicho, produce la leptina, o tras operaciones de reducción de estómago, que conducen a una pérdida de peso espectacular y, por tanto, también de tejido adiposo productor de leptina, esos problemas se reducen. Habrá que estar atentos a los resultados de estos estudios.

1 de agosto de 2005

Pestañeas y No Te Enteras

No sé cuántas veces habré dicho en estas páginas que la ciencia y la tecnología son tan diferentes que confundirlas es lo mismo que confundir la velocidad con el coche, aunque vayan siempre de la mano. La tecnología de que disponemos hoy nos permite abordar cuestiones científicas que hace unos años eran absolutamente intratables. La ciencia, el conocimiento que vamos adquiriendo, posibilita el desarrollo de tecnologías que hace unos años eran inimaginables.

Claro que no existe tecnología que pueda pasarse de la creatividad e imaginación de los científicos para que su uso permita avanzar el conocimiento. Una de las tecnologías que permiten estudiar lo que sucede en nuestros cerebros mientras efectuamos tareas físicas o mentales es la resonancia magnética funcional. Con ella, los investigadores pueden estudiar qué regiones de nuestros cerebros se "encienden" o se "apagan" cuando pensamos en algo, o intentamos resolver un problema, incluso cuando pestañeamos.

Y es que algo tan común y corriente como el pestañeo suponía un misterio difícil de resolver para la ciencia. Quién lo hubiera supuesto, pero así es. Si la función del pestañeo es bien sencilla, y no es otra que la de mantener el ojo húmedo y limpiarlo de posibles partículas y cuerpos extraños que hayan podido introducirse en él, lo que los científicos no sabían es por qué cuando pestañeamos no nos damos cuenta de que lo hacemos, y seguimos percibiendo una imagen continua. El mundo no se apaga cada seis segundos, que es el tiempo medio entre cada parpadeo. Nuestra percepción ignora el pestañeo inconsciente, aunque no el realizado conscientemente. ¿Era usted consciente de ello?

Pues sí. Vaya al cine, vea algo interesante en la televisión (si puede conseguirlo) y usted seguirá parpadeando, pero no se dará cuenta de que lo hace. Las imágenes desfilarán por su cerebro sin interrupciones, sin apagones rítmicos y frecuentes, como si siempre mantuviera los ojos abiertos.

¿Por qué sucede esto? Los científicos han descubierto que esto sucede porque existe un mecanismo llamado supresión del parpadeo que consigue que, además de que se cierren nuestros ojos en cada pestañeo, nuestros propios cerebros también se "cierren". No solo parpadean los ojos, sino también nuestro sistema de percepción visual. Es decir, para entenderlo mejor, es como si al parpadear perdiéramos no solo la luz que llega a nuestros ojos, sino también la percepción de que no nos llega luz. Por los instantes que dura cada parpadeo, nuestro sistema visual se hace inconsciente a la falta de estímulo luminoso que supone el cierre de nuestros párpados. Por esa razón, sufrimos la ilusión de que siempre tenemos los ojos abiertos ¿No es asombroso? ¡Y nosotros que pensábamos que siempre podíamos estar alerta y atentos a todo, resulta que no nos enteramos ni de que no nos enteramos que el mundo se apaga una vez cada seis segundos!

Desde que comenzó a leer este artículo, usted ha pestañeado de 7 a 14 veces y, si todo va bien en su cerebro, no se ha enterado de nada (aunque espero que se haya enterado de lo que ha leído mientras no pestañeaba). ¿Cómo funciona este mecanismo de supresión del parpadeo?

Aquí es donde debe comenzar a funcionar la imaginación y creatividad de los científicos. Ante este tipo de preguntas, los científicos elaboran hipótesis de trabajo, las cuales no son otra cosa que ideas que intentan explicar cómo y por qué funcionan las cosas. Las hipótesis necesitan ser "de trabajo" porque debe ser posible confirmarlas o rechazarlas con trabajo y experimentos, ya que de lo contrario esas hipótesis no valen para nada.

Para intentar explicar el fenómeno de la supresión del parpadeo, los científicos idearon dos hipótesis. La primera defendía que este mecanismo era dependiente de que la retina dejara de recibir luz al cerrar los ojos, es decir, esta hipótesis mantiene que en cuanto la retina deja de recibir la misma cantidad de luz por causa del parpadeo, emite una señal al cerebro para apagar el sistema visual consciente. La segunda hipótesis, en cambio, mantenía que este mecanismo no dependía de la cantidad de luz que llegara a la retina, sino de los impulsos motores que causan el movimiento de los párpados, es decir, justo cuando el impulso nervioso nos impulsa a parpadear, nunca mejor dicho, se emite también una señal que impulsa a "parpadear" al cerebro.

¿Cómo podemos saber qué hipótesis es verdadera, si hay alguna que lo sea? Aunque con la técnica de la resonancia magnética funcional podemos saber cuándo nuestro sistema visual "parpadea", el problema es que para intentar probar, o al menos no rechazar, cualquiera de las dos hipótesis, hay que mantener la retina siempre iluminada. Si conseguimos de alguna manera que siempre llegue luz a la retina, a pesar del parpadeo normal, y si en ese caso el cerebro no "parpadea", entonces quedaría claro que el mecanismo de la supresión del parpadeo dependería de que llegara luz a la retina. Si, por el contrario, a pesar de llegar siempre luz a la retina, el cerebro "parpadea" al parpadear nuestros ojos, estaría claro que no dependería de que la retina fuera estimulada por la luz.

¿Qué podemos hacer para mantener la retina iluminada mientras parpadeamos? Es claro que no podemos pegar los párpados con esparadrapo para evitar el parpadeo, porque necesitamos saber qué sucede precisamente cuando parpadeamos. Los investigadores resolvieron este problema con imaginación y simpleza, introduciendo una pequeña linterna encendida en la boca de las personas a las que se estudiaba el funcionamiento de su cerebro por medio de la resonancia magnética funcional. La linterna en la boca iluminaba la retina por detrás del ojo de forma independiente de la luz que llegara a través de la pupila. Ahora podíamos parpadear, pero a nuestra retina siempre llegaría luz ¿Parpadearía entonces nuestro cerebro?

La respuesta es sí. El parpadeo cerebral es independiente de la luz que llega a la retina, lo que no quiere decir, por otra parte, que dependa del impulso motor para mover los párpados. Serán necesarios nuevos estudios para demostrar esto, pero al menos ya sabemos que la luz en la retina no es la respuesta.

¿A quién importan estas investigaciones aparentemente tan perentorias?, tal vez se preguntará usted. Y bien, importan a los seres humanos que siguen creyendo que es importante conocer el universo y, sobre todo, conocerse a sí mismos. Gracias a ellas, sabemos algo más sobre nuestro funcionamiento, algo que sin la ciencia nunca hubiéramos ni sospechado.

8 de agosto de 2005

El Termitero y El Hígado

Para mí, la diferencia esencial entre las personas normales y los científicos y científicas (que solemos ser personas rarillas) es que mientras las personas normales dejan de preguntarse el porqué de las cosas más o menos cuando adquieren el uso de razón, aceptan el mundo como es, sin más, y siguen con sus vidas, los científicos no superan esa etapa y siguen preguntándose por qué durante toda su existencia, amargándosela con la búsqueda de respuestas.

Y no se crea que las preguntas que nos hacemos tienen siempre sentido. Porque ¿a quién le importa por qué y cómo hacen sus termiteros las termitas africanas, o sus redes las arañas, o sus nidos los pájaros? Solo a un puñado de biólogos iluminados, por llamarlos de alguna manera, se les ocurre hacerse preguntas de ese tipo, que nada tienen que ver con la vida corriente. Sin embargo, de la búsqueda de respuestas para esas preguntas, surgen conceptos, ideas, de lo más interesante, que pueden ayudar a explicar también por qué las cosas funcionan como lo hacen en nuestras vidas cotidianas.

Para empezar, los biólogos han comprobado que las termitas (vamos a fijarnos en ellas para discutir lo que sigue) no aprenden a hacer termiteros. Las termitas jóvenes no van a la escuela técnica de ingeniería termiteril, sino que nacen con el conocimiento de cómo hacer para colaborar con las demás termitas en la construcción o reparación del termitero.

Las termitas, como las demás criaturas, poseen un genoma, un conjunto de genes que contienen la información necesaria para construir todo su cuerpo a partir de una única célula. Cada especie posee pues un determinado genotipo, es decir, un tipo de genoma que puesto a funcionar de acuerdo con las leyes de la química y de la física da origen al llamado fenotipo, o sea, la manifestación de esa información genómica en el mundo real.

Así, el genoma de los conejos contiene la información para construir conejos; y el de las termitas, termitas. Esos genomas se manifiestan en diferentes individuos, con diferentes propiedades y características.

En el caso de las termitas, el genoma no solo se manifiesta en la morfología de esos animales, en su número de patas, o en la forma de sus mandíbulas. El genoma se manifiesta también en lo que hacen, en el termitero que construyen y que, como he dicho, nadie les enseña a construir.

La selección natural, que ha dado lugar a lo que somos hoy todos los seres vivos, favorece a aquellos individuos cuyos genotipos producen los fenotipos mejor adaptados al ambiente y que más posibilidades de reproducción ofrecen. Así, por ejemplo, se van seleccionando predadores cada vez más rápidos, capaces de cazar presas de manera más eficaz. También se seleccionan aquellas presas más rápidas, que más probabilidad tienen de escapar al predador y, por tanto, de sobrevivir y reproducirse. Así, en realidad, la selección natural no selecciona genes, sino los resultados de sus acciones, es decir, los fenotipos.

En el caso de las termitas, sin embargo, la selección natural no actúa a nivel de los individuos, de las termitas propiamente dichas, sino a nivel de lo que como grupo son capaces de construir, es decir, del termitero. Un termitero que mantenga mejor la humedad, la temperatura, y que con ello favorezca la puesta de huevos de la reina de las termitas, tendrá más probabilidades de supervivencia.

Aunque el termitero no es parte del cuerpo de las termitas, sí forma parte de su fenotipo, desde el punto de vista de que es el resultado de la acción de sus genes. Para entender esto mejor, consideremos que podríamos seleccionar artificialmente a las termitas. Al igual que hemos seleccionado a las vacas para que produzcan más leche, o a caballos más rápidos, también podríamos seleccionar a las termitas para que tuvieran patas más largas o mandíbulas más fuertes. Igualmente, podríamos seleccionarlas para que hicieran termiteros de formas o características determinadas, por ejemplo, cúbicos, o en forma de pirámide. Es decir, podríamos cruzar entre sí a diferentes termitas dependiendo de la forma de su termitero, hasta que poco a poco se generaran los termiteros deseados, como hemos ido haciendo para generar las numerosas razas de perros actuales.

Los termiteros están en los genes de las termitas, pero no todos los animales capaces de fabricar cosas contienen en su genoma la información para hacerlo. Nosotros, los seres humanos, fabricamos termiteros enormes, en forma de rascacielos, pero no tenemos en nuestro genoma un gen o unos genes para construirlos. Además, tenemos en general una representación mental de lo que queremos construir, un diseño y un propósito consciente al fabricar cualquier cosa, desde una pinza de la ropa hasta un microchip, para los que tampoco contamos con genes para construirlos.

En el caso de las termitas, es diferente. Ellas no tienen en su pequeña cabeza idea ni propósito ni diseño alguno para el termitero. Nadie lo ha diseñado, pero como resultado de reglas muy simples de comportamiento individual de cada termita, codificadas en sus genes, el termitero se construye como una obra colectiva, con un diseño y un propósito.

¿Es esto algo excepcional en la Naturaleza? Ni mucho menos. De hecho, nosotros mismos somos básicamente termiteros, construidos por la acción individual, la coordinación ciega y sin propósito directriz explícito, de millones de células que se han organizado siguiendo reglas determinadas para generar cada uno de nuestros órganos, darles forma y función determinadas. En nuestro genoma, y en el de otros seres vivos, se almacena la información necesaria no para hacer nuestras células, sino para decirles cómo deben comportarse y colaborar con las otras para construir un organismo tan complicado como el nuestro.

Desde el punto de vista más elemental, comprender cómo de la acción de miles de termitas se genera el termitero puede ayudarnos a comprender cómo de la acción de miles de células se construye un hígado, un ojo o un cerebro así como los problemas de construcción que pueden causar enfermedades.

De nuevo, la ciencia nos enseña que lo que aparentemente no tenía conexión alguna, como son los termiteros con nuestros hígados, pulmones o corazón, la tiene, y muy profunda. Gracias a la manía que algunos tienen de seguir preguntándose por qué el mundo es como es vamos aprendiendo que todo está conectado, y que la ciencia puede ir, poco a poco, desvelando los entresijos de esa maravillosa conexión.

15 de agosto de 2005

¿Por Qué Creemos?

La ciencia no deja de lado nada que pueda ser estudiado, y aunque parezca irreverente, también estudia con sus métodos racionales la causa de la fe. Para la ciencia, todo es natural y, naturalmente, la fe y la capacidad de creer del ser humano pueden ser explicadas por razones naturales, en otras palabras, por razones puramente biológicas y químicas. ¿No es esto puro sacrilegio?

Ya he hablado con anterioridad de los experimentos de Michael Persinger, quien es capaz de inducir sensaciones y experiencias "religiosas" mediante la aplicación de campos magnéticos en el cerebro de voluntarios, creyentes o no. Nuevos y recientes estudios se han añadido a estos y revelan una fascinante biología de la fe. Estos estudios han hecho nacer una nueva disciplina, la neuroteología, encaminada a revelar los mecanismos neuronales de nuestras creencias religiosas.

Uno de los resultados más espectaculares de estos nuevos estudios es que han implicado a moléculas, viejas conocidas de los neurocientíficos, en el mecanismo de las sensaciones religiosas. En un estudio llevado a cabo con quince voluntarios, se ha encontrado una correlación muy importante entre los niveles de serotonina y la visión religiosa o mística del mundo. A mayor nivel de serotonina, mayor propensión a ver el mundo controlado y habitado por divinidades. Y es que las drogas psicodélicas, como el LSD y otros alucinógenos, actúan en los circuitos neuronales sensibles a la serotonina, por lo que una concentración elevada de este neurotransmisor puede causar estados de euforia e incluso alucinatorios semejantes a los causados por las drogas. Es posible que algunos en este estado sean capaces hasta de morir matando, como podemos comprobar tristemente estos días.

Se ha descubierto, igualmente, que la variación en los niveles de serotonina entre los individuos depende de los genes que hayamos heredado, en particular de uno encargado de transportar esta sustancia desde las sinapsis al interior de las neuronas. Sin embargo, este gen no es el único implicado en una visión religiosa del mundo. En estudios llevados a cabo con gemelos idénticos y con mellizos, se ha encontrado que es mucho más probable que los gemelos idénticos, que han heredado los mismos genes, compartan una visión religiosa del mundo que la compartan los hermanos mellizos, los cuales solo poseen en común el 50% de los genes.

Si la biología afecta a la fe, la fe también afecta a la biología. En un análisis de varios estudios llevados a cabo entre los años 1977 y 1999 con más de 126.000 personas, se concluye que los creyentes viven un ¡29% más que los no creyentes! Aunque no solo es importante cuánto se vive, sino cómo se vive, de todas formas, es innegable que tener fe tiene repercusiones muy positivas para la salud y la longevidad.

¿Por qué viven más los creyentes? La respuesta parece encontrarse en el hecho de que la fe reduce significativamente la ansiedad ante los imponderables de la vida y, en general, ante lo que no podemos controlar. Apelar, suplicar a una divinidad todopoderosa, nos proporciona una sensación de control sobre los acontecimientos que reduce nuestra ansiedad. Es un fenómeno bien conocido de la psicología, al que los psicólogos han llamado "la ilusión de control". Este mecanismo psicológico se pone en marcha en el momento en que nos encontramos en una situación sin salida, sobre la que nada podemos hacer, y permite a los individuos en dicha situación persuadirse de que poseen un control sobre los acontecimientos que, en realidad, no tienen. Evidentemente, la propia vida es una situación sin salida que acaba invariablemente en la muerte, una situación incontrolable que crea un innegable estado de ansiedad.

No obstante, todos estos estudios, y otros que no tengo espacio para mencionar aquí, en mi opinión, no responden a la pregunta: ¿por qué tenemos fe? Es evidente que nos gusta creer en cosas verdaderas y no podemos creer en algo que manifiestamente sabemos falso. No podemos creer que el cielo es rojo, o que los árboles son azules, porque claramente no lo son. Experimentos de psicología con bebés y niños de muy corta edad han demostrado que nuestro cerebro nace ya equipado con una cierta idea del mundo que se corresponde bastante bien con las leyes de la Física. Es, por otra parte, evidente que no nos dejamos engañar fácilmente con historias que entren en contradicción con lo que sabemos y hemos experimentado sobre el mundo.

Las creencias religiosas, sin embargo, entran en contradicción con lo que sabemos. Por ejemplo, es lógicamente inconsistente un Dios todopoderoso y al mismo tiempo benévolo y protector, si acaba permitiendo el Tsunami de las pasadas Navidades. O Dios no es benévolo, o no es todopoderoso. Sin embargo, a pesar de que esa lógica es tan implacable como nos tiene acostumbrados, la mayoría de la gente sigue creyendo en ese Dios benevolente y todopoderoso al mismo tiempo.

¿Por qué?

El profesor Antonio Damasio, premio Príncipe de Asturias de la Investigación Científica este año, puede haber dado con la respuesta (aunque él nunca lo ha mencionado, que yo sepa). Los estudios del profesor Damasio han demostrado que nadie puede tomar una decisión si no es capaz de sentir emociones. No es la razón la que dirige nuestras acciones, sino, sobre todo, nuestras emociones, nuestro corazón, nuestro estómago, no nuestro cerebro. La lógica está por detrás del miedo, por detrás de la angustia, por detrás de la desesperanza, por detrás de la ilusión, incluso cuando decidimos dónde vamos de vacaciones.

¿Qué tienen que ver las decisiones con la fe? Y bien, tener fe, o no tenerla, es una decisión más que tomamos en la vida. Una decisión que mantenemos y revisamos quizá día a día, tal es su importancia. Y como toda decisión, es tomada por los mismos mecanismos neuronales y emocionales con que tomamos cualquiera de ellas. En el caso de la fe, el peso emocional para creer en una divinidad que nos protege del mal y da sentido a nuestras vidas es de tal magnitud que apartamos suavemente a la lógica y la empleamos solo en esas ocasiones en las que no molesta demasiado a nuestras creencias salvadoras. La decisión está tomada.

Desde luego, hay mucho más que discutir sobre todo esto. En todo caso, no pretendía dar una respuesta definitiva a la pregunta que da título a este artículo. Pretendía solo proporcionar alimento para la reflexión veraniega y, de paso, alimentar su estrés y angustia vitales, los cuales conviene mantener en forma hasta en vacaciones, que luego hay que volver al trabajo y el shock es demasiado grande.

22 de agosto de 2005

Ciegos a Lo Dulce, Sordos a Lo Salado

MI ABUELO SOLÍA ir a tomar café a un bar donde vivía un viejo perro. El contacto cotidiano había enseñado al perro que mi abuelo tomaba el café sin azúcar, así que se acercaba y se sentaba meneando el rabo, esperando que mi abuelo le diera los terrones. Un día que acompañaba a mi abuelo pude ver el sorprendente ritual que ambos habían elaborado. En lugar de comenzar a saltar y moverse, como suelen hacer los perros, cuando mi abuelo cogía uno de los terrones de azúcar para dárselo, el perro continuaba sentado, se quedaba completamente inmóvil, aguantando la respiración y esperaba con paciencia que mi abuelo depositara dulcemente el dulce terrón sobre su hocico. Cuando mi abuelo retiraba la mano, con un rápido movimiento del cuello, el perro lanzaba el terrón al aire y, cuando este caía, lo atrapaba con la boca y se lo comía.

¿Por qué pueden hacer esas cosas los perros y no lo hacen los gatos?, pregunté a mi abuelo. Aún por aquel entonces no había perdido la manía de preguntar por qué, lo que me causaba muchos disgustos. Sin embargo, mi abuelo tenía tanta paciencia conmigo como la que había tenido para enseñar al perro. "Hijo" –me dijo– "la gente te dirá que los gatos son mucho más estúpidos que los perros y que por eso no aprenden estas cosas, pero simplemente yo creo que no pueden percibir el sabor dulce. Los animales realmente carnívoros, como los gatos, son insensibles a lo dulce. No les sirve para nada".

Pensé que mi abuelo tenía ideas muy raras, pero lo que creía sobre los gatos ha sido confirmado por la ciencia. En efecto, los científicos saben desde hace algunos años que los gatos son indiferentes a cualquier alimento puramente dulce, como caramelos, azucarcillos y bombones, y en un trabajo publicado recientemente, se explica por qué.

Para detectar los sabores de los alimentos, nuestra lengua, como la de los animales, posee receptores especiales, proteínas en la superficie de sus células, cuya función es la de unirse a las moléculas de los alimentos. Al unirse a ellas, estos receptores se activan y envían señales al cerebro que son interpretadas como los distintos sabores: dulce, amargo, salado, ácido... Por supuesto, si uno de los receptores especializados en detectar moléculas que inducen el sabor dulce no funciona, o no está presente en la lengua, las moléculas que deberían estimularlo y producirnos la sensación del sabor dulce no pueden unirse a ellas y, por consiguiente, la sensación dulce no se producirá.

Con el fin de averiguar si los gatos poseían receptores gustativos para el sabor dulce, unos investigadores decidieron secuenciar su región de ADN correspondiente a los genes de estos receptores. Lo que encontraron fue que aunque los gatos sí poseen los genes para los receptores de las moléculas dulces, estos no funcionan y, por tanto, no producen proteína receptora. Los gatos son "ciegos" al sabor dulce.

El fenómeno de pérdida de genes no es infrecuente en la evolución de las especies. Por ejemplo, nosotros, los humanos, hemos perdido, entre otros, los genes necesarios para fabricar vitamina C. Nuestra dieta ancestral, muy rica en esa vitamina, hacía innecesario mantener esos genes en estado de funcionamiento, lo que siempre es costoso. La evolución seleccionó a los individuos que los habían perdido. En el caso de los gatos, su dieta carnívora convirtió en inútiles a los genes del sabor dulce, pero el hecho de que aún los posean en su genoma indica que los gatos provienen de ancestros que probablemente sí podían percibir el sabor dulce.

Ya que es verano, y hablamos de cosas raras, de perros, de genes y de gatos, hablemos un poco más de los sentidos. Puestos a preguntar por qué, uno puede preguntarse también por qué cuando tomamos azúcar experimentamos el sabor dulce, en lugar de experimentar, por un decir, el color azul, o la sensación de aspereza, propia del tacto. Al fin y al cabo, los mecanismos de transmisión nerviosa son los mismos y, sin embargo, lo que experimentamos es radicalmente diferente.

La ciencia comienza a obtener respuestas a esas preguntas, y a veces es ayudada en esta labor por individuos muy extraños que se dejan estudiar. Es el caso de una joven de 27 años, música de profesión, que es capaz de experimentar sensaciones correspondientes a sabores cuando escucha determinados sonidos. Es como si tuviera una fuga en el sentido del oído hacia el sentido del gusto. Así, cuando escucha acordes típicos de Chopin, la joven experimenta un sabor salado, pero cuando escucha acordes de Mozart, la joven experimenta un sabor dulce.

Afortunadamente para la ciencia, a esta joven no le ha importado someterse a estudios encaminados a determinar si su cerebro se comportaba de manera diferente ante el sabor salado que ante los acordes de Chopin, es decir, ¿se ponen en marcha en el cerebro de la joven las mismas neuronas cuando prueba la sal que cuando escucha a Chopin? Y bien, la respuesta, sorprendente para algunos, pero esperada para otros, es afirmativa, lo que da un nuevo sentido al hecho de que una melodía pueda dejarnos un regusto amargo.

¿Qué hemos aprendido con esto sobre el funcionamiento de los sentidos? Entre otras cosas, que los sentidos no se organizan en compartimentos tan estancos como podíamos creer. Aunque la joven es un caso raro (como tantos otros que pasean tranquilamente por las calles) es, de todas formas, un caso posible. Un caso que puede proporcionarnos información sobre la manera en que nuestro cerebro codifica la realidad que nos rodea. No es un caso único, además, ya que se sabe de la existencia de individuos que pueden asociar colores a sensaciones táctiles, o sonidos a colores.

En todo caso, estos hechos deben hacernos reflexionar sobre la realidad que percibimos. Es evidente que lo que percibe un gato no es igual a lo que percibe un ser humano, e incluso no todos los seres humanos percibimos lo mismo ni codificamos la realidad exactamente de la misma manera. Es este un factor más a tener en cuenta para intentar entendernos mejor unos a otros, ya que las cosas no son verdad ni mentira, sino del sabor del cristal con que se escucha, ¿no es así?

29 de agosto de 2005

Anticuerpos Antidiabetes

A ESTAS ALTURAS de la ciencia biomédica, todos debemos saber, al menos, que la diabetes es una enfermedad causada por la falta de producción de insulina por el páncreas. Además de saber esto, también deberíamos saber que no es la falta de insulina la única causa de diabetes, ya que incluso produciendo nuestro páncreas cantidades normales de insulina, podemos sufrir de diabetes si las células de nuestro cuerpo se convierten en insensibles, en "ciegas", a la acción de la insulina. El primer tipo de diabetes se denomina diabetes tipo 1, y, como pueden fácilmente adivinar, el segundo tipo se denomina tipo 2.

Las causas de los dos tipos de diabetes son muy diferentes, aunque al final resulten en la misma enfermedad. En cualquier caso, si queremos prevenir el desarrollo de la diabetes, tendremos que conocer las causas de uno y otro tipo y actuar cuando exista riesgo de que se puedan producir.

Quizá el tipo de diabetes más molesta sea la de tipo 1, porque si la padecemos somos dependientes de inyecciones diarias de insulina. Estas inyecciones no pueden darse de cualquier manera, ya que si nos pasamos en la dosis de insulina, el paciente diabético puede sufrir una hipoglucemia e incluso poner en peligro su vida.

Por esta razón, se ha dedicado mucho esfuerzo a mejorar el tratamiento y a comprender el desarrollo de la diabetes de tipo 1. Hoy sabemos que las causas de esta enfermedad se encuentran en el sistema inmune.

En efecto, por razones aún desconocidas en profundidad, en un momento de la vida de algunos individuos, afortunadamente no en todos, su sistema inmune comienza a identificar a las células del páncreas que producen la insulina como extrañas al organismo. Una vez identificadas como extrañas, el sistema inmune activa a células asesinas, los linfocitos T citotóxicos, que van a eliminar selectivamente a las células pancreáticas productoras de insulina. En nada se diferencia esta actividad inmune de la que encontramos cuando se eliminan células infectadas por virus, por ejemplo, que son también identificadas como extrañas, o como portadoras de un ser extraño, y por tanto eliminadas. Sin embargo, la diferencia es que las células del páncreas productoras de insulina no están infectadas por virus alguno, a pesar de lo cual son eliminadas como si lo estuvieran.

Uno de los problemas que esta situación genera es que no es habitual poder diagnosticar la diabetes hasta que no es ya demasiado tarde. La diabetes no se manifiesta al principio de la eliminación de las células productoras de insulina, sino solo cuando quedan unas pocas aún vivas, que son incapaces de suplir la producción de insulina que realizaban sus compañeras muertas. Por esta razón, se hacen entonces evidentes los primeros síntomas de la enfermedad.

Sería, pues, muy importante que, nada más recibir un diagnóstico de diabetes de tipo I, pudiéramos contar con un tratamiento que paralizara a nuestro sistema inmune equivocado y le forzara a detener el "genocidio" de células pancreáticas productoras de insulina, que lo único que desean es sobrevivir y seguir produciendo esa hormona. Si consiguiéramos detener la destrucción total de las células productoras de insulina, al menos tendríamos una pequeña producción propia de esta hormona y seríamos menos dependientes de las inyecciones diarias.

Este tratamiento aún no existe, pero se están efectuando avances muy importantes en esta dirección. Uno de los más importantes se ha llevado a cabo con un anticuerpo monoclonal llamado anti CD3 ¿Qué demonios es eso?

Los anticuerpos, como debemos saber, son moléculas que el sistema inmune fabrica para defendernos contra los microorganismos. Cada anticuerpo se une a un determinado antígeno, que suele ser una proteína del microorganismo en cuestión, y ayuda así a eliminarlo.

Los científicos han aprendido, desde hace ya más de 30 años, a fabricar anticuerpos "a la carta", producidos por células inmunes manipuladas de forma especial que se hacen crecer en incubadoras de laboratorio. Estos anticuerpos son puros, todos idénticos en su manera de unirse al antígeno y, por esta razón, se les llama monoclonales. Algunos de estos anticuerpos se usan ya hoy para el tratamiento de algunos cánceres y otras enfermedades.

Se han fabricado así anticuerpos monoclonales que se adhieren a moléculas de las células del sistema inmune y pueden de ese modo ayudar a eliminarlas o inactivarlas. Esto es a veces necesario, como cuando se requiere que un enfermo tolere el trasplante de un riñón o un hígado extraño. Uno de estos anticuerpos es el anti CD3.

CD3 es el nombre de una molécula que se encuentra en la superficie de los linfocitos T. Es una molécula muy importante, ya que es la encargada de decirle al linfocito T si se encuentra en presencia de una célula extraña o no.

El anticuerpo anti CD3 se une, por tanto, a esos linfocitos y, o bien les impide que sigan matando a las células pancreáticas, al inutilizar la molécula que las detecta como extrañas, o bien las mata, ya que atrae hacia las células T a otras moléculas encargadas de matar a los microorganismos a los que normalmente se unen los anticuerpos. Es una variante celular del cuento del cazador cazado. El propio sistema inmune, gracias al anticuerpo, se vuelve contra el agresor y mata a la célula T como si fuera un microorganismo invasor.

Los resultados de los ensayos clínicos realizados hasta la fecha son muy prometedores, y parecen detener la progresión de la diabetes de tipo 1 hacia la completa eliminación de las células productoras de insulina. Son buenas noticias, porque además, el anticuerpo anti CD3 ya se usa en la clínica para evitar rechazos de trasplantes renales, con lo que su puesta en el mercado para esta nueva indicación antidiabética puede ser muy rápida.

Y no acaban aquí las buenas noticias. Los avances en la biología molecular pueden permitir en el futuro identificar a los individuos con mayor riesgo de desarrollar esta enfermedad autoinmune. Serán ellos los principales beneficiarios de este tipo de inmunoterapia y, tratados a tiempo, quizá se pueda impedir que se conviertan en diabéticos para siempre. Aunque estos avances no curarán a los que ya son diabéticos hoy, es también de esperar que avances en otros campos, como el de las células madre, permitan un día alcanzar ese sueño de la biomedicina.

5 de septiembre de 2005

Espabilenol

¿LE GUSTARÍA NO tener que dormir? Imagine lo que podría hacer con el tiempo extra. Un ser humano pasa alrededor de un tercio de su vida durmiendo. Esta cantidad se traduce, por ejemplo, en que una persona de 84 años de edad se ha pasado unos diez mil días de su vida dormido. ¡Vaya despilfarro de tiempo!

Claro que, bien mirado, quizá fuera mejor que algunas personas pasaran su vida durmiendo, sin despertarse más que para comer, beber e ir al servicio. Seguro que cada uno podría elaborar una lista más o menos larga de individuos a los que nos gustaría convencer, al menos, de que durmieran el tiempo que necesitan, unas ocho horas al día por término medio. Déjeme decirle que, con la vida que llevamos, solo unos pocos pueden permitirse, o desean, dormir lo necesario.

El sueño, sin embargo, es una constante fisiológica en el reino animal. Todos los animales duermen, aunque no todos lo hacen en la misma extensión. Mientras ciertas especies de murciélagos duermen más de dieciocho horas al día, las jirafas no necesitan dormir ni tres horas. No obstante, si sabemos por qué hay que respirar o beber o comer, que son también constantes fisiológicas en el reino animal, todavía no está claro por qué es necesario dormir.

Si privamos a los animales de agua o de alimento, acaban por morir, y lo mismo sucede si les privamos de sueño. Y al igual que tras mantener a dieta a animales, si luego les dejamos comer a su albedrío, estos comen más de lo normal, lo mismo sucede si tras privar a animales o personas de sueño, les permitimos luego dormir. Es un fenómeno que muchos podemos experimentar los fines de semana, días en los que podemos dormir más de lo normal y tendemos a recuperar la deuda de sueño que se ha ido acumulando durante los días laborables de la semana.

Un gran porcentaje de la población de los países desarrollados no duerme lo necesario. A pesar de que hoy ya nadie pierde el sueño por mala conciencia, porque la conciencia como tal ha desaparecido prácticamente de la faz de la Tierra, tristemente expulsada de ella por los principales líderes del mundo, la gente tiende a dormir menos de lo que necesita. Y es que para el hombre moderno la necesidad de dormir se ha convertido en una molestia.

La deficiencia de sueño causa a su vez deficiencias en las capacidades intelectuales de las personas, que pueden tener consecuencias desastrosas. Muchos de los accidentes de tráfico son causados por el sueño. La eficacia en el trabajo también se ve disminuida por la deficiencia de sueño o por problemas de insomnio. Los trabajadores nocturnos son particularmente afectados por falta de sueño, ya que al dormir durante el día raramente pueden encontrar la paz y silencio propios de la noche, y su sueño se ve frecuentemente perturbado. Conductores de tren, pilotos de avión, técnicos de maquinaria pesada, pueden causar un desastre si no duermen adecuadamente. Nuestras vidas pueden depender un día de que alguien haya dormido bien la noche anterior.

Ante tanta necesidad para mantenerse despierto a pesar de no dormir, la sociedad echa mano de estimulantes. La cafeína es posiblemente el más popular de todos ellos. El café, y otras bebidas con contenido en cafeína, como el té y algunos refrescos, son quizá, después del agua del grifo o mineral, las bebidas más consumidas.

No obstante, la cafeína no es suficiente para mantenernos despiertos y, sobre todo, para evitar las deficiencias en las capacidades intelectuales causadas por el sueño. Ante la falta de sueño y la necesidad de estar espabilados, se ha abierto un campo de investigación que ha conducido al descubrimiento de un fármaco que, tanto en humanos como en primates, potencia las capacidades cognitivas en individuos severamente privados de sueño.

Los neurocientíficos conocen que ciertos fármacos estimulan determinadas conexiones sinápticas que pueden estar afectadas por la falta de sueño. Faltaba comprobar si algunas de esas sustancias podían ser útiles para espabilar a las neuronas de manera específica, es decir, no producir una estimulación neuronal generalizada, sino a medida, relativa a las tareas intelectuales que fuera necesario realizar.

Los científicos estudiaron una clase de fármacos llamados ampakinas, en particular uno llamado CX717, que es un estimulador de los receptores neuronales llamados AMPA. Las ampakinas han demostrado estimular las capacidades cognitivas memorísticas y de realización de tareas complejas en los individuos a los que se les administra. La CX717 se pretende utilizar, si los ensayos clínicos así lo aconsejan, para el tratamiento de diversos problemas de sueño, como la narcolepsia, el desajuste horario causado por los viajes en avión, déficit de atención e hiperactividad, e incluso la enfermedad de Alzheimer.

Para comprobar si la CX717 era eficaz para contrarrestar los efectos del sueño, los investigadores impidieron dormir a monos de laboratorio por unas 36 horas, lo que es equivalente a no dejar dormir a una persona por unos tres días. A un grupo de los monos insomnes les administraron diversas dosis de CX717 y a otro grupo no les administraron nada. Igualmente, estudiaron a un tercer grupo de monos a los que se les había permitido dormir normalmente.

A los monos así tratados se les sometió a la realización de varias tareas intelectuales para las que estaban previamente entrenados. Sorprendentemente, los monos que no habían dormido, pero a los que se les había administrado CX717 fueron los que mejor realizaron las tareas, mejor incluso que los monos a los que se les había permitido dormir con normalidad.

Los investigadores estudiaron, mediante las modernas técnicas de imagen cerebral, qué áreas del cerebro se estimulaban por la CX717, y comprobaron con agrado que solo lo hacían aquellas áreas involucradas en la tarea a efectuar. Es decir, era como si el fármaco CX717 estuviera "dormido" y solo se despertara para espabilar a las neuronas necesarias para efectuar una determinada actividad.

Estos resultados son prometedores y de confirmarse en pacientes y voluntarios, harán de CX717, al que se podría llamar una vez en la farmacia espabilenol, un fármaco útil que permitirá contrarrestar los efectos perniciosos de la falta de sueño. Sin embargo, como con otros fármacos, su utilidad abre la puerta a su abuso, y a que algunas personas, tras una noche de desenfreno, piensen que "tomarse un espabilenol" será suficiente para afrontar la jornada. Quizá lo sea, pero ¿a qué precio para su salud?

12 de septiembre de 2005

No Más Sequía De Energía Solar

La energía solar es una más de las asignaturas pendientes de nuestra falta de desarrollo tecnológico. En España, es claro como la luz del Sol que la manera más fácil de aprovechar su energía ha sido la de construir complejos hoteleros y campos de Golf para el turismo, pero no la de intentar transformar la luz en electricidad, que es de lo que verdaderamente se trata.

La razón más importante que ha limitado el uso de energía solar, al menos la razón "oficial", es su elevado precio en comparación con la energía derivada de otras fuentes. Y la causa del precio elevado de la energía fotovoltaica es el costoso proceso de obtención de los materiales necesarios para generarla.

Sin embargo, como para tantas otras cosas, una investigación apoyada y financiada adecuadamente puede, a la larga, resolver el problema y conseguir rebajar los costes. Es lo que afortunadamente ha sucedido, pero no en nuestro país.

Para entender por qué la energía fotovoltaica es aún hoy demasiado cara, lo mejor que podemos hacer es intentar comprender cómo se genera. Como es bien sabido, todos los átomos de la materia poseen electrones de carga negativa alrededor de sus núcleos de carga positiva. Estos electrones se encuentran en zonas de niveles de energía fijos. Es siempre posible comunicar energía a un electrón en un nivel de energía dado y liberarlo de la atracción de su núcleo. Los fotones, las partículas de la luz, si poseen la energía adecuada, pueden liberar electrones de este modo.

Los electrones así liberados se mueven libremente, lo que es condición indispensable para la generación de electricidad, la cual es un flujo de electrones que circulan por un material conductor. No todos los átomos son igualmente adecuados para que la luz solar pueda liberar sus electrones de la atracción de sus núcleos. Se necesita un material cuyos electrones sean fácilmente liberados por los fotones más abundantes que llegan a nuestro planeta, y que una vez liberados, puedan moverse libremente por el material que los contiene.

Afortunadamente, uno de los materiales más adecuados para ese fin es también uno de los más abundantes. Se trata del silicio (Si). El átomo de Si contiene 14 electrones alrededor de su núcleo, cuatro de los cuales se encuentran en la última capa de energía.

Por alguna razón, todos los átomos "desean" tener su última capa llena de electrones, y en el caso del silicio serían ocho, y no cuatro, los electrones que debería tener para conseguirlo. Para lograrlo, cada átomo de Si comparte sus cuatro electrones con otros cuatro átomos de Si, uniéndose con ellos en una red tridimensional.

Con el Si puro, sin embargo, no es posible generar una corriente eléctrica. Para ello, es necesario crear unas condiciones que permitan la generación de una diferencia de potencial. Al igual que las pilas que podemos comprar en una tienda poseen una diferencia de potencial (normalmente 1,5V) que permite la generación de una corriente eléctrica entre sus polos, se hace necesario generar esa diferencia de potencial igualmente entre dos capas de Si.

Para conseguirlo, el Si puro se dopa con trazas de otros átomos, en particular con fósforo y con boro. El fósforo contiene cinco electrones en su última capa, con lo que al rodearse de átomos de Si, le sobra un electrón para encontrarse cómodo. El boro, por el contrario, solo tiene tres electrones, por lo que le falta uno para encontrarse cómodo rodeado de Si. El boro crea un hueco electrónico en la red de Si que puede llenarse con un electrón.

El Si dopado con fósforo se denomina N-Si (N, de negativo, por el exceso de electrones de carga negativa). El Si dopado con Boro se denomina P-Si (P, de positivo). Ambos materiales son eléctricamente neutros.

Lo interesante sucede cuando se pone en conexión intima una capa de N-Si con una capa de P-Si. Los electrones sobrantes del N-Si tienden a rellenar los huecos del P-Si y en la interfase entre las dos capas se crea un campo eléctrico, ya que al aceptar los electrones del N-Si, el P-Si se carga negativamente, y el N-Si positivamente. La neutralidad eléctrica se rompe en la interfase hasta que la diferencia de potencial creada impide que los electrones del N-Si sigan abandonando este material. Se crea así lo que se denomina un diodo, que no es otra cosa que una compuerta eléctrica que solo permite que la corriente fluya en una dirección, pero no en la opuesta.

En esta situación se ha creado una diferencia de potencial que puede generarnos electricidad. Es lo que se consigue cuando ahora la luz solar incide sobre las dos capas. La luz tiende a arrancar electrones de los átomos de ambas capas, creando agujeros electrónicos en las dos, pero los electrones solo pueden ahora viajar en una dirección y el diodo no les permite hacerlo en la que "desearían". Sí pueden viajar si ambas capas se conectan con un material conductor, como se conectan los polos de una batería. La corriente fluye entonces por ese material conductor y puede aprovecharse.

Para fabricar N-Si y P-Si se necesita Si muy puro, que resulta caro obtener, pero esto puede cambiar en un futuro cercano. Hasta ahora, los fabricantes de placas solares utilizaban Si de grado electrónico, que es puro al 99,99999%. Sin embargo, recientemente se ha inventado un proceso de fabricación mucho más barato, que consigue un 99,999% de pureza, lo que es suficiente para fabricar placas solares de adecuado rendimiento a un precio mucho menor.

Las impurezas de metales en el Si, como hierro o aluminio, son sin embargo muy perniciosas, porque atraen a los electrones e impiden la generación del campo eléctrico en el diodo. Sin embargo, los científicos, en otro descubrimiento que se añade al anterior, han determinado que si las impurezas metálicas se logran concentrar en sitios determinados de la red de átomos de Si, en lugar de tenerlas dispersadas por toda la red atómica, las capacidades fotovoltaicas del Si aumentan significativamente. Esto abre pues más aun la puerta al uso de Si menos puro para la fabricación de placas solares más baratas. Solo queda esperar a que estos procesos pasen a la fase industrial para que podamos ofrecer también energía barata a nuestros turistas.

19 de septiembre de 2005

P53: ¿Freno Tumoral, Acelerador Del Envejecimiento?

La ciencia avanza a tal velocidad que es imposible darse cuenta de todos sus logros en tiempo real. Al igual que conviene ver repetidas en la tele las jugadas de un partido de fútbol para apreciar todos los detalles, en particular los inevitables errores arbitrales, con la ciencia conviene igualmente volver la mirada atrás de vez en cuando, no sea que nos hayamos perdido algún avance importante.

Es lo que me ha sucedido con el gen supresor de tumores p53. El nombre de este gen es un "tributo a la imaginación" de los científicos, ya que se origina del hecho de que produce una proteína (la mayoría de los genes producen proteínas) con un tamaño de 53.000 unidades de masa molecular. Como la palabra "proteína" comienza por "p", incluso en inglés, a este gen se le denominó, pues, p53.

El gen p53 es, de momento, el que ostenta el récord de ser el más mutado, es decir, el más anormal en tumores. Es un gen que, de no funcionar bien, lo que suele suceder cuando los genes mutan, origina el crecimiento incontrolado de las células: el cáncer.

Como el gen p53 se encuentra mutado en una gran variedad de tumores, ha sido y es uno de los más estudiados de la historia de la Humanidad. Se han publicado más de 36.000 artículos científicos que describen un hecho relacionado de alguna manera con su función. Se han descubierto más de 10.000 mutaciones de este gen asociadas con procesos tumorales, y eso en una variedad inmensa de organismos que se extiende de la almeja al ser humano. Que el gen se encuentre en animales tan primitivos y se haya conservado durante la evolución hasta los animales superiores es un indicio seguro de su importancia.

¿Dónde radica esta importancia? Precisamente en que este gen es una pieza esencial de un complejo mecanismo (en realidad, en biología, todos los mecanismos son complejos, incluido el amor) por el que las células que han sufrido algún daño que puede poner en peligro la integridad del organismo, son eliminadas.

Por ejemplo, este pasado verano en nuestro país, millones y millones de células de la piel de extranjeros y nacionales han muerto gracias a la acción de p53. El daño causado por la radiación solar a las células epiteliales, que puede, entre otras cosas muy perjudiciales, causar ruptura de las hebras de ADN, activa la acción de la proteína p53, que actúa para inducir el suicido de las células dañadas. Demasiado sol puede hacer que se nos caiga la piel a tiras, y todo gracias a nuestro p53.

Y menos mal que así sucede, porque si las células dañadas no fueran eliminadas, alguna de ellas podría convertirse en cancerosa, ponerse a crecer de manera incontrolada, y causarnos un tumor que podría acabar con nuestra vida. De hecho, ratones de laboratorio modificados genéticamente para que carezcan del gen p53 se desarrollan normalmente, pero sucumben rápidamente a los tumores que, en ellos, se desarrollan mucho más rápidamente de lo normal. Su esperanza de vida se ve reducida de manera muy drástica y estos ratones mueren muy jóvenes.

Sin embargo, y a este hecho me refería antes cuando mencionaba que convenía volver la vista atrás para comprobar si se nos había pasado algo importante en el avance de la ciencia, ratones que se han modificado genéticamente para poseer una proteína p53 con mayor actividad de lo normal no desarrollan tumores, pero también ven disminuida su esperanza de vida y envejecen más rápidamente de lo normal. Este hecho se conoce ya desde el año 2002. Parece que demasiado de una cosa buena es, una vez más, maldita sea, perjudicial. Quizá por esa razón, no había querido darme cuenta de estos resultados científicos.

Es importante comprender que el envejecimiento es causado por la actividad de p53, y no porque las células contengan mayor cantidad de lo normal de esta proteína. Todas nuestras células contienen p53 de forma inactiva, y esta proteína solo se activará ante estímulos exteriores que causan daño celular: radiación ultravioleta, radicales oxidativos, etc. Si aumentamos por medios artificiales la cantidad de p53 de las células, esta proteína no induce su muerte a menos que sea activada. Así, se ha comprobado que ratones a los que se ha añadido un gen extra de p53 normal son más resistentes al desarrollo de tumores, pero no envejecen más rápidamente de lo esperado. ¿Cómo, entonces, la actividad exacerbada de la proteína p53 puede al mismo tiempo impedir el desarrollo de tumores y causar un envejecimiento prematuro?

La respuesta se encuentra en el hecho de que los tumores se generan a partir de una sola célula que ha escapado a su muerte, dependiente de la actividad de p53, que debía haber sucedido para evitar su crecimiento incontrolado. El proceso de envejecimiento acelerado, en cambio, es un proceso que sucede a nivel de los órganos y de los sistemas. En otras palabras, demasiada actividad de la proteína p53 acaba por inducir la muerte de muchas células sanas, que no han sufrido daño alguno que pueda convertirlas en peligrosas desde el punto de vista de su transformación tumoral. La proteína p53 induce la muerte de demasiadas células que no deberían ser eliminadas, lo que daña los órganos y los tejidos y acelera el envejecimiento. Por supuesto, la proteína p53 también elimina a las células que pueden convertirse en tumorales, por lo que los ratones con demasiada actividad de la proteína p53 no morirán de cáncer, pero morirán por otras causas.

Así pues, el precio que pagamos por contar con un mecanismo que impide el desarrollo del cáncer podría ser un mayor envejecimiento. Esto puede explicar quizá por qué algunas personas de apariencia muy joven pueden desarrollar tumores a edades en las que esto no debería suceder. Es posible que sus células contengan un mutante p53 poco activo. Por otra parte, una proteína p53 de activación fácil nos protegerá del cáncer, pero quizá acelerará nuestro normal proceso de envejecimiento.

Desgraciadamente, la mejor alternativa es envejecer a velocidad normal, ni mucho ni poco, ni, por supuesto, dejar súbitamente de envejecer. Así es la vida.

26 de septiembre de 2005

E Pluribus Unum

Uno de los problemas más graves para entender el origen de la vida sobre la Tierra es que no nos quedan restos fósiles de aquella época. Además, los organismos más simples que viven hoy son, de todos modos, extremadamente complejos, y en su composición y funcionamiento vital no reflejan cómo pudieron ser los organismos más simples que se originaron a partir de la sopa primitiva que, al final, ha dado origen a estas palabras.

El proceso de evolución, originado por un entorno cambiante y siempre hostil, ha permitido que se desarrollen, tras miles de millones de años de selección natural, organismos con capacidades de adaptación y supervivencia extraordinarias. Esta misma evolución ha barrido de la faz de la Tierra todos aquellos organismos que no han podido cambiar, que no han ido adquiriendo los complejos sistemas de adaptación y supervivencia que hoy nos maravillan, incluso en un simple virus.

En los primeros tiempos tras el origen de la vida, solo existían los organismos unicelulares. Hoy sabemos que la adaptación a los cambios del entorno de los organismos primitivos ha pasado por varias etapas. Posiblemente, la primera de estas etapas supuso el aumento de la complejidad de esos organismos unicelulares hasta alcanzar el grado de sofisticación de los que nos acompañan hoy. Las bacterias, levaduras, o virus actuales parecen muy primitivos comparados con organismos como nosotros, pero son enormemente más complejos y eficaces para sobrevivir que lo fueron los organismos unicelulares primitivos. Por esta razón, se nos hace muy difícil entender cómo a partir de la aparición de la primera molécula capaz de reproducirse, se han podido generar tal diversidad y complejidad de sistemas moleculares, como de los que estos microorganismos disponen.

Mientras una parte de organismos unicelulares siguieron manteniendo su modo de vida unicelular, compitiendo ente sí, otros, sin embargo, evolucionaron hacia la colaboración con microorganismos de su misma especie. En algún momento del proceso evolutivo, los organismos unicelulares aprendieron que la unión hace la fuerza, sobre todo en momentos de necesidad o peligro, y que la colaboración es mejor que la competición, al menos en determinadas situaciones.

Esto supuso el origen de los organismos pluricelulares, los únicos capaces de desarrollar inteligencia tal y como la conocemos. La evolución a lo largo de esta etapa ha creado organismos formados por miles de millones de células capaces de realizar funciones especializadas, y eso a pesar de poseer todas el mismo genoma. Es el caso de las células de nuestros diferentes órganos y tejidos: una célula del estómago no ejerce la misma función que una célula de la sangre, y esta diferencia, esta especialización, se ha ido desarrollando a lo largo de la evolución.

Evidentemente, esta segunda etapa de la evolución, el inicio de la colaboración, es mucho más tardía que la primera. Solo pudo producirse cuando los organismos unicelulares adquirieron la complejidad y los sistemas moleculares necesarios para reaccionar no solo ante su entorno químico y físico, sino también ante su entorno biológico, ante la presencia de otros organismos de la misma, o de diferentes especies. Esto requería, sin duda, el desarrollo de sistemas primitivos de reconocimiento molecular y de procesamiento de la información, transmitida siempre en forma de moléculas o iones, como sigue sucediendo hoy entre nuestras células.

Como esta etapa sucede mucho más tarde que la aparición de la vida propiamente dicha, somos afortunados que haya dejado sus restos en alguno de los organismos actuales. Es una suerte, porque gracias a esto podemos comprender mejor cómo esta etapa pudo llegar a producirse.

Uno de los organismos en los que puede observarse la transición entre la competición y la colaboración es el que lleva el bonito nombre de *Dictyostelium*. Este organismo, de la clase de los mohos, está formado por células que, en buenas condiciones de nutrición, viven separadas unas de otras, como organismos unicelulares. Sin embargo, si el alimento empieza a faltar, las células de *Dictyostelium* emiten una molécula, llamada AMP cíclico que, al enlazarse a otra molécula receptora en la superficie de las células, las induce a agregarse. Cientos de miles de células se reúnen entonces para formar un organismo multicelular de forma similar al de una pequeña babosa. Esta babosa puede moverse entonces en busca de mejores condiciones de vida.

En el interior del agregado, el entorno celular está compuesto por otras células, y no por el medio exterior. Estas células deben comunicarse unas con otras y enviarse señales de cómo proceder y qué hacer para sobrevivir. Cuando la babosa de *Dictyostelium* encuentra un medio más favorable, algunas células del agregado, a pesar de tener el mismo genoma, se hacen diferentes unas de otras. La babosa se convierte en otra cosa, porque sus células cambian. La babosa comienza por alargarse: parte de sus células se convierten en un pequeño tallo que se alza verticalmente sobre la superficie. Otras células, en cambio, se sitúan en el extremo de este tallo formando un pequeño cuerpo redondeado. El viento puede entonces arrancar este cuerpo del tallo y transportarlo flotando hacia sitios donde el alimento sea más abundante.

Si el volante cuerpo redondeado de *Dictyostelium* tiene la fortuna de que el viento le deposite en un mundo mejor, sus células se separarán, crecerán y se reproducirán viviendo como organismos unicelulares, qué solo volverán a unirse a sus congéneres en casos de necesidad.

Dictyostelium es, pues, un fósil viviente, un superviviente de la época en la que los organismos unicelulares comenzaban a dejar de serlo para empezar a formar organismos multicelulares que con el tiempo llegaron a ser tan fascinantes como los dinosaurios, los calamares gigantes, o las ballenas. Afortunadamente, en algún momento de la evolución, los organismos unicelulares se unieron para no separarse nunca más; como siempre, forzados por las condiciones hostiles del entorno. Eso fue lo que posibilitó que nosotros apareciéramos en escena.

En vista de cómo se han desarrollado las cosas, la siguiente etapa de la evolución no puede ser otra que la que todos deseamos: que los hombres y mujeres del mundo se unan, colaboren unos con otros, se ayuden a vivir y a mejorar, y dejen de luchar y morir por falsas ideas y estúpidos motivos. No hará entonces falta emigrar a un mundo mejor, porque lo habremos creado nosotros mismos. Sin embargo, me temo que aún faltan unos cuantos millones de años hasta que comencemos a adentrarnos por esta etapa evolutiva, que solo unos pocos locos hoy creen posible.

3 de octubre de 2005

Enfermedad Global

En ocasiones, los avances de la ciencia moderna son chocantes, y es que cada vez dejan más claro que no estamos formados por mente y cuerpo, sino que nuestro cuerpo es parte de nuestra mente y nuestra mente, parte de nuestro cuerpo. Antes, todo era más sencillo. El ser humano estaba constituido por dos entidades completamente diferentes y bien definidas: la mente y el cuerpo. Ahora, para hacer honor a la globalización que nos invade, nuestra naturaleza es también más global, la mente y el cuerpo ya no son tan diferentes.

Tomemos, si no, el tema del estrés. Hoy en día muy pocos dudan de que el estrés psicológico, mental, ejerce un profundo efecto en la salud corporal. Las hormonas liberadas en situación de estrés pueden afectar incluso a nuestra capacidad de defensa ante agresiones externas o desarreglos internos. Así, por ejemplo, podemos ser más susceptibles a contraer enfermedades infecciosas si nos encontramos en una situación de estrés crónico. Nuestro sistema inmune corporal sufre también el estrés mental, aunque no nos demos cuenta, y como resultado, nos defiende menos bien de la posibilidad de infecciones. Además, la menor vigilancia inmunológica resultante puede incluso causar que se desarrolle un cáncer que en mejores condiciones psicológicas quizá no se hubiera desarrollado.

Todo esto es claro hoy, pero lo que parece menos claro es que determinadas condiciones de nuestros cuerpos puedan afectar a la manera en que nuestra mente interpreta la realidad y reacciona ante determinados estímulos. Sería por ejemplo, sorprendente, que en determinados estados de enfermedad, nuestro sistema cognitivo, es decir, lo que nos permite percibir, interpretar y conocer la realidad, sufriera cambios. A nadie se le ocurre que, por contraer un resfriado, podamos cambiar de creencias o de tendencias políticas. ¿Sería esto posible?

Sin llegar tan lejos, que ya quisieran muchos convencernos de sus ideas aprovechando la temporada de la gripe, ciertos experimentos muy recientes apuntan a que las capacidades cognitivas de nuestro cerebro sí dependen del estado de salud o de enfermedad de nuestro cuerpo. Un grupo de psicólogos y de inmunólogos de las universidades de Wisconsin, y de Ohio han aunado sus esfuerzos para estudiar no ya si el estrés psicológico puede afectar al sistema inmune, sino si el funcionamiento adecuado del sistema inmune puede afectar a nuestra psicología.

Para ello, los autores se centran en el estudio de pacientes de asma, una enfermedad crónica común causada por problemas inmunológicos. El asma se caracteriza por una inflamación crónica de las vías aéreas inducida por una reacción alérgica a una sustancia externa, contra la que nuestro cuerpo reacciona de manera exacerbada y patológica. Al contacto con la sustancia a la que los asmáticos son alérgicos, los mastocitos, unas células del sistema inmune encargadas de la vigilancia de las superficies epiteliales para evitar la entrada de parásitos, se activan y liberan de su interior mediadores químicos. Estos compuestos conducen a la contracción del músculo liso que recubre los bronquios, lo que a su vez origina el consecuente cierre de las vías aéreas. Esta reacción alérgica se desarrolla en dos fases, una temprana, inmediata, causada por los mediadores químicos de los mastocitos que hemos mencionado, y otra, más tardía, causada cuando otras células inmunes acuden al pulmón, atraídas por la reacción de los mastocitos.

Es bien conocido que las situaciones de estrés acentúan los problemas de los asmáticos. Por ejemplo, los estudiantes asmáticos pueden desarrollar crisis más severas de asma en épocas de exámenes, los cuales causan, al menos en los estudiantes motivados y responsables, un estrés considerable.

Sin embargo, nadie sabía hasta ahora, qué regiones del cerebro podían estar involucradas en el incremento de la reacción alérgica causada por el estrés. Es más, si hay regiones específicas del cerebro que pueden activarse durante situaciones de estrés, y afectar así al funcionamiento del sistema inmune, es posible que el fenómeno inverso también pueda suceder, y que las reacciones alérgicas afecten a la activación de determinadas regiones del cerebro ante ciertos estímulos.

Para estudiar si esta posibilidad podía ser cierta, seis pacientes de asma fueron expuestos, con su consentimiento previo, a las sustancias a las que eran alérgicos (polen, caspa de perro, etc.), con el fin de causarles una crisis asmática. La intensidad de la crisis, tanto de la fase temprana como de la tardía, se determinó por varios parámetros fisiológicos.

Tras su crisis de asma, se sometió a estos sujetos a un test en el que tenían que leer bien palabras cuyo significado guardaba una relación con el asma (por ejemplo, pulmón, ahogo...), bien palabras emocionalmente negativas (como soledad, tristeza, pérdida, desesperación, rechazo, desinterés, amargura, negrura...), bien palabras emocionalmente neutras (como cortinas, tornillo...). Mientras leían estas palabras, sus cerebros eran estudiados, mediante resonancia magnética funcional, para comprobar si la activación de ciertas áreas era diferente.

En estas condiciones, los investigadores descubrieron que las zonas cerebrales involucradas en las emociones, la ínsula y córtex cingulado anterior, se activaban más cuando los individuos leían palabras relacionadas con el asma, pero no cuando leían otras palabras; y esta activación era tanto mayor cuanto mayor había sido su crisis asmática. El número de pacientes en este estudio es demasiado pequeño como para extraer conclusiones definitivas, pero, de confirmarse, estos estudios indicarían, por primera vez, que el estado fisiológico puede afectar al procesamiento mental de determinados estímulos emocionalmente relevantes a nuestra condición.

En alguna parte he leído que los enfermos elaboran representaciones mentales de su enfermedad, las cuales no son exactamente las mismas que las elaboradas cuando estamos sanos. Los resultados de estos estudios sugieren que la carga emocional de determinados hechos o conceptos conocidos puede cambiar significativamente el estado de enfermedad. Determinar que este es en verdad el caso, como se sospecha y los experimentos anteriores sugieren, puede ser muy importante para aprender a manejar mejor el estado emocional de los enfermos, que tanto puede, a su vez, influir en el proceso hacia su curación.

10 de octubre de 2005

Drogas

Con motivo del día Mundial de la Salud Mental, (el menos común de los estados de salud), el pasado día 14 de octubre, el Complejo Hospitalario Universitario de Albacete organizó unas jornadas sobre el tratamiento e investigación en drogodependencias. En ellas, tuvimos el privilegio de asistir a una conferencia del Dr. Franco Vaccarino, profesor de psiquiatría y psicología en la Universidad de Toronto, Canadá, y Vicepresidente Ejecutivo de Programas en el Centro de Adicción y Salud Mental, el mayor centro de investigación en salud mental de Canadá, localizado también en Toronto.

El Dr. Vaccarino ha sido coordinador de una publicación de la Organización Mundial de la Salud (OMS) titulada "Neurociencia del consumo y dependencia de sustancias psicoactivas", que se puede encontrar por Internet, en español, en http://www.who.int/entity/substance_abuse/publications/en/Neuroscience_S.pdf. En su charla, nos ofreció un fascinante resumen de la preocupante situación actual sobre este tema.

El informe de la OMS ofrece algunos datos estremecedores sobre la situación mundial de uso y abuso de drogas, datos que, por su naturaleza, si no estuviera contraindicado en esta precisa situación, habría que leer previa toma de una buena dosis de tranquilizantes. Resulta que se calcula que, en el mundo, unos 205 millones de personas consumen habitualmente drogas. Se fabrican unos 5,5 billones de cigarrillos al año, que se fuman 1.200 millones de fumadores o fumadoras, número, por cierto, superior al de católicos.

El informe indica que el consumo de drogas exacerba, en individuos más sensibles, desórdenes mentales que ya de por sí constituyen una enorme lacra social. El consumo de drogas se encuentra entre las diez primeras causas mundiales de incapacidad. El impacto en la salud mundial, medido por el porcentaje de años de vida de discapacidad que el uso y abuso de drogas causa globalmente, es del 8,9%, un porcentaje al cual el tabaco contribuye con un 4,1% y el alcohol con un 4%. Además, otros factores asociados al consumo de drogas, como el SIDA, el cáncer, o secuelas permanentes en la personalidad, incrementan el impacto del consumo de drogas en el mundo.

Por supuesto, alcohol y tabaco no son las únicas sustancias psicoactivas que se consumen. Entre ellas, se encuentran además la cocaína, la heroína, el cannabis (marihuana), opiáceos, alucinógenos, sedantes, hipnóticos, incluso disolventes orgánicos que algunos jóvenes, sobre todo en Norteamérica, encuentran agradable esnifar, vaya usted a saber por qué.

El Dr. Vaccarino explicó que el informe de la OMS, de cuya publicación fue coordinador, se elaboró en estos momentos y no antes porque es ahora cuando la investigación científica ha acumulado evidencias sólidas sobre cómo actúan las drogas en el sistema nervioso, evidencias que el informe explica a la perfección y que ahora resumiremos. El Dr. Vaccarino indicó también que el informe, en su forma actual, ha sido posible gracias a la evolución en el pensamiento filosófico e ideológico que ha tenido lugar en los últimos 30 años, y que ha producido un cambio de percepción sobre las causas de la drogodependencia. En los países más avanzados, el abuso de drogas se considera hoy un problema de salud pública, y sus causas se relacionan con un desorden en los mecanismos cerebrales, físicos y biológicos, de la motivación individual. Sin embargo, esta manera de pensar dista mucho todavía de ser aceptada en todas partes, y numerosos países aún consideran el problema de las drogas en el ámbito de la criminalidad, lo que dificulta el avance hacia su prevención o, al menos, hacia su reducción.

El informe pasa a explicar las razones del consumo de drogas. Existen varios factores que influyen en que un determinado individuo inicie su consumo, se convierta en consumidor habitual y, por último, en drogodependiente. Uno de estos factores es el psicosocial, en el que influyen situaciones de estrés, de disponibilidad de la droga, de la percepción que se tenga sobre la importancia del riesgo que conlleva su consumo, de la pobreza, de la baja autoestima, entre otros.

Tras el factor psicosocial, hay que contar con el factor neurobiológico. Evidentemente, nuestros cerebros son sensibles a la acción de las drogas, y dependiendo de los genes de cada uno, hay cerebros más sensibles que otros, y por tanto, más susceptibles a los efectos de su consumo, y también con diferentes susceptibilidades para desarrollar dependencia.

El informe nos dice también que las drogas actúan como un sustituto de recompensa. Nuestro cerebro dispone de sistemas de recompensa para actividades normales que aseguran nuestra supervivencia y nuestra pervivencia, como la alimentación, el sexo, la seguridad, etc. Estos sistemas disponen también de un mecanismo de frenada, es decir, una vez activada la recompensa, esta dura un tiempo y desaparece. Las drogas, sin embargo, dan un rodeo a este mecanismo, y producen sensaciones de recompensa muy intensas y duraderas.

Las investigaciones en este campo han revelado que el sistema de recompensa que se ve más frecuentemente modificado por las diversas drogas es el sistema de la dopamina. Este neurotransmisor es el que se libera normalmente en las sinapsis de las neuronas de recompensa cuando realizamos una actividad placentera. Sin embargo, las drogas son capaces de inducir la liberación de cantidades de dopamina muy superiores a las normales, y curiosamente, una de las que más dopamina induce es la nicotina del tabaco. Quizá por eso es tan difícil para muchos dejar de fumar.

Por supuesto, la sensación de recompensa que producen las drogas genera un intenso deseo de seguir usándolas. Las drogas nos motivan para usarlas una y otra vez, y esta motivación en nada tiene que ver con la motivación conducente a obtener una recompensa en el mundo real, un éxito, un logro, una relación sexual, o simplemente una cena entre amigos. Es una motivación química interior, que induce un comportamiento desligado del mundo. Solo la droga se convierte en importante. No existe nada más.

El consumo continuado de estas sustancias acaba por cambiar el cerebro, por modificar las conexiones entre las neuronas, por afectar incluso a la talla de algunas estructuras cerebrales. Con un cerebro distinto, el drogadicto deja de ser quien era. Se convierte en otra persona de manera irreversible. Podrá, quizá, con mucho esfuerzo y ayuda médica, vencer su dependencia, pero ya nunca volverá a ser el mismo. El daño a su personalidad es irreversible. Algo que convendría saber antes de decidir probar cualquiera de estas sustancias. Así que dígaselo a sus amigos y familiares, si no lo ha hecho ya.

17 de octubre de 2005

¿Por Qué El Cielo No Es Morado?

UNA DE LAS características de la ciencia es su inconformismo intelectual. Por ello entiendo la voluntad de llegar al fondo de las cosas, de no conformarse con explicaciones de medio pelo, y no cejar hasta comprender la verdadera razón de los fenómenos, que siempre son de una manera determinada por una razón.

Un ejemplo de lo que digo puede encontrarse en la manera en que la Humanidad ha intentado contestarse a la pregunta ¿por qué vemos el cielo azul claro, precisamente, y no de cualquier otro color, incluido el azul oscuro, o el morado? Aunque parezca asombroso, y algunos de ustedes crean conocer la razón, en mi opinión, la verdadera causa de esto no se conoce aún con exactitud.

Para entender las distintas etapas por las que hemos pasado en la búsqueda de una respuesta a esta simple pregunta, supongamos que una niña de tres o cuatro años realiza esta pregunta a su padre de treinta. Podemos encontrarnos varias respuestas por parte de este. La primera es: ¡cállate niña! Además de la ignorancia, la respuesta revela una total indiferencia por conocer la respuesta. Dice a la niña que es mejor no hacer preguntas que no sirven para nada. Esta actitud es, simplemente, inhumana.

La segunda clase de respuesta puede ser algo así: "el cielo es azul, hija, porque Dios así lo ha hecho para que al mirarlo disfrutemos y sintamos tranquilidad y paz". Si la niña es inteligente, y algo cruel, puede seguir preguntando: "entonces, papá, si el cielo es azul porque sirve para calmarnos, ¿por qué eres tú así, si mamá dice que no sirves para nada y encima la pones muy nerviosa?"

Esta respuesta, además de volverse contra quien la esgrime, revela un profundo error intelectual, ya que supone que las cosas existen porque sirven, porque tienen una finalidad para nosotros o para otras cosas. En suma, que son para algo, y que su finalidad justifica su existencia y la explica: sirve, luego existe.

La ciencia ha luchado, y lo sigue haciendo, contra esta manera incorrecta de razonar. Y es que, primero, hay que encontrar por qué las cosas pueden ser, y son, y luego, una vez que es posible que sean, y que se comprende cómo funcionan, puede analizarse si sirven o no para algo. Si solo existieran cosas que nos fueran útiles, y porque nos son útiles, la mayoría de las cosas que existen no lo harían, sin hablar de las personas. ¿Para qué nos sirve una estrella a mil millones de años luz de la Tierra? Sin embargo, existe. Así pues, hay que responder a nuestra pregunta de otra manera, que no es otra que investigando sobre la naturaleza de la luz, y también sobre la naturaleza de nuestra capacidad visual y analizando cómo funcionan.

Las investigaciones sobre la naturaleza de la luz revelaron que, como todos sabemos, la luz blanca está formada por la mezcla de luces de distintos colores. No obstante, la investigación de la naturaleza de la luz nos dice más, nos dice que la luz es una onda electromagnética, y que cada color corresponde a una frecuencia de onda determinada, que se extiende del rojo al violeta.

Parece evidente que si vemos el cielo azul claro es porque luz de ese color, de esa frecuencia, nos llega a los ojos. Puesto que la luz que llega del Sol es blanca, una mezcla de todos los colores, algo debe pasar para que esos colores se separen y el cielo nos envíe preferentemente el color azul. Hoy sabemos que lo que sucede es que la luz del Sol interacciona con las moléculas de oxígeno y nitrógeno de la atmósfera y es desviada por ellas de diferente manera, según su frecuencia. Mientras la luz de frecuencias más bajas (tonos rojos) puede atravesar esas moléculas sin desviarse, la luz de frecuencias más altas, como el azul y el violeta, choca con ellas y es desviada en todas direcciones, entre ellas, la que se dirige hacia nosotros. Las frecuencias más altas corresponden a los colores azul y violeta, como ya he dicho, y esto es parte de la razón de por qué vemos el cielo azul claro.

¿Qué sucede con el violeta? Este color corresponde a una frecuencia elevada, y debería desviarse como el azul. ¿Por qué no vemos el cielo como una mezcla de azul y de violeta?

La respuesta se encuentra en nuestro sistema visual. Este dispone, en la retina, de células especializadas para detectar los colores. Se trata de los conos, de los que tenemos tres clases: rojo, azul y verde, ya que responden preferentemente a la luz de esos colores, aunque también reaccionan a otras frecuencias. Al ser estimulados en distintas proporciones por la luz de diferentes frecuencias, responden en diferentes medidas y, según esta respuesta, nuestro sistema visual construye los diferentes colores que vemos.

Como resultado de esto, es posible que una mezcla de luz de diferentes frecuencias produzca el resultado de estimular a los conos como una luz de una frecuencia determinada. Es lo que sucede, por ejemplo, con una mezcla de luz roja y verde, que percibimos como amarilla. En este caso, aunque la luz de ese color no llega a nuestros ojos, nuestro sistema visual interpreta que sí lo hace.

Y bien, algo similar sucede con la luz que nos llega del cielo. Es una mezcla de azul y violeta, es cierto, pero nuestros conos y cerebros interpretan esa mezcla como si fuera azul claro, que es el color que percibimos.

Así, la respuesta a la simple pregunta ¿por qué el cielo es azul? es bastante complicada, pero, ¿es completa, es satisfactoria?

Por todos los colores, ¡no! Y no es satisfactoria aún, ni completa, porque todavía no conocemos por qué las señales bioquímicas y biofísicas que generan las neuronas del sistema visual son interpretadas por nuestros cerebros como sensación de colores, mientras que prácticamente las mismas señales generadas por neuronas de los sistemas auditivos, olfativos, o táctiles son interpretadas como sensaciones de sonidos, olores o texturas. En otras palabras, si podemos responder en parte a la pregunta "¿por qué el cielo es azul claro?", no podemos responder a las preguntas: ¿por qué no huele? o ¿por qué no suena?, es decir, ¿por qué no percibimos la luz de otra manera que como un color? Lo que les decía, aún no sabemos por qué el cielo es azul claro, pero lo que es peor, no sabemos por qué los colores, los sabores, los olores o los tactos, son como son.

24 de octubre de 2005

Antibióticos Bajo Nuestros Pies

Si bien los intereses de la Medicina parecen hoy centrarse en enfermedades modernas, que incluyen el cáncer, la obesidad, o la diabetes, el Tercer Mundo sigue empeñado en morirse de enfermedades más primitivas, como la tuberculosis, que sufre un tercio de la población mundial, más de dos mil millones de personas, o lo que es lo mismo, la población de cincuenta Españas, inmigrantes incluidos.

Las bacterias, entre las que se encuentra el bacilo de la tuberculosis, o las causantes de enfermedades tan importantes para la historia de la Humanidad como la lepra, son las responsables del mayor número de muertes en el mundo, pero de las bacterias tampoco nos escapamos en los países desarrollados, o en los que nos tenemos por tales. Por ejemplo, en Estados Unidos, por poner un ejemplo de un país de desarrollo sanitario medio, muere tanta gente de septicemia, es decir, de infecciones de la sangre, como muere de infarto agudo de miocardio. ¿Quién lo hubiera pensado?

Además de medidas de sanidad y limpieza preventivas, contra las bacterias disponemos de dos líneas principales de defensa. La primera es nuestro propio sistema inmune. Las células que forman parte de este sistema se encargan de eliminar a cuantas bacterias hayan podido atreverse a entrar en nuestro organismo, y hacerlo de una forma rápida, ya que de otra manera, la infección está asegurada.

Es probable que usted no haya podido comprobar la velocidad a la que crece una bacteria. En los laboratorios de todo el mundo se cultivan bacterias no patógenas que se usan como herramientas de investigación, sobre todo para conseguir producir en su interior grandes cantidades de ADN o de proteínas que interesa estudiar. Pues bien, colocada en un litro de medio nutritivo, a la temperatura del cuerpo humano, una sola bacteria puede reproducirse a tal velocidad que en solo 24 horas produce una densa sopa de la que se pueden extraer gramos de esos microbios.

Para entender mejor esto, consideremos que una bacteria media pesa unos 665 fentogramos, que corresponde a la mil millonésima parte de un microgramo, el cual, a su vez, es la millonésima parte de un gramo. ¿Me sigue? Bueno, es igual. Lo que quiero decirle es que un gramo de bacterias contiene alrededor de un billón y medio de esos microorganismos, un número comparable al de las células que forman nuestros queridos cuerpos.

Una sola bacteria que se reprodujera sin freno alguno en nuestro organismo, que sin duda es un medio muy nutritivo para ella, probablemente nos mataría en cuestión de horas. Para agravar más las cosas, vivimos en un mundo en el que las bacterias son muy abundantes. Afortunadamente, nuestro sistema inmune, resultado de millones de años de evolución en la lucha contra los microorganismos invasores, los mantiene casi siempre a raya.

Casi siempre, pero ¿qué sucede si no lo consigue? Afortunadamente, la Medicina moderna dispone de herramientas moleculares que frenan el crecimiento o matan a las bacterias que puedan estar reproduciéndose en nuestros cuerpos. Se trata de los antibióticos.

No hay ninguna duda de que el descubrimiento de los antibióticos, el primero de los cuales fue, como sabe, la penicilina, ha supuesto uno de los avances sanitarios más importantes de la Humanidad. Sin embargo, su uso generalizado está consiguiendo que los microorganismos se hagan resistentes a los mismos. El proceso de evolución por mutación y selección natural sigue funcionando a pleno gas con las bacterias, y siempre se produce alguna variación génica que convierte a la bacteria que la ha adquirido en menos sensible a la acción de uno u otro antibiótico. Esta variante de la bacteria se reproducirá mejor que las otras en un medio en el que exista antibiótico, incluido el cuerpo de un paciente, y transmitirá esta particularidad a sus descendientes.

Poco a poco, se irán generando variantes de bacterias completamente resistentes a un antibiótico dado. En este caso, podrá utilizarse otro antibiótico diferente que también sea eficaz contra la bacteria, pero aquí también acabará por suceder lo mismo y surgirán variantes génicas que serán más resistentes que las normales. Al final, tendremos bacterias resistentes a dos antibióticos. Podremos quizá usar un tercero, pero al final sucederá lo mismo y la bacteria se hará resistente a tres antibióticos... etc., etc., etc.

Este proceso perverso ha conseguido crear "superbacterias" resistentes hasta a dieciocho antibióticos diferentes. Si una de estas bacterias logra vencer las barreras de nuestro sistema inmune, es muy posible que no podamos acabar con ella, y sea ella la que acabe con nosotros. Esto es un serio problema sanitario, ya que si con antibióticos las bacterias todavía son la primera causa de mortalidad en el mundo, si los antibióticos resultan inoperantes, la mortalidad por infecciones irá en aumento. Y hoy, tras más de setenta años de uso de antibióticos, casi todas las bacterias patógenas han desarrollado resistencia al menos a algunos de ellos.

Necesitamos pues nuevos antibióticos, pero ¿dónde buscarlos? La respuesta es simple: bajo nuestros pies. El suelo es muy rico en bacterias y microorganismos, muchos de los cuales compiten entre ellos por un mismo nicho y similares recursos. Para eliminar competidores, muchos de estos microorganismos son capaces de producir sustancias tóxicas para otros.

Una nueva tecnología ha venido a facilitar la búsqueda de nuevos antibióticos a partir de los microorganismos del suelo. Se trata de la metagenómica, que como su nombre indica, es similar a la metafísica, pero con microbios. Esta tecnología consigue aislar ADN del suelo e introducirlo en bacterias de laboratorio, donde se pone a funcionar. En algunos casos, algunas de estas bacterias de laboratorio producen un antibiótico que es tóxico para otras bacterias. A partir del análisis del ADN que se les ha introducido, puede descubrirse de qué sustancia se trata y producirla en masa para estudiar su eficacia en ensayos clínicos.

Esta tecnología ha conseguido descubrir tres nuevos antibióticos, llamados terragina, turbomicina A y turbomicina B, pero se calcula que decenas o centenas de otros nuevos antibióticos se encuentran literalmente enterrados, esperado a ser descubiertos. Esta nueva tecnología puede, por tanto, proveernos de nuevas herramientas terapéuticas contra las que todavía son la mayor plaga de la Humanidad: las enfermedades infecciosas. De nuevo, la investigación resulta una de las mayores proveedoras de esperanza.

31 de octubre de 2005

Proyecto Hapmap

Las esperanzas médicas suscitadas por la secuenciación del genoma humano no se han cumplido. Por el momento, las expectativas de conocer y curar las causas genéticas de muchas enfermedades que nos afligen no se han hecho realidad.

Existen varias razones para ello. La primera es que el genoma humano es similar a un "plano de construcción", en este caso, el plano de construcción de nuestros cuerpos. Al igual que el plano de un edificio, contiene información sobre nuestra estructura y funcionamiento, pero, de la misma manera que es difícil reparar una gotera en un edificio simplemente consultando su plano, es también difícil reparar nuestros cuerpos simplemente consultando su genoma.

La segunda razón es que el genoma humano secuenciado no corresponde, en realidad, al de ninguna persona. Se ha conseguido ensamblando secuencias de ADN provenientes de unos pocos individuos, pero no es el genoma de nadie conocido, mientras que cada genoma humano vivo es diferente del resto de genomas de otras personas y diferente de ese genoma humano prototipo cuya secuencia se ha conseguido.

Con un solo plano, que además no es el de nadie, tenemos ciertas limitaciones para comprender cómo se plasma en la realidad de nuestros cuerpos. Si tuviéramos varios planos de personas y pudiéramos compararlos entre sí, tendríamos, sin duda, otro nivel de información superior. Este nivel de información no se referiría tanto al plano en sí mismo, o a lo que este nos dice sobre el funcionamiento global de nuestras células u órganos, como a las diferencias existentes entre los planos de organismos muy similares, en este caso, los genomas de varias personas.

Quizá de esta manera, si una de estas personas sufriera de una "gotera", podríamos encontrar alguna diferencia en su "plano de construcción" que ayudara a explicar por qué la sufre, e incluso que ayudara a repararla. Para conseguir esto, se hace necesario, evidentemente, secuenciar los genomas de, al menos, varios cientos de personas, de diversas razas o etnias, y catalogar las diferencias que existan entre ellos. Esto es precisamente lo que se ha propuesto un consorcio internacional de científicos, que publican los resultados de la primera fase de este gigantesco proyecto en la revista *Nature*.

Es bien conocido que las enfermedades genéticas transmisibles las sufren miembros de las mismas familias. En estas, alguno de sus integrantes ha sufrido una mutación en uno de sus genes, que es la causante de su enfermedad, y también la causante de que esta se transmita de generación en generación.

Es evidente que la mutación en el gen se ha producido en el cromosoma donde ese gen se encuentra, y en el que se encuentran también muchos otros genes. Quizá se encuentren en ese cromosoma genes que confieren color claro a los ojos. Como los genes en un mismo cromosoma tienden a transmitirse juntos de generación en generación, el gen de la enfermedad se transmitirá junto con los genes de los ojos claros. Así, habrá una fuerte relación entre individuos de la familia con ojos claros y los portadores del gen de la enfermedad.

Esta asociación entre determinados genes que confieren características que se transmiten juntas es lo que se denomina el haplotipo. Lo que los científicos se proponen al estudiar las diferencias entre los genes de varias personas es conseguir el mapa de los haplotipos humanos, es decir, el mapa de las diferencias entre los genomas, pero también el mapa de las asociaciones existentes entre esas diferencias.

Permítame que lo explique de otro modo. En el ejemplo anterior, es obvio que los genes de los ojos claros serán diferentes de los genes de los ojos oscuros. Habrá diferencias, mutaciones, que en este caso no causan enfermedad, sino simplemente un color de ojos diferente. Pues bien, en el caso de las personas con la mutación en el gen causante de su enfermedad, esas diferencias estarán asociadas en sus genomas.

¿Por qué es importante este mapa? En primer lugar, conocer las diferencias genéticas más comunes entre las personas puede ayudarnos a comprender el papel de esas diferencias en la susceptibilidad a las enfermedades u otras características de origen genético. Además, muchas de las enfermedades genéticas no dependen de cambios en un solo gen, sino de cambios en varios genes, es decir, de un conjunto de diferencias genéticas en distintos genes, diferencias que deben encontrarse asociadas en los pacientes de esas enfermedades. El mapa del haplotipo puede ayudar a encontrar esos genes y a comprender por qué las diferencias son causantes de enfermedad.

Por si esto fuera poco, el mapa del haplotipo humano puede ayudarnos a identificar aquellos pacientes para los que un determinado tratamiento resulte más eficaz. En algunos casos, las enfermedades genéticas, o la susceptibilidad a las mismas, pueden depender de mutaciones en un gen, pero su tratamiento puede actuar sobre otros genes que no son causantes de la misma. Un ejemplo lo tenemos en los niveles de colesterol en sangre, que pueden causar enfermedad cardiovascular. Estos niveles dependen, en parte, de genes que fabrican las proteínas transportadoras de esta sustancia en el plasma sanguíneo. Sin embargo, el tratamiento se realiza con fármacos que inhiben la acción de las proteínas que sintetizan el colesterol, que también son producto de genes específicos. Conocer qué diferencias en esos genes los hacen más o menos susceptibles a determinados fármacos es importante para decidir el tratamiento más eficaz para los pacientes con determinadas variantes génicas.

De momento, el proyecto de obtener el mapa del haplotipo, o HapMap, como se le conoce en la literatura científica, no ha hecho más que empezar. Se han secuenciado solo ciertas regiones de algunos cromosomas, a partir de los genomas de 269 personas de distintas partes del planeta. Aun así, ya se han identificado 11.500 diferencias puntuales en genes y muchas más en otras regiones intergénicas del genoma, que también pueden tener su importancia médica. Queda mucho por hacer, mucho por secuenciar, y sobre todo, quedan muchos datos por analizar, tantos que el análisis solo acabará muchos años después de haber conseguido nuestro HapMap. No obstante, es seguro que cuando dicho análisis haya terminado, sabremos mucho más de las enfermedades genéticas que nos afligen, y mucho más sobre las posibles maneras de aliviarlas.

7 de noviembre 2005

El Mol, El Placebo y La Homeopatía

Pocas unidades de medida son tan útiles como el mol. Los químicos, bioquímicos, biólogos, farmacéuticos, e incluso algún médico, la usan todos los días. Sin esta unidad de masa, sería imposible llevar a cabo los estudios que hacen avanzar a muchas ciencias.

Expliquemos brevemente por qué surge esta medida y su utilidad. En el amanecer de la química, a principios del siglo XIX, los químicos se apercibieron de que las sustancias reaccionaban químicamente entre sí en proporciones constantes. Hoy sabemos que esto sucede porque las sustancias están compuestas por átomos químicamente indivisibles, y son estos los que se combinan entre sí. Por ejemplo, un átomo de oxígeno se combina con dos de hidrógeno, no con uno y medio, o uno y tres cuartos, para dar lugar a la molécula de agua. De la misma manera, un átomo de nitrógeno se combina con, precisamente, tres de hidrógeno, para dar lugar al amoniaco.

Cuando se lleva a cabo una reacción química es porque se tiene interés en transformar unas sustancias iniciales en unas sustancias finales, y hacerlo lo más completamente posible, sin que nos sobren o nos falten sustancias iniciales. Por esta razón, los químicos se encontraron con un problema: ¿Cómo calcular la cantidad exacta de dos sustancias iniciales que se combinen completamente para dar una sustancia final? No se podía usar el gramo para medir la cantidad de sustancias en estas circunstancias, valga la casi redundancia. Por ejemplo, los químicos se dieron cuenta de que 1 gramo de hidrógeno no reaccionaba completamente con 1 gramo de oxígeno, sino con 8. Y el mismo gramo de hidrógeno no reaccionaba completamente con un gramo de nitrógeno, sino con 4,66.

La razón de estas diferencias estriba tanto en el número de átomos que se combinan entre sí, como en la masa de estos átomos. Para entenderlo, supongamos que encontramos en Internet una receta afrodisiaca en la que hay que mezclar igual número de naranjas que de mandarinas, con otros componentes más esotéricos de los que es mejor no hablar. Si por cada naranja, que pesa unos 200 gramos, hay que usar una mandarina, que pesa unos 50 gramos, no podemos mezclar un kilo de naranjas con otro de mandarinas, simplemente porque un kilo de naranjas contendrá muchas menos naranjas que mandarinas contiene el kilo de las mismas. Puesto que la naranja pesa cuatro veces más que la mandarina, habrá que usar cuatro veces más gramos de naranjas que de mandarinas para obtener la proporción de una naranja por cada mandarina.

Lo mismo sucede con los átomos, ya que hay átomos más pesados que otros. Por ejemplo, el átomo de oxígeno es 16 veces más pesado que el de hidrógeno, por lo que para coger la mitad de átomos de oxígeno que de hidrógeno, lo que se necesita para fabricar H_2O, agua, habrá que coger ocho veces más gramos de este elemento que de hidrógeno. De esta manera tendremos dos átomos de hidrógeno por cada uno de oxígeno, y podrán reaccionar en su totalidad para formar agua.

Los químicos se dieron cuenta enseguida de que si pesaban el mismo número de gramos de una sustancia que su peso molecular, que es la suma de los pesos de los átomos que la forman, conseguían siempre el mismo número de moléculas. Por ejemplo, si pesaban 18 gramos de agua (formados por 2 gramos de hidrógeno y 16 de oxígeno) conseguían, evidentemente, el mismo número de partículas de agua que el número de átomos de oxígeno pesando 16 gramos de este elemento.

A la cantidad de gramos de una sustancia igual a su peso molecular se le llamó mol, o molécula gramo, y la utilidad de esta medida reside, como digo, en que en esa cantidad tenemos el mismo número de moléculas de todas las sustancias, lo que permite mezclarlas en las proporciones adecuadas para que reaccionen completamente entre sí.

¿Cuántas moléculas individuales tiene un mol? Muchísimas. 6,023 x10^{23}, o lo que es lo mismo, 6.023 seguido de 20 ceros. Para entender la magnitud de este número, sepamos que contando moléculas a una velocidad de 10 millones por segundo, tardaríamos cerca de dos mil millones de años en contar las moléculas de un mol.

No obstante, a pesar de tener el mol tantas moléculas, si a estas las diluimos mucho, podemos acabar no teniendo ninguna. Por ejemplo, si empezamos con un mol de azúcar en un litro de agua, disolución de sabor dulce, extraemos un mililitro y lo añadimos a un litro de agua, habremos diluido el azúcar unas mil veces. Si repetimos la operación otra vez, la habremos diluido un millón de veces. Si repetimos la operación diez veces, habremos diluido el azúcar 10^{30} o un 10 seguido de 30 ceros de veces. Así, la disolución solo contendría una molécula de azúcar en diez millones de litros de agua. Nadie puede pensar que esa disolución continuaría teniendo sabor dulce ¿verdad? Sin embargo, algo así sucede con la homeopatía, cuyo principio terapéutico consiste en diluir tanto los fármacos que es prácticamente imposible que tengamos una sola de sus moléculas en la píldora homeopática que podamos tomarnos, ya que las diluciones empleadas en homeopatía son aun mayores que las que he descrito arriba.

Evidentemente, si en una píldora no hay ni una molécula de principio activo es imposible que ejerza un efecto. Puede, quizá, ejercer un efecto psicológico, pero no farmacológico. El efecto psicológico es bien conocido y se llama efecto placebo. Un placebo es idéntico en todo a una píldora de medicamento, pero no contiene el principio activo del mismo. De esta manera, puede averiguarse si un tratamiento con medicamento real es más eficaz que el tratamiento solo con placebo.

¿Son los efectos beneficiosos de la homeopatía debidos al efecto placebo? Es, en efecto, la conclusión firme de numerosos científicos que han realizado un análisis de los estudios clínicos publicados sobre los efectos de la homeopatía. Debido al número de estudios analizados y al número de pacientes estudiado, las conclusiones no dejan lugar a dudas.

Evidentemente, si el efecto placebo puede mejorar subjetivamente, e incluso realmente, determinadas patologías, no es capaz de curar enfermedades que necesitan una intervención por medios físicos o químicos, como un tumor, por ejemplo. Estos estudios incrementan la responsabilidad frente a sus pacientes de aquellos que, a pesar de todo, insistan en practicar la homeopatía como medicina alternativa. No hay duda de que, al menos, los pacientes deberían estar informados sobre los resultados de los estudios a los que me refiero aquí, además de recibir información no sesgada sobre el alcance esperable de la eficacia terapéutica de esta disciplina.

14 de noviembre de 2005

Sancho Panzas Neuronales

¿Son solo las neuronas las responsables de la inteligencia?

Supongo que hasta el más ignorante de los españoles ha oído hablar de las neuronas y de que estas son las células que hacen posible la civilización, tal y como la conocemos. Además, incluso el más ignorante de nuestros compatriotas sabrá que las neuronas son las células que se encuentran en el cerebro y las que le permiten funcionar, en las escasas ocasiones en las que, en general, lo hace.

Muchos menos deben saber, sin embargo, que las neuronas no son las únicas células del cerebro. Las neuronas, de hecho, no suponen sino el 50% de las células cerebrales. El otro 50% lo forman un conjunto heterogéneo de células, descubiertas sobre el año 1856, que se denominan células gliales, o glia. Estas células han sido consideradas, hasta no hace mucho tiempo, como células de importancia secundaria, cuya misión no era otra que la de dar apoyo vital a las neuronas. Cada "Don Quijote neuronal" parecía tener su "Sancho Panza glial", encargado, entre otras cosas, de facilitar alimento y de limpiar el aposento de su señor.

Al igual que Sancho Panza no es un mero escudero e interviene lo que puede en las locas decisiones de su señor, datos muy recientes indican que las células gliales, en particular una clase de las mismas, llamadas astrocitos por su forma estrellada, participan y regulan el flujo neuronal de una manera determinante.

¿Qué se ha descubierto sobre la actividad e importancia de los astrocitos? En primer lugar, las nuevas técnicas de estudio del cerebro han permitido averiguar que cada conexión entre las neuronas, cada sinapsis, como se conoce a estas conexiones, está rodeada, como si de un calcetín se tratara, por un brazo de astrocito que se enrolla a su alrededor. Este enrollamiento no es una mera protección, sino que el astrocito es capaz de interaccionar con la sinapsis y de intervenir en su funcionamiento, bien potenciando la conexión, bien disminuyendo su intensidad. Por tanto, los astrocitos actúan en coordinación con las neuronas para determinar la función de las sinapsis, función que es la que acaba por determinar cómo reaccionamos o pensamos ante determinadas situaciones.

No acaban ahí las funciones de los astrocitos, ya que estas células pueden comunicarse entre sí mediante señales químicas, las cuales viajan mucho más lentamente que las señales eléctricas entre las neuronas, pero que no por ello son menos importantes. Estas señales químicas pueden transmitir información de unas partes del cerebro a otras y modular así el funcionamiento de sinapsis muy alejadas.

Además, los astrocitos parecen indispensables para la creación de nuevas sinapsis y quizá para la generación de nuevas neuronas. La formación de nuevas sinapsis es indispensable para el aprendizaje y la memorización, por lo que la actividad de los astrocitos es muy importante para el mantenimiento y funcionamiento de nuestras capacidades intelectuales y cognitivas.

De hecho, existe una clara relación entre el nivel de inteligencia de una especie animal y el número de astrocitos de su cerebro. La especie humana posee la mayor proporción de astrocitos frente a neuronas del reino animal, y, curiosamente, los individuos más inteligentes dentro de esta especie, tan querida para nosotros, poseen no un mayor número de neuronas, sino un mayor número de células gliales en sus cerebros. Esto es lo que parece deducirse de la exploración de cerebros de genios confirmados, como el de Einstein. ¿Serán los Sancho Panzas gliales más importantes que los Don Quijotes neuronales?

El papel de los astrocitos en el aprendizaje se ha visto confirmado en experimentos realizados con ratas de laboratorio. Un grupo de investigadores de la Universidad de Illinois crió estos animales en tres condiciones diferentes. La primera consistió en hacerlos crecer aislados de los demás, en jaulas individuales. En la segunda condición, los animales crecieron en grupos pequeños, lo que corresponde más o menos a las condiciones estándar de laboratorio. Un tercer grupo de animales se criaron en grupo y en un entorno muy estimulante y excitante para ellos, en el que había ruedas, objetos coloreados, toboganes, etc. Un verdadero paraíso para roedores.

Tras un mes en estas condiciones, los animales se sacrificaron y se analizó la morfología y la histología de sus cerebros bajo el microscopio. Las ratas del tercer grupo mostraron importantes diferencias con las ratas de los otros dos grupos, en particular, el volumen de la corteza cerebral era mayor y estas regiones contenían… ¡menos neuronas! Era como si las células gliales se hubieran hecho más numerosas, lo cual se explica si estas células aparecen en función de la creación de nuevas sinapsis, lo que puede suceder incluso si las neuronas son menos numerosas, pero se interconectan más frecuentemente entre sí. De hecho, los investigadores también observaron que la superficie de contacto entre el astrocito y la sinapsis era mayor.

Y no acaban aquí las sorpresas. Estudios realizados en ratones de laboratorio indican que los astrocitos son capaces de eliminar las placas de proteína amiloide, las cuales son las causantes de la terrible enfermedad de Alzheimer. De confirmarse, este hecho abriría nuevas avenidas terapéuticas encaminadas a potenciar esta función particular de los astrocitos. Además, esta actividad, unida al posible aumento de astrocitos generado por la actividad intelectual, podría explicar por qué las personas con educación superior y con una vida intelectual activa tienen hasta una incidencia cuatro veces menor de la enfermedad de Alzheimer.

Investigaciones en curso están explorando si otras enfermedades mentales, como la epilepsia, podrían también verse afectadas por la función de los astrocitos. El tiempo, y la investigación, lo dirán, pero hoy ya sabemos lo suficiente como para poder decir que no pensamos, sentimos o creemos solo con las neuronas, y que si estas nos "patinan" en ocasiones, quizá lo hagan porque los astrocitos no son todo lo diligentes o eficaces que debieran. En cualquier caso, estos nuevos descubrimientos hieren mortalmente a la idea de que las neuronas son las únicas células pensantes, o las únicas que pueden "volverse locas".

21 de noviembre de 2005

Parásitos Manipuladores

¿Puede un parásito controlar nuestros deseos?

DE REPENTE, MI amiga dijo: "Vamos a ver el mar, necesito ver el mar". Supuse que, tras nuestra agitada discusión, su deseo traicionaba su necesidad de recobrar la calma, sentimiento que contemplar el mar siempre produce en los espíritus turbados. Nos dirigimos al lugar que más le gustaba, unas rocas desde las que, a menudo, los jóvenes saltaban de cabeza para bañarse.

Se aproximó al borde de las rocas y suspiró. Sin mediar palabra, sin volverse para mirarme siquiera un instante, saltó al agua. Pude ver cómo nadaba con fuerza hacia el fondo, mientras abría la boca, como si quisiera respirar el agua. Sentí que mi vida se ahogaba. Me lancé al mar y me sumergí nadando con todas las fuerzas de las que era capaz, siguiéndola hacia el fondo. Quizás lograra rescatarla. Entonces, pude ver cómo de su vagina salía un larguísimo gusano. Nadé hacia la superficie con la misma fuerza con la que unos segundos antes nadaba hacia el fondo. Nada podía hacer por su vida. El terrible parásito la había inducido al suicidio, y tarde o temprano el que yo llevaba en mi interior me induciría a cometerlo también a mí.

Los párrafos anteriores parecen extraídos de una (mala) novela de ciencia-ficción. Y, sin embargo, si usted fuera un grillo, la historia que acabo de relatar bien hubiera podido ser la suya. La vida, en su sentido más amplio, está llena de hechos más fabulosos aun que los descritos en las novelas más imaginativas.

En efecto, determinadas especies de grillos son parasitados por un gusano que crece en su interior y que, llegado el momento, induce al grillo a saltar al agua y morir ahogado. Una vez el grillo en el agua, el gusano abandona el cuerpo de su huésped por el ano, y se aleja nadando en busca de compañeros sexuales con los que reproducirse, los cuales, a su vez, han inducido el suicidio de otros grillos.

Conseguido el acoplamiento sexual, las larvas de los gusanos se fijan a la superficie de otras larvas acuáticas de insectos, las cuales, tras su proceso de metamorfosis, pasan su vida adulta y se reproducen fuera del agua. Al morir estos insectos, pueden entonces ser devorados por los grillos, que ingieren así a la larva del gusano. Éste comienza a desarrollarse en su interior y, llegado a la madurez, induce el suicidio de su huésped, manipulando de alguna manera su cerebro para incitarle a lanzarse al agua, donde el gusano consuma la siguiente etapa de su ciclo vital.

Los biólogos han descubierto otros casos en los que los parásitos inducen a sus huéspedes al suicidio, o al menos a un comportamiento peligroso que beneficia al parásito. Por ejemplo, la duela del hígado de la oveja habita los canales biliares de este animal. Se expande por el campo mediante sus heces y sus larvas habitan primero dentro de un caracol, en el cual se desarrollan. Tras esta etapa gasterópoda, las larvas invaden a las hormigas. Entonces, estos simpáticos animalillos sociales, tan trabajadores, en lugar de quedarse próximos al suelo, son atraídos por la luz del Sol y suben a lo más alto de las hierbas, donde las ovejas se los comen inadvertidamente mientras pastan. De esta manera, la larva regresa a su huésped favorito y la historia se repite.

La larva de la duela modifica alguna sustancia propia de la hormiga que afecta a su sistema nervioso, es decir, el parásito causa que la propia hormiga produzca la sustancia responsable directa de su conducta temeraria. Sin embargo, tras tres años de estudios mediante técnicas de proteómica avanzada para comprender cómo el gusano manipula a los grillos, los investigadores han comprobado que, en este caso, la manipulación del gusano al grillo es directa. En otras palabras, es el gusano el que produce la sustancia que afecta directamente al sistema nervioso del grillo y le induce al suicidio.

¿Qué sustancias son éstas? ¿Pueden también afectar a nuestro cerebro? Los investigadores han determinado que los gusanos producen una proteína muy similar a proteínas propias del grillo. Se trata de la proteína Wnt (pronúnciese uint, con acento británico, please). Los seres humanos poseemos nada menos que diecinueve genes diferentes para las proteínas Wnt, que modulan múltiples procesos biológicos, regulan la interacción celular durante el desarrollo embrionario y también participan en el desarrollo del sistema nervioso, en efecto. Las proteinas Wnt circulan por la sangre o los fluidos y llegan a las células que poseen receptores específicos en su superficie, a los cuales activan al unirse a ellos.

Muy bien, pero ¿cómo la presencia de una proteína en el sistema nervioso del grillo puede inducir un comportamiento tan específico de suicidio como saltar al agua? ¿Cómo sabe el grillo, en otras palabras, que debe suicidarse ahogándose en el agua? ¿Qué extraña y maligna fuerza resulta de la interacción de la proteína Wnt del gusano con sus receptores en las neuronas del grillo?

Los científicos han descubierto que, como siempre, la cosa no es tan misteriosa como parece. Resulta que la proteína Wnt del gusano parece modificar la llamada geotaxis del grillo, es decir, su sentido de la posición en el espacio. El grillo se ve inducido a moverse hacia abajo, justo al contrario que las hormigas parasitadas por la duela del hígado, que se mueven hacia arriba. Evidentemente, al moverse hacia abajo, es muy probable que al final el grillo acabe en el agua, que ocupa siempre los lugares más bajos de todos los parajes. Así pues, el gusano no induce un extraño y Freudiano deseo de muerte en el grillo, sino sólo el deseo de moverse en dirección descendiente. Desgraciadamente, la ciencia no permite licencias poéticas ni con los insectos.

Una vez más, nos encontramos con un ejemplo de cómo la ciencia se ocupa de resolver hasta los misterios aparentemente más banales de la Naturaleza. Sin embargo, de la comprensión de estos misterios surge un nuevo conocimiento que puede ser utilizado para incrementar nuestra salud o nuestro bienestar, aunque sólo sea, en este caso, un nuevo método para acabar con los molestos grillos cantarines, incitándoles a suicidarse en masa, para que no impidan el deleite que nos brinda la sonoridad armónica de los motores de las motos, que tan abundantemente nos acompañan en las noches de verano, y también de otoño.

28 de noviembre de 2005

El Vesubio, Herculano, Medicina y Arqueología

SOLÍAMOS SER MUY jóvenes cuando nos enterábamos de una de las desgracias más sonadas de la Antigüedad: la destrucción de las ciudades romanas Pompeya y Herculano por una erupción del volcán Vesubio. El Vesubio había estado tranquilo por más de mil años, según cuentan las crónicas, pero en el año 62 de la era cristiana un terremoto pudo ser el detonante del fin de su tranquilidad. El terremoto produjo daños importantes a la ciudad de Pompeya, que aún se encontraba reparándolos cuando, diecisiete años más tarde (un suspiro en términos geológicos), el 24 de agosto del año 79, una terrible erupción del Vesubio produjo una nube de cenizas a alta temperatura que se abatió sobre las dos ciudades, enterrándolas y acabando con la vida de unas 30.000 personas.

Pompeya era una ciudad de trabajadores y plebeyos, pero Herculano era una villa en la que los romanos importantes y ricos habían construido sus residencias para escapar del mundanal ruido y preocupaciones de la vida moderna de aquellos días. Algunos de estos romanos habían acumulado en Herculano riquezas importantes.

El Vesubio dejó enterrados estos tesoros hasta 1738, año en que comienzan las excavaciones arqueológicas en Herculano. En 1752, se produce quizá el descubrimiento más importante. Las excavaciones llegan hasta una imponente villa que dominaba la bahía de Nápoles. En ella, los arqueólogos descubren unos rollos carbonizados cuya inspección indica que se tratan de escritos sobre papiro, el material que en la Antigüedad se empleaba como soporte para la escritura.

Pronto, los arqueólogos van a descubrir que esta imponente villa pertenece a alguien que ha heredado los bienes de Lucio Calpurnio Pisón Caesonio, quien no era otro, como usted seguramente ha recordado al leer su bonito (y largo) nombre, que el suegro de Julio César, padre de la bella Calpurnia, la última mujer de éste emperador.

El propietario de esta villa, al parecer, guardaba en su interior una de las más interesantes bibliotecas del Imperio de Roma: cientos de rollos de papiro que, por fortuna, fueron carbonizados por la nube de cenizas que, a más de 300 grados centígrados, cayó sobre la ciudad ese fatídico día del año 79.

Hay que precisar que los papiros no estaban quemados, sino carbonizados, ahumados, digamos, y que de esta manera fueron preservados de una destrucción que el paso del tiempo habría causado con toda seguridad. El papiro, al ser material orgánico vegetal, hubiera acabado podrido ante los ataques de mohos, bacterias y demás organismos indeseables, enemigos mortales de la cultura antigua. Por esta razón, sólo han llegado hasta nuestros días gracias a la erupción del Vesubio, que fue afortunada en esos términos.

¿De quién eran esos papiros, quién los había escrito? Las investigaciones revelaron que Lucio Calpurnio Pisón Caesonio mantenía en su casa a un buen amigo suyo, el filósofo epicúreo Filodemo de Gadara, quién habría coleccionado los ejemplares de la biblioteca de papiros. Recordemos que la filosofía epicúrea la había fundado el filósofo Epicuro, más de doscientos años antes de la erupción del Vesubio. Este filósofo promulgaba que lo importante en la vida era la búsqueda de la felicidad y el bienestar personal, fundamentada sobre las sensaciones y las percepciones, el conocimiento y las ciencias de la naturaleza.

Volviendo a los papiros, ciertamente han llegado a nuestros días porque fueron carbonizados, pero ¿de qué vale eso si no podemos leer lo que en ellos hay escrito? Para intentar revelar los tesoros culturales que los rollos de papiro escondían, se procedió a desenrollarlos por varios métodos.

El primero de estos métodos consistió en cortar el papiro en dos, abriéndolo en dirección longitudinal para extraer desde el interior las capas enrolladas, que lógicamente se iban fragmentando en trocitos. Estos trozos se unían en orden sobre un soporte y se examinaban con lupa para intentar averiguar lo que en ellos estaba escrito.

La segunda de estas técnicas consistía en ir desenrollando el papiro de fuera hacia dentro, es decir, ir forzando con cuidado y herramientas adecuadas el desenrollado de las capas de papiro sobre un soporte para su examen posterior. Esto no era fácil y muchas partes del papiro acababan convertidas en carbonilla.

Una tercera técnica aplicaba un barniz a base de cola, de gelatina y de alcohol, para reblandecer la superficie del papiro, de la que se iba arrancando con suaves pinzas trocitos con sumo cuidado, los cuales, como se hacía con los otros métodos, se iban colocando en orden sobre un soporte, sobre el que se procedía a su examen y decodificación.

Por increíble que parezca, tras décadas de dedicación de muchos y un trabajo meticuloso y muy cuidadoso, estos métodos consiguieron revelar, al menos parcialmente, algunas de las obras de Filodemo, como sus libros "Sobre los vicios y las virtudes", "Sobre la retórica", "Sobre la piedad" y "Sobre la música". Igualmente, estos métodos consiguieron destruir para siempre otras de sus obras, o las obras de otros escritores.

La lectura y la decodificación de los papiros que se han podido ir desenrollando por estos métodos se ha visto ayudada por el empleo de varias técnicas modernas de análisis óptico, el empleo de luz de diversas longitudes de onda y el análisis del espectro reflejado por los papiros.

Sin embargo, por fortuna, la tecnología moderna va a permitir analizar y decodificar los cientos de papiros que todavía no han sido desenrollados, y sin necesidad de desenrollarlos. Todos conocemos que las técnicas de imagen médica permiten ver el interior de nuestros cuerpos sin necesidad del bisturí. Estas mismas técnicas van a ser empleadas en los papiros de Herculano, lo que podrá analizar, capa por capa, lo que estos tesoros de la cultura antigua guardan escrito.

Y esto no es quizá más que un comienzo, ya que se sospecha que Lucio Calpurnio Pisón Caesonio debía poseer una traducción en latín de las obras de su biblioteca de papiros, que están en griego. Los arqueólogos han llegado casi hasta las puertas de la estancia en la que creen se encuentra este segundo tesoro, pero riesgos de derrumbe han forzado a detener las excavaciones hasta encontrar una manera segura de llegar hasta ahí, lo que requiere, por supuesto, un aumento de la financiación de estos trabajos. De ser cierta esta hipótesis de la segunda biblioteca en latín, estas nuevas tecnologías aplicadas a la Medicina se aplicarán de nuevo a la Arqueología.

¿Qué quieren que les diga ante estas noticias? Me llenan de alegría y de satisfacción las ocasiones en las que, como en esta, las ciencias ayudan a las letras, que a su vez, tanto han ayudado a las primeras. Las dos disciplinas nunca debieron separarse, ya que en realidad son una: la búsqueda de conocimiento y la comprensión de la realidad.

5 de diciembre de 2005

Bioquímica De La Confianza En El Prójimo

La confianza en los demás es primordial para el mantenimiento de la civilización tal y como la conocemos. Un mínimo grado de confianza en los otros es necesario para el correcto funcionamiento de asuntos de la importancia (por orden creciente) de las instituciones políticas, la economía, la familia y las relaciones amorosas.

Quizá por esto, aquellos que tienen uso de emoción, que no de razón, se pasan la vida decidiendo si deben o no confiar en los demás. Para ello, emplean un sexto, o quizá séptimo sentido, un no sé qué, que les dice si una persona dada es de fiar o no. Todo parece muy psicológico, misterioso, y hasta poético.

Sin embargo, por fortuna para unos y por desgracia para otros, de nuevo aparece la ciencia para decirnos que no, que no hay nada de poético, de misterioso, nada que tenga que ver con un sexto o séptimo sentido. Que todo, apreciado lector o lectora, incluso algo tan aparentemente intangible como la confianza, es química, bioquímica, para ser precisos.

¿Cómo se ha llegado a esta conclusión tan prosaica, si puede saberse? Como para tantas otras cosas, la culpa la tienen las ratas de laboratorio. Fue estudiando a estos malditos roedores como los experimentadores se dieron cuenta de que la falta de una hormona muy conocida e importante inhibía el comportamiento maternal, mientras que su administración lo inducía. Esta hormona no era otra que la famosa oxitocina, la cual se produce por la región del cerebro llamada hipotálamo y actúa sobre ciertas neuronas, modificando su actividad.

La oxitocina es importante porque es la hormona que induce las contracciones del útero durante el parto y la secreción de leche tras el mismo. Por si esto fuera poco, la oxitocina se secreta durante el orgasmo, tanto masculino como femenino (ya les decía yo que esta hormona era importante) y facilita el transporte de los espermatozoides durante la eyaculación.

No obstante, lo que atrajo la atención de los investigadores hacia la posibilidad de que la oxitocina desempeñara un papel en las relaciones interpersonales fue, como he dicho, que era posible impedir el comportamiento maternal administrando sustancias que bloquearan la acción de la hormona. No se trataba aquí solo de amamantar a las crías, sino de lamerlas, limpiarlas y darles calor. Además, se podía inducir un comportamiento maternal a ratas vírgenes, que son muy agresivas con las crías de otras ratas, a las que pueden incluso llegar a matar y comer, administrándoles oxitocina.

Otra curiosidad de esta hormona es su simplicidad. Se trata de una molécula formada por la unión de solo nueve aminoácidos, que son los componentes de todas las proteínas, las cuales, sin embargo cuentan con cientos y hasta miles de ellos unidos entre sí. La sencillez de esta molécula, comparada con otras que se encuentran en los seres vivos, no parece proporcional a la cantidad e importancia de efectos que ejerce.

Los antropólogos, sociólogos, psicólogos y demás "logos" dedicados al estudio de las relaciones humanas no sabían nada sobre el mecanismo biológico responsable de la confianza en el prójimo. Era claro, sin embargo, que algún mecanismo biológico debía ser el responsable, ya que ningún científico, mientras hace ciencia, puede pensar que las capacidades o propiedades del ser humano, sean éstas las que sean, no tengan su origen en causas exclusivamente naturales, y no sobrenaturales, por atractivas que éstas últimas puedan parecer.

Dado que la oxitocina había demostrado poseer una influencia en el comportamiento maternal, y puesto que este comportamiento es fundamental para crear una confianza mutua madre-hijo o hija, un grupo de investigadores de la Universidad de Zúrich, de la que no hay por qué desconfiar, decidieron estudiar si la oxitocina afectaba a la confianza entre los seres humanos.

Para ello, idearon el experimento siguiente: se seleccionó a voluntarios a los que se les atribuyó el papel de inversor o de agente. El inversor recibía dinero de los experimentadores que debía invertir o no en un agente, según el grado de confianza en el mismo. Si decidían no invertir el dinero, se lo podían quedar, pero si decidían invertir una cantidad, los investigadores triplicaban el dinero invertido. Por ejemplo, si un inversor invertía 300 euros, los investigadores daban 900 euros más al agente de los había recibido. Ahora, este agente debía decidir cuánto dinero devolvía a su inversor, para hacerle partícipe de las ganancias, pero no era obligatorio que le devolviera nada. Cada individuo tenía derecho a cuatro turnos en cada papel, bien como inversor, bien como agente. El dinero ganado al final era suyo.

Los inversores se entrevistaban solo una vez con los agentes antes de decidir cuánto dinero invertían. Era claro que las ganancias de los agentes dependían de la confianza que pudieran inspirar en los inversores, y también que los inversores podrían ganar más dinero si confiaban en los agentes más honestos.

Los investigadores dividieron a los inversores y a los agentes en dos grupos. Antes de la entrevista entre el inversor y el agente, uno de los grupos recibió un spray nasal que contenía oxitocina; el otro grupo recibió un spray placebo. Ni los sujetos ni los investigadores supieron hasta el final del estudio qué grupo recibió la oxitocina y cuál recibió el placebo. Se trataba de un estudio llamado, por ello, doble-ciego.

Al analizar los resultados, publicados hace unas semanas en la revista Nature, los científicos comprobaron que el 45% de los inversores que recibieron oxitocina invirtieron la totalidad del dinero, mientras que sólo hicieron lo mismo el 21% de los inversores que recibieron el placebo. La oxitocina, por tanto, parecía aumentar significativamente la confianza de los inversores en los agentes.

¿Era esta conclusión válida? ¿No podría ser simplemente que la oxitocina disminuyera el miedo al riesgo de los inversores y, por esa razón, invirtieran más? Para eliminar esta posibilidad, los investigadores repitieron este experimento sustituyendo a los agentes por ordenadores. En este caso, los científicos comprobaron que la oxitocina no ejercía efecto alguno. Las máquinas no inspiran confianza.

¿Y si la oxitocina simplemente produjera un comportamiento más benévolo entre las personas? Para estudiar si éste era el caso, los investigadores administraron oxitocina o placebo no a los inversores, sino a los agentes. Con este simple truco, los investigadores comprobaron que los agentes que recibían oxitocina no devolvían por ello más dinero a los inversores. La oxitocina, por desgracia, no nos convierte en seres más éticos.

Así pues, la conclusión de todo esto es que la confianza en el prójimo depende de nuestros niveles de una hormona de nueve aminoácidos que ha posibilitado nuestro nacimiento, nuestra alimentación infantil y que afecta a nuestras relaciones sexuales. ¿Quién lo hubiera imaginado? La realidad desvelada por la ciencia es, muchas veces, muy superior a nuestra imaginación.

12 de diciembre 2005

Anestesia Aprendida

Es evidente que las personas poseemos un cierto control voluntario de nuestras acciones, y más importante aun, de nuestras omisiones. ¿Cuántas veces hemos querido decir a alguien lo que pensamos y, gracias al autocontrol voluntario, no lo hemos hecho?

El autocontrol para hacer o no hacer algo se refuerza mucho con el aprendizaje. A lo largo de nuestra vida hemos aprendido lo que se puede y no se puede, o no se debe, hacer. El aprendizaje es lo que nos guía para ejercer el control voluntario sobre nuestras acciones.

El aprendizaje es una fuerza muy poderosa. Se pueden aprender cosas que parecen imposibles. Pensemos, si no, en los malabaristas que voltean en el aire cinco bolas a la vez, o en los camareros llevando siete platos de jamón y queso al mismo tiempo, o en las mujeres que hacen encaje de bolillos.

Sorprendentemente, además de estas acciones voluntarias, se puede aprender a controlar también algunas funciones de nuestro cuerpo que parecen fuera de nuestro control. Por ejemplo, es hoy sabido que, tras el un adecuado aprendizaje, se puede controlar, hasta cierto punto, la velocidad del latido de nuestro corazón, el nivel de sudoración, o el tono muscular. Incluso algunos han aprendido a controlar los ritmos de las ondas de su encefalograma, lo cual, aparentemente, se puede hacer siempre y cuando podamos producir uno diferente del encefalograma plano, aunque esto –no hay sino escuchar las declaraciones de algunos en los medios de comunicación para darse cuenta– no está al alcance de todo el mundo.

Sin embargo, algo que parece imposible de aprender es el control de nuestras percepciones. Imaginemos lo siguiente: en un gran museo contemplamos un famoso cuadro de una gran belleza y colorido. El cuadro nos gusta mucho, pero aún podemos mejorarlo... sin tocarlo. Gracias a un entrenamiento especial, hemos podido aprender a modular la intensidad y el tono de los colores que percibimos. Según lo deseemos, el rojo puede así ser más granate o más rosa; el azul, más cielo, o más marino. El cuadro cambia frente a nuestros ojos, o mejor dicho, dentro de nuestros ojos, de acuerdo a nuestra voluntad. Podemos convertir ese cuadro en miles de cuadros diferentes en nuestro interior, y conseguir que cada uno de ellos nos evoque sensaciones también diferentes. Bonito, pero imposible, ¿verdad?

No tan imposible. Si nadie parece haber aprendido a modificar la percepción del color, sí es posible aprender a modificar la percepción del dolor. Al menos, esta es la conclusión de unos estudios publicados hace una semana en la revista *Proceedings of the Nacional Academy of Sciences* de los EE.UU por investigadores de las universidades de Stanford, en California, y Harvard, en Massachusetts.

Los científicos comenzaron estudiando a treinta y dos voluntarios sanos, de edades comprendidas entre los 18 y los 37 años. A cada voluntario se le aplicó un aparato en una pierna, capaz de producir un pulso de temperatura elevada que generaba dolor, y la sensación de quemadura correspondiente. Se pidió a los voluntarios que calificaran el dolor en una escala de 1 a 10, siendo un dolor de valor 10 el peor dolor que imaginarse el voluntario pueda.

Mientras se administraban los dolorosos pulsos de temperatura a los voluntarios, el cerebro de estos era estudiado mediante la técnica de resonancia magnética funcional. Con esta técnica, se pueden observar las regiones del cerebro que incrementan su actividad al efectuar una tarea o al experimentar una sensación. De este modo, los investigadores observaron que, cuando aplicaban el estímulo doloroso, la región del cerebro que más incrementaba su actividad era la correspondiente al córtex cingulado anterior, la cual se encuentra aproximadamente en la parte central del mismo.

Ocho de los voluntarios fueron entonces sometidos a una sesión de aprendizaje en la que una pantalla mostraba información sobre la actividad de su propio córtex cingulado anterior al mismo tiempo que se les aplicaban los estímulos dolorosos. Mientras contemplaban la pantalla, durante unos 40 minutos, los experimentadores pidieron a los voluntarios que intentaran incrementar o disminuir la sensación de dolor que sentían utilizando varias técnicas, como la de desviar su atención del dolor. Por increíble que parezca, al final de esta sesión de entrenamiento, los voluntarios habían aprendido a modificar la actividad de su cerebro en respuesta al mismo estímulo doloroso, que ahora calificaban de más alto o de más bajo, según hubieran aprendido a aumentarlo o a disminuirlo. Sin embargo, esta hazaña no pudo repetirla ninguno de los otros 24 voluntarios, a quienes también se pidió que intentaran modificar su sensación de dolor, pero bien no se les suministró información alguna sobre la actividad de su cerebro, bien se les proporcionó información falsa sobre la misma.

Los investigadores no se detuvieron aquí, y estudiaron también si enfermos de dolor crónico podrían beneficiarse de este tipo de entrenamiento. La respuesta es, afortunadamente, afirmativa, y los ocho pacientes de esta condición crónica estudiados experimentaron una disminución importante en su sensación de dolor cuando aprendieron a modificar su actividad cerebral en el córtex cingulado anterior.

Estos estudios pueden ser muy importantes para mejorar la percepción de dolor crónico que experimentan los pacientes de enfermedades como la fibromialgia. El dolor crónico es uno de los problemas de salud más frecuentes y también uno de los problemas clínicos más importantes en la sociedad europea, ya que ocasiona, además de un sentimiento de frustración en pacientes y profesionales, grandes costes económicos medidos en horas de trabajo perdidas y en tratamientos médicos que, hasta el momento, se revelan ineficaces.

Como siempre, habrá que esperar a que estos estudios se repitan con un mayor número de pacientes, a que se refinen las técnicas de aprendizaje y a que se perfilen mejor otros detalles, pero abren la puerta a nuevos tratamientos para el dolor crónico. Incluso podría pensarse en el desarrollo de aparatos electrónicos, de venta en farmacias, que como los que ahora pueden medir la presión sanguínea o el nivel de glucosa en sangre (¿quién lo hubiera pensado hace solo unos años?), puedan en el futuro proporcionar información sobre la actividad de determinadas zonas del cerebro, incluida la que se activa con el dolor, y permitan que eduquemos y controlemos nuestra percepción del mismo.

26 de diciembre de 2005

Evolución 2005

Como siempre que acaba un año, miramos hacia atrás, con añoranza o criticismo, para examinar qué es lo que hemos hecho (y nos han hecho) en el año que termina. La ciencia no es una excepción y, en estas fechas, los editores de las más prestigiosas revistas científicas analizan lo que el año 2005 ha deparado en lo que a descubrimientos científicos se refiere.

La revista estadounidense *Science,* por ejemplo, dedica hasta un video a lo que considera el hito científico del año: la evolución de las especies. Sí, sí, esta vieja evolución, que muchos aún consideran una mera teoría, en el año 2005 pasa a ser considerada un hecho científicamente demostrado. La secuenciación del genoma del chimpancé y las investigaciones sobre el virus de la gripe aviar son los estudios que, según *Science,* acaban de avalar la realidad de la evolución. Es evidente que los procesos judiciales que están teniendo lugar en los Estados Unidos, en los que se dirime si las escuelas públicas pueden o no enseñar la teoría del *diseño inteligente,* tienen también mucho que ver en esta elección.

El *diseño inteligente* es una supuesta "teoría" alternativa a la de la evolución de las especies para explicar las maravillas de lo viviente. Esta "teoría" sostiene que los animales y plantas son demasiado complejos como para provenir del mero proceso ciego de mutación y selección propuesto por Darwin hace ya 146 años, por lo que un *diseñador inteligente* debe haber diseñado la complejidad de los seres vivos. La identidad del *dios-eñador,* digo, *diseñador,* se deja sin especificar, pero todos sabemos a quién se refieren los defensores de esta "teoría". Hace unos días, un juez de

Harrisburg, en Pennsylvania, estado donde están ocurriendo las batallas más sangrientas entre la ciencia y la anticiencia, que no entre la religión y la antirreligión, como algunos creen, ha dictaminado que no se puede enseñar en las escuelas de ese estado la teoría del *diseño inteligente*, por carecer de fundamento científico.

¿Por qué la evolución, de entre todos los descubrimientos científicos, es tan difícilmente digerible, y es el hecho científico más atacado de la historia de la ciencia? Es fácil responder que es debido a nuestro desagrado a admitir que descendemos de ancestros más primitivos, similares a los actuales chimpancés, y a nuestro disgusto a aceptar que somos solo uno más de entre los millones de animales y plantas, por lo que no somos más especiales que lo que puede ser cualquier otra especie animal o vegetal que haya sobrevivido hasta nuestros días. Es cierto que estas y otras consideraciones similares son poderosos factores para conseguir cerrar nuestras mentes a la enorme cantidad de evidencias que apoyan la existencia de la evolución de las especies, pero, además, creo que a esto se suma la incomprensión generalizada sobre cómo funciona y qué es la evolución, y al, en mi opinión, inadecuado tratamiento que recibe en las escuelas e institutos, no solo de Estados Unidos, sino también de Europa.

Recordemos que el proceso de la evolución por selección natural postula que los organismos vivos, al reproducirse, nunca son una copia idéntica del original y acumulan pequeños cambios en sus genes que afectan a su capacidad de supervivencia. Aquellos que hayan heredado los genes con cambios más favorables en el entorno en el que viven podrán transmitirlos con más probabilidad de éxito a su descendencia. Poco a poco, la selección progresiva de los cambios genéticos producidos generación a generación produce efectos acumulativos sorprendentes, que explican toda la diversidad y adaptación al medio de lo viviente, y nos explican también a nosotros.

A pesar de su aparente sencillez, considero difícil comprender la evolución por varias razones. La primera es que es complicado visualizar un proceso que sucede en una escala temporal muy grande, que no podemos discernir con nuestra experiencia cotidiana. Es difícil entender cómo pequeños cambios que uno por uno no son nada, pueden causar con el tiempo que de un chimpancé se origine el ser humano.

A lo anterior se suma otra de las razones por las que la evolución es difícil de comprender, que se resume en que no todos los cambios genéticos son iguales, ni causan el mismo efecto. De hecho, la mayoría de los cambios no causan efecto alguno; otros, sí y muy importantes. Por ejemplo, solo una mutación en uno de nuestros genes puede hacer que nuestro cerebro sea de la talla del de un chimpancé. Es el gen de la microcefalia (cabeza pequeña). Por supuesto, una mutación en ese gen es igualmente lo que ha podido hacer que nuestro cerebro sea mucho mayor que el de ese simio. Algo similar ocurre con un gen implicado en el lenguaje. Una simple mutación impide el correcto aprendizaje del lenguaje en nuestra especie, por lo que una mutación en un gen ancestral es lo que ha podido permitir que nuestra especie hable. Así pues, cambios muy pequeños, depende de donde sucedan, pueden atribuir a aquellos que los heredan enormes ventajas, que serán transmitidas a sus descendientes.

Un aspecto relacionado con el anterior es que si los cambios genéticos suceden de forma continua, a similar velocidad, los efectos de estos pueden, sin embargo, no ser continuos para el conjunto de los seres vivos. Por ejemplo, sabemos hoy todo el proceso evolutivo seguido por los animales para desarrollar el ojo mediante cambios sucesivos, pero una vez aparecido el primer animal con el sentido de la vista, su ventaja fue tan enorme que tuvo un efecto acelerador de la evolución en todos los demás animales. La evolución no sucede siempre a la misma velocidad, y algunos cambios la aceleran.

Sin embargo, el factor que más puede influir en que nos empeñemos en buscar algo más que la evolución para explicar la belleza y adaptación a su medio de los animales que vemos en los documentales de la televisión, es que solo nos acompañan los ganadores de un larguísimo proceso, pero no aquellos que han perdido la batalla de la supervivencia. Evidentemente, si viéramos reunidos en un hotel a los mejores deportistas del mundo en varias disciplinas, no podríamos suponer, en principio, que han llegado allí por azar. Claro que si supiéramos que aquellos que están en ese hotel son quienes han ganado un premio por ser los mejores, todo tendría otro sentido. En el caso de los seres vivos, el premio es la supervivencia. Están en el hotel de este planeta Tierra los que han sobrevivido, los que por millones y millones de años se han adaptado a un entorno cambiante. No es de extrañar que sean los mejores, los más maravillosos, los más sorprendentes, los más astutos, los más inteligentes. No es de extrañar que uno de los ganadores sea tan maravilloso como el ser humano.

2 de enero de 2006

Mamas y Madres

Una de las promesas de la nueva medicina regenerativa es la de poder reconstituir un órgano dañado mediante el empleo de células madre del propio paciente, convirtiéndolas en células adultas de ese órgano para regenerar así su función. De poder llevar a cabo esta proeza, serían necesarias menos donaciones de órganos y el mayor inconveniente de los trasplantes, su rechazo, quedaría resuelto. El problema del rechazo a los trasplantes no está completamente solucionado y, aunque se consigue que inicialmente el organismo acepte un órgano extraño, al cabo de unos años es finalmente rechazado y se hace necesario un nuevo trasplante. Esto no sucedería si el órgano fuera derivado de las propias células madre de un paciente.

Para hacer realidad esta promesa, es necesario primero averiguar si existen células madre de órganos determinados. Si no deseamos realizar clonaciones de ética discutible, lo ideal sería que, al menos en algunos casos, pudiéramos identificar las células madre de órganos como el hígado, el corazón, el riñón, y las pudiéramos "convencer" para crecer y diferenciarse a células adultas de esos órganos.

A falta de células madre adultas de órganos concretos, los investigadores se han puesto a trabajar con las células madre de la médula ósea, capaces de generar todas las células de nuestra sangre. En algunos casos, los científicos han conseguido que esas células madre se conviertan en células adultas diferentes de las células sanguíneas. Por ejemplo, en ensayos clínicos se ha comprobado que, inyectadas en el corazón de pacientes infartados, algunas células madre de la médula ósea se convierten en células cardiacas y ayudan así a regenerar la lesión causada por el infarto.

Sin embargo, la búsqueda de células madre de otros órganos se ha revelado elusiva. No es de extrañar, cuando consideramos que encontrar una célula madre en un órgano es como buscar la aguja en el pajar. La cosa se complica más aun si no estamos seguros de que en el pajar haya aguja alguna, es decir, si no sabemos con certeza que entre los millones de células de un órgano adulto se encuentran algunas pocas células madre capaces de regenerarlo.

Afortunadamente, no todos los órganos son iguales en su capacidad para revelarnos si poseen células madre o no. Por ejemplo, la glándula mamaria es un órgano muy buen candidato para poseer células madre. La razón es que este órgano se desarrolla a partir de la pubertad, y debe hacerlo a partir de células ya presentes en el organismo. Por otra parte, es de todas conocido que las glándulas mamarias crecen durante el embarazo y la lactancia, lo que también sugiere la presencia de células madre que se desarrollan y diferencian a células mamarias adultas en esos momentos.

En efecto, ciertos estudios habían demostrado, en animales, que la glándula mamaria podía regenerarse completamente mediante un trasplante de fragmentos de tejido de esa glándula. Estos estudios demostraban, pues, la existencia en el tejido mamario de células capaces de crecer y de diferenciarse a las células de una glándula mamaria adulta, capaces de generar su estructura y de producir leche.

Merecía la pena intentar encontrar esas células. Es lo que se propusieron y ahora han conseguido un grupo de investigadores australianos y canadienses que publican sus resultados en el número de la revista *Nature* aparecido el pasado 5 de enero.

¿Cómo han encontrado estos investigadores la aguja madre en el pajar de la glándula mamaria? En principio, si las células madre fueran diferentes de las demás en alguna propiedad obvia, no sería difícil encontrarlas. Por ejemplo, si las células madre fueran de color azul, mientras que las adultas fueran de color blanco, bastaría con explorar las células al microscopio y seleccionar las azules para conseguirlo.

Desgraciadamente, el mundo de las células madres no es de color azul y las células madre son muy similares a las adultas. Sin embargo, los investigadores sabían que las células madre pueden distinguirse de las adultas aprovechando el diferente conjunto de moléculas que presentan en su membrana, mediante su identificación por medio de la unión de anticuerpos monoclonales específicos para dichas moléculas.

Los anticuerpos pueden ser químicamente modificados para unirlos a moléculas que les confieren color. Al añadirlos así modificados a las células que presentan las moléculas a las que se unen, marcan a dichas células con su color. Mediante el empleo de instrumental sofisticado, los investigadores pueden ahora separar a las células que tienen unido el anticuerpo en su superficie de las que no lo tienen, identificando a las células por el color que les confiere el anticuerpo que llevan unido.

Utilizando esta estrategia, los científicos aislaron una serie de diferentes células mamarias y confiaron en que una de ellas fuera la célula madre mamaria que buscaban. Para averiguarlo, inyectaron esas células en ratones a los que se había extirpado las glándulas mamarias y observaron si estas se regeneraban. Así fue con una de las clases de células que consiguieron.

Los investigadores no se conformaron con esto, y estudiaron cuántas de estas células eran necesarias para reconstituir una mama. Se quedaron tan sorprendidos como nos quedamos ahora nosotros al comprobar que una sola célula madre inyectada era capaz de reconstituir una glándula mamaria completa.

Estos resultados son muy prometedores para conseguir un día reconstituir una mama extirpada como consecuencia de un cáncer, por ejemplo. Sin embargo, las cosas no son tan fáciles, ni tan bonitas. Los científicos sabían que una de las hipótesis que se barajaban para explicar la diferente incidencia de cáncer de mama entre las mujeres era que las de mayor riesgo podían contener mayor cantidad de células madre que las que presentan un riesgo menor. Esto, se pensaba, era debido a que las células madre, con su mayor capacidad para crecer, podían convertirse más fácilmente en células tumorales. Una vez identificadas las células madre mamarias, era fácil averiguar si esta hipótesis era cierta. Para ello, analizaron la cantidad de células madre presentes en muestras de tejido mamario de ratones y comprobaron que aquellos animales con mayor probabilidad de desarrollar cáncer tenían, en efecto, hasta cuatro veces más células madre de lo normal.

Es la primera vez que se consigue reconstituir un órgano completo en un animal a partir de una sola célula. Son resultados espectaculares y prometedores. Además, proporcionan también una idea del riesgo de desarrollo de cáncer que puede conllevar la reconstitución potencial de órganos a partir de sus células madre, una información que es vital para maximizar los beneficios terapéuticos y minimizar los riesgos y efectos secundarios. Una vez más, la buena investigación nos pone en el buen camino.

9 de enero de 2006

Ladrones De Prestigio

No bien se ha calmado el revuelo causado por la noticia de que la mayoría de los resultados publicados en la revista *Science* por el equipo surcoreano dirigido por el doctor Woo Suk Hwang, quien dijo haber clonado embriones humanos y extraído células madre de los mismos, son falsos, se ha conocido el caso de otro fraude científico del investigador noruego, Jon Sudbø. Este investigador se hizo el sueco y consiguió publicar, en la prestigiosísima revista médica *The Lancet*, un "estudio" en el que se inventó el estilo de vida y la incidencia de cáncer asociada de no menos de novecientas personas. Está claro que, casi en todos los casos, es más fácil realizar "estudios" imaginarios que estudios imaginativos.

El asunto es tanto más preocupante cuando sabemos que estos autores no publican estos trabajos solos, sino con no menos de doce o trece coautores, quienes supuestamente colaboraron en los estudios, o cuando menos, leyeron el artículo antes de ser enviado para su publicación. ¿Cómo es posible que sucedan estas cosas en la ciencia? ¿Qué motiva a estos científicos, que supuestamente intentan descubrir la realidad, a mentir y a inventarse esa realidad? ¿Cuál es la responsabilidad de los editores de esas prestigiosas revistas que se dejan engañar como ... ya no es políticamente correcto, ni realista, decir chinos?

En primer lugar, es conveniente entender que los resultados científicos, antes de ser publicados, son examinados por otros expertos en la materia. Este examen, más que ir encaminado a averiguar si han hecho realmente los estudios que afirman, se encamina a comprobar que es lógicamente legítimo derivar las conclusiones a partir de los datos experimentales en las que esas conclusiones supuestamente se apoyan. Los expertos, que son a su vez investigadores en activo, no pueden desplazarse cual policías a los laboratorios para examinar los cuadernos de datos y comprobar que, en efecto, existe evidencia de que los estudios se han realizado.

Así pues, la revisión de los expertos se basa en la confianza mutua. El científico que examina el estudio antes de dar luz verde o no para su publicación, debe confiar en que sus colegas han efectuado realmente los estudios, y han obtenido realmente los resultados que describen. A partir de ahí, la labor del experto es la de asegurarse que las conclusiones se derivan legítimamente de las premisas y, si no es así, rechazar el artículo para su publicación, o sugerir estudios adicionales necesarios para apoyar más sólidamente, o invalidar definitivamente, esas conclusiones.

En esta situación, resulta evidente que algunos científicos, conocedores de su tema de investigación y de lo que sería importante descubrir, pueden inventarse unos estudios en los que se presente evidencia de ese supuesto descubrimiento que la comunidad científica tanto anda buscando. Existen ejemplos bien sonados, además de los que he mencionado, como el famoso fraude del hombre de Piltdown, un supuesto fósil del "eslabón perdido" entre los simios y el ser humano que, convenientemente, era inglés. Este supuesto fósil resultó ser una hábil combinación de huesos de cráneos de dos miembros de una tribu de la Patagonia y la mandíbula de un orangután. Ni siquiera el orangután era británico.

No obstante, ¿por qué iba nadie a inventarse un estudio espectacularmente falso y suponer que podrá engañar con él a toda la comunidad científica, siempre? Aquí es donde entra el factor humano de todo científico y de la propia ciencia, actividad de lo más humano que encontrarse pueda. Los científicos, hoy en día, no son esos apacibles señores de barba blanca que se refugian del mundo en sus recónditos laboratorios. Son hombres y, afortunadamente para todos, cada vez más mujeres, que se encuentran sometidos a una gran presión por obtener resultados, cuanto más extraordinarios, mejor. Son estos resultados los que pueden permitir la solicitud de patentes y la obtención de grandes beneficios, y son estos resultados los que les permitirán solicitar más dinero para financiar sus ambiciosos proyectos.

Sin embargo, sería un grave error considerar que los científicos lo son por dinero. Les puedo asegurar que eso no es así, y menos en el país en el que nos encontramos, país en el que solo recientemente el científico ha dejado de ser considerado un ser extraterrestre. Evidentemente, esto no quiere decir que algunos científicos no pretendan hacerse ricos, pero no creo que esto sea la regla.

Sin embargo, tampoco creo cierto que los científicos dediquen sus desvelos a mejorar la Humanidad solo motivados por puro altruismo. Y es que junto a la economía del dinero real, convive otra a la que los científicos, y también muchos otros profesionales, son muy sensibles: la economía del prestigio. Se trata aquí de una economía en la que la motivación para el trabajo proviene de conseguir un algo intangible, que no sirve para comprar yates o coches de lujo, pero que proporciona satisfacción emocional al que lo consigue: respeto y admiración por sus colegas, prestigio, en suma. No hay que subestimar esta fuerza motora de la economía, que motiva cada día a miles de personas a las que no podría pagarse con dinero el trabajo que realizan. Entre esas personas, se encuentran, sin duda, la mayoría de los científicos, que se creen tan listos los pobres, pero que a menudo trabajan a destajo para alcanzar una zanahoria frente a sus ojos que ni siquiera existe.

El intento de robar prestigio, quizá la ilusión de alcanzar la inmortalidad misma, es lo que origina que algunos científicos traicionen el valor más preciado de la empresa científica: la búsqueda de la verdad, la comprensión del mundo. Estos defraudadores científicos, sin embargo, confían en un espejismo: engañar eternamente al resto de científicos, y a la misma empresa científica.

Esto es, simplemente, imposible. La actividad científica está construida de tal manera que, si bien evitar que se produzcan fraudes es muy difícil, también lo es que, a la larga, los fraudes no sean descubiertos. Como en toda actividad humana, en la ciencia tenemos que soportar a individuos deshonestos, faltos de ética, o manipuladores, pero ellos nunca serán capaces de frenar el progreso del conocimiento y de impedir que la

Humanidad, poco a poco, acabe descubriendo los secretos del universo en el que vive. Si podemos desconfiar de algunos científicos tomados uno a uno, es un error desconfiar de la ciencia. Creo que la historia ha dejado esto suficientemente claro.

23 de enero de 2013

Geometría Mundurucú

Hace unos meses dedicaba estas líneas a las capacidades matemáticas innatas de la tribu amazónica de los Mundurucús, una etnia que habita allá por el Amazonas, y que cuenta con unos siete mil miembros que solo saben contar hasta cuatro. El lenguaje de esta gente, tan despreocupada por la economía, no dispone de palabras para números superiores a cuatro y, tras llegar a esa cantidad, se ven obligados a usar palabras como "un puñado" o "un montón". Parece como si los Mundurucús solo se preocuparan por contar con precisión a los verdaderos amigos.

Los antropólogos que estudian esta etnia apartada del primer pecado capital han comprendido que el análisis de sus cualidades cognitivas puede decirnos mucho sobre nuestras capacidades innatas, es decir, sobre aquello que sabemos, pero que no depende de que nos lo hayan enseñado. Fue el filósofo Kant quien contradijo la idea de que nuestro cerebro al nacer era una tabla rasa. Antes de su contribución, algunos filósofos defendían que llegábamos a este mundo sin conocer absolutamente nada, con el cerebro totalmente vacío, y debíamos aprenderlo absolutamente todo. Aunque gracias, entre otras cosas, a la televisión y a las videoconsolas, algunos consiguen mantener el cerebro más hueco que un tubo catódico, Kant demostró que no nacemos con el cerebro vacío, sino que este llega al mundo equipado con, al menos, lo necesario para interpretarlo.

El estudio de los Mundurucús puede ayudarnos a averiguar con qué tipo de conocimientos, o quizá deberíamos decir intuiciones, llegamos equipados a este mundo. Los Mundurucús no van a la escuela, ni disponen de libros, reglas, compases, o calculadoras. Tampoco disponen de videoconsolas y televisión, por lo que es casi seguro que aquello que contenga su cerebro al nacer lo seguirá conteniendo a medida que su vida se desarrolle.

Por estas razones, es interesante averiguar qué saben de matemáticas los Mundurucús, porque es probable que lo que sepan sea innato. Su estudio ya nos ha revelado, como expliqué en su momento, que contar números superiores a cuatro, y dar nombres a esos números, fue algo inventado por alguna mente brillante, o enferma, según se mire. Esta invención pasó a formar parte de nuestra cultura y es algo que debemos aprender; no nacemos con ello.

Tras aclarar la cuestión de la aritmética innata, los antropólogos decidieron abordar el enigma de la geometría. Los Mundurucús tampoco disponen en su vocabulario de palabras para conceptos tales como "triángulo rectángulo" o "líneas paralelas". La pregunta es: ¿conocen estos y otros conceptos geométricos los Mundurucús, a pesar de no poseer palabras para denominarlos?

Para averiguarlo, los experimentadores, que son precisamente cuatro, tal vez para no estresar matemáticamente a los Mundurucús, sometieron a estos a varias pruebas cognitivas de su invención. En una de ellas, se presentaba a los Mundurucús, tanto niños como adultos, una serie de fichas que contenían seis figuras geométricas. Cinco de esas figuras eran coherentes e ilustraban un determinado concepto geométrico, mientras que la restante era diferente de las demás, precisamente en la cualidad geométrica representada por las otras cinco. Los Mundurucús debían elegir la figura discordante, si eran capaces de averiguar cuál era, claro.

Esto no era tan fácil como puede parecer, ya que las fichas habían sido diseñadas para que hubiera más de una discordancia entre las figuras. Por ejemplo, si se presentaban seis rectángulos, cinco de ellos blancos ("vacíos") y uno negro ("lleno"), los rectángulos blancos eran diferentes entre sí en tamaño y orientación, pero al menos uno de ellos era igual al negro en estas cualidades. Si los Mundurucús dieran más importancia a la discordancia entre tamaños que a la discordancia entre lleno y vacío, no elegirían el rectángulo negro, como seguramente haríamos nosotros. Si los

Mundurucús comparten con nosotros los mismos conceptos geométricos, sin embargo, deberían inferir el concepto representado en cada ficha y elegir la figura correcta.

Y bien, todos los participantes, tanto niños mayores de 6 años como adultos, eligieron las figuras correctas un número de veces muy superior al que se podría esperar si las hubieran elegido al azar, o si hubieran aplicado conceptos geométricos diferentes a los nuestros. Los Mundurucús demostraron poseer conceptos relacionados con la topología (conexiones entre formas de los cuerpos), con la geometría Euclídea (líneas, puntos, paralelismo, ángulo recto...) y aquéllos relacionados con las figuras geométricas básicas (círculo, cuadrado, triángulo...). Sin embargo, los Mundurucús demostraron no ser muy capaces de comprender transformaciones geométricas, por ejemplo, averiguar si las imágenes especulares de dos triángulos representan o no al mismo objeto.

Para asegurarse de que los conceptos geométricos representados por las fichas que se mostraba a los Mundurucús eran de validez general, se sometió también a niños y adultos estadounidenses a las mismas pruebas para comprobar si estos lo hacían al menos tan bien como los Mundurucús. Los resultados demostraron que los niños estadounidenses respondían de manera similar a los Mundurucús, tanto niños como adultos, pero los adultos estadounidenses lo hacían bastante mejor.

Otras pruebas demostraron también que los Mundurucús pueden utilizar información simbólica, en mapas o dibujos que representan diversas topografías diseñadas por los investigadores, para localizar objetos escondidos. De nuevo, en esta capacidad, los Mundurucus niños y adultos demostraron hacerlo de manera similar a los niños estadounidenses, aunque peor que los adultos de esta nacionalidad.

Estos resultados nos conducen a varias conclusiones sobre la especie humana. La primera es que no parece que, como mantenía el gran psicólogo Jean Piaget, los conceptos geométricos evolucionen a lo largo de la vida desde la topología a la geometría Euclídea, sino que todos los seres humanos poseemos una serie de conceptos geométricos básicos con los que nacemos y con los que vivimos si no recibimos otra educación. Sin embargo, menos mal, la educación, incluso la recibida en las escuelas de los

Estados Unidos, puede mejorar y perfeccionar significativamente esos conceptos.

No hay ya duda, la educación es la única fuerza capaz de hacernos cambiar la mente cuadriculada con la que nacemos. El problema es que muchas veces la educación se utiliza para cuadricularnos aun más.

30 de enero de 2006

Motores a Metalina

EL AÑO 2005 ha sido el más caluroso desde que se recogen datos de la meteorología del planeta, allá por el año 1880. El segundo año más caluroso fue 1998; el tercero, 2002; el cuarto, 2003; el quinto, 2004. La década de los 90 fue igualmente la más calurosa del pasado siglo. Es claro que estos últimos años son atípicamente calurosos. Además, en el año 2005 nos quedamos sin letras en el alfabeto latino para bautizar a los huracanes y tormentas tropicales, y tuvimos que utilizar letras del alfabeto griego, nunca antes utilizadas para estos menesteres. La devastación causada por los huracanes batió también un trágico record. Todos recordamos a Katrina y a Wilma.

Parece claro que el clima está cambiando y lo está haciendo rápidamente. Menos claras son, sin embargo, las causas de este cambio. No obstante, el 75% de las publicaciones científicas que tratan sobre el cambio climático atribuyen este a la actividad humana y, sobre todo, a la emisión de gases de efecto invernadero, en particular el CO_2.

Así las cosas, cada vez es mayor la presión de los expertos y la opinión pública para que comencemos a limitar de una vez y seriamente la emisión de dichos gases a la atmósfera. Claro que esto es fácil de decir, pero difícil de conseguir, teniendo en cuenta los enormes intereses económicos que giran en torno a la industria petrolífera y a la necesidad de mayores cantidades de energía para el desarrollo económico de países emergentes, entre ellos países de la talla de China e India.

Además, la decisión de utilizar la combustión de derivados del petróleo como fuente de energía para el transporte ha generado toda una industria y tecnología encaminadas a mejorar la eficiencia de los motores de gasolina y diesel. Esto ha retrasado el desarrollo de motores basados en otros tipos de combustión, por ejemplo, los motores de hidrógeno.

Los motores de hidrógeno, y una tecnología energética basada en este gas, son una alternativa atractiva para limitar la emisión de CO_2. Al fin y al cabo, la combustión del hidrógeno solo produce vapor de agua, por lo que si fuera posible desarrollar motores de hidrógeno estos no serían contaminantes con gases de efecto invernadero.

Desarrollar este tipo de motores está a nuestro alcance. El problema mayor no es el motor, sino cómo gestionar la producción, almacenaje y distribución de su combustible. El hidrógeno es un gas de peligroso manejo, y del que se necesitan mayores cantidades que de gasolina o gasoil a igualdad de rendimiento energético. La autonomía de los vehículos se vería limitada, y la seguridad de un llenado de depósito comprometida, a menos que se desarrollen nuevas tecnologías de difícil realización.

Afortunadamente, la tecnología siempre explora varias avenidas, y una de estas es la investigación de motores que utilicen metales como combustibles. Sí, sí, metales, lo ha leído usted bien. La combustión de los metales es posible, de hecho, puede comprobarla usted mismo en su casa acercando con cuidado una llama a una pequeña cantidad de papel de aluminio. Comprobará, si no lo ha hecho ya antes, que el papel de aluminio arde incluso mejor que el papel de celulosa, y además, despide mayor cantidad de energía por gramo que el primero. De hecho, despide más cantidad de energía a igualdad de volumen que la gasolina.

No obstante, una cosa es quemar un poco de papel de aluminio, y otra realizar la combustión de este u otro metal en el interior de un motor. Sin embargo, los químicos son gente ingeniosa y creativa, y saben cómo abordar problemas aparentemente imposibles.

Ya a principios de los años 80 del pasado siglo, el químico e ingeniero Solomon Labinov modificó un motor de combustión para que pudiera soportar las elevadas temperaturas necesarias para la combustión de hierro en polvo. Si la gasolina necesita entre 900°C y 1.500°C para una buena combustión, el polvo de hierro necesita de unos 2.200°C.

Las pruebas con este motor no fueron satisfactorias. A pesar de que Labinov utilizó las partículas de hierro más finas disponible entonces, de solo micrómetros de diámetro, su combustión no era completa ni a esa temperatura. El óxido de hierro que se formaba no podía vaporizarse con eficacia y acababa por bloquear los cilindros del motor.

Labinov abandonó su idea hasta el nacimiento de la nanotecnología. Ahora, nuevos procedimientos permiten preparar partículas de hierro, o de otros metales, no de micrómetros, sino de nanómetros de diámetro, es decir, mil veces más pequeñas que las anteriores. Estas partículas pueden ahora combinarse con el oxígeno mucho mejor y a mucha menor temperatura que las micropartículas disponibles en los años 80. Los motores de "metalina", como doy en llamar a ese nanopuré metálico combustible, son ahora posibles.

¿Qué ventajas ofrecen estos motores? En primer lugar, la combustión de los metales no despide CO_2. En segundo lugar, por litro de nanopartículas metálicas se obtiene el doble de energía que por litro de gasolina. En tercer lugar, y esto es lo interesante, el combustible puede reciclarse utilizando, precisamente, hidrógeno. Procesos catalíticos que incluso podrían realizarse en el propio vehículo, aprovechando los óxidos metálicos expulsados por el motor y el calor generado por este, permitirían reducir de nuevo el metal a su estado inicial, separándolo del oxígeno que se combinaría con el hidrógeno para dar lugar a agua. Este proceso podría también llevarse a cabo en estaciones de servicio, popularmente llamadas "metalineras", donde los vehículos se dirigirían para descargar sus desechos de óxidos metálicos y cargar el depósito con metalina fresca. El resultado final de este proceso sería la combustión de hidrógeno para dar lugar a agua. Todo ello sin emisión de gases contaminantes.

Si piensa usted que todo esto es pura fantasía tecnológica, está usted muy equivocado. Los motores de metales están ya operativos y se tiene previsto equipar con ellos a vehículos espaciales con destino a Marte en un futuro próximo. Tenga además en cuenta que la misión de la ciencia y de la tecnología ha sido y es convertir en realidad lo que todo el mundo ha tenido por imposible.

No sé si los motores del futuro serán de metalina, de hidrógeno, eléctrico-solares o de algo que ni siquiera hemos aún imaginado, pero lo que espero es que no sean ya de gasolina o gasoil y que la Humanidad, por fin, aprenda a utilizar energías renovables y limpias que eviten tanto el calentamiento global de la atmósfera, como el enfriamiento de la economía.

6 de febrero de 2006

Esperar Lo Malo Es Peor

Si EXISTE UNA ciencia popular, de la que todo el mundo habla, opina y cree saber, esta es la psicología. Como cada cual tiene que copar con sus sentimientos, y los maneja como puede o sabe, se cree siempre con derecho a opinar sobre prácticamente cualquier aspecto psicológico con que pueda encontrarse. Al fin y al cabo, todos hacemos de psicólogos con familiares, amigos, e incluso con animales de compañía, por no hablar de nuestras parejas, si las tenemos. Todos luchamos contra la depresión, la ansiedad, la angustia vital, la mala leche… casi todos los días, por lo que la vida nos ha hecho expertos psicólogos, claro está.

La psicología popular cree que ante un examen, una prueba, un obstáculo que debamos superar, lo ideal es esperar el fracaso. De esta manera, si cumplimos nuestra profecía y fracasamos, no nos sentiremos tan miserables y despreciables. Si, al contrario, tenemos éxito, nos llevaremos una gran alegría y aumentaremos nuestra autoestima, porque habremos confirmado nuestra valía, incluso contra el más seguro de los pronósticos, el nuestro propio.

Sin embargo, una cosa es lo que se cree y otra lo que es. Y para distinguir lo que es de lo que parece y tan fácilmente tendemos a creer, la Humanidad ha desarrollado una herramienta fantástica, aún no superada por ninguna otra: el método científico. Este método permite estudiar los sucesos de manera objetiva, y confirmar o refutar nuestras hipótesis. En este caso, el método científico ha permitido establecer, de una vez por todas, si esperar lo peor es mejor o es peor que esperar lo mejor. ¿Es lo mejor enemigo de lo bueno y lo peor amigo de lo malo? Mejor lo aclaramos a continuación.

Para confirmar o refutar si esperar el fracaso es emocionalmente más prudente que esperar el éxito, Margaret Marshall, de la Universidad de Seattle Pacific, y Jonathon Brown, de la Universidad de Washington, también en Seattle, sometieron a ochenta estudiantes universitarios a varias pruebas. En primer lugar, les hicieron pasar un test que medía su disposición general sobre la vida, clasificándola bien en optimista, bien en pesimista. A continuación, los estudiantes respondieron a una serie de pruebas moderadamente difíciles en las que debían asociar entre sí palabras de acuerdo a determinados criterios definidos por los experimentadores. Tras comunicar a los estudiantes los resultados que habían obtenido, se les pidió que expresaran lo optimistas o pesimistas que se sentían sobre su capacidad para superar un segundo test de similar dificultad. Por supuesto, hubo quienes fueron optimistas y quienes fueron pesimistas al respecto.

No obstante, si participas en un experimento psicológico, conviene no confiar demasiado en los experimentadores, porque su intención es sorprenderte con lo que no esperas. Los estudiantes nunca tuvieron la oportunidad de repetir un test de dificultad similar al primero, porque para la mitad de los estudiantes, el segundo test fue claramente más fácil, y para la otra mitad, claramente más difícil. De esta manera, los experimentadores se aseguraron de que la mitad de sus sujetos de estudio lo harían mejor de lo que esperaban y la otra mitad, peor.

Tras realizar este nuevo test, los estudiantes rellenaron un cuestionario en el que respondieron cómo se sintieron al conocer sus resultados. Evidentemente, ahora teníamos cuatro clases de estudiantes: los que predijeron que lo iban a hacer bien y lo hicieron bien mejor, bien mucho peor de lo que pensaban, y los que predijeron que lo harían mal y lo hicieron bien peor, bien mucho mejor de lo que suponían, según la dificultad del test que les tocó en suerte.

Los resultados de este cuestionario indicaron que los estudiantes que esperaban hacerlo mal y así lo hicieron se sintieron peor, bastante más deprimidos, que los estudiantes que esperaban hacerlo bien, pero también lo hicieron mal. Parece que esperar hacerlo mal no protege de los efectos negativos si esa suposición se hace realidad. Al contrario, puede incluso exacerbar el sentimiento de miseria que experimentamos. La sabiduría popular no parece ser tan sabia como creíamos.

Estos resultados sugieren que nuestra reacción cuando nos sentimos decepcionados depende, cómo no, del color del cristal con el que miramos la vida. Aquellos que la miran a través de un cristal color de rosa se sienten mejor, incluso cuando fracasan, que quienes tienen éxito, pero la miran a través de un cristal gris oscuro.

Lo curioso es que estos estudios indican también que los optimistas rosados, en general, tienden a no asumir responsabilidad por sus fracasos (aunque me temo que se atribuirán todo el mérito de sus éxitos), mientras que los pesimistas grisáceos tienden atribuirse más responsabilidad de la que les corresponde por sus fracasos, (y seguramente son tan prudentes que no se atribuyen todo el mérito de sus éxitos). Unos y otros se engañan a sí mismos, pero en direcciones opuestas.

Sin embargo, dicen estos investigadores, ser optimista no es siempre positivo; ni ser pesimista, negativo. Los optimistas exagerados tienden a no evaluar correctamente los signos de aviso de que algo grave puede suceder en sus vidas, como ser despedidos de su trabajo o abandonados por sus parejas. Al contrario, ser pesimista, en ocasiones, puede motivarnos para intentar mejorar nuestras perspectivas de éxito.

Sea como fuere, lo que no aclara este estudio es por qué algunos son pesimistas y otros optimistas. ¿Qué características innatas o aprendidas conforman nuestro carácter para convertirlo en un cristal de color rosa o de color gris? Es posible que, además de los genes que heredamos, de los que está demostrado que algunos afectan significativamente a nuestra manera de ser, las experiencias vitales nos enseñen a sentirnos, bien optimistas, bien pesimistas. La ciencia, en cambio, nos dice que lo más adecuado y lo más próximo a la realidad es no inclinarnos ni de un lado ni de otro, a pesar de lo que hayamos podido aprender de la vida. Mantener el equilibrio, el término medio, es lo mejor. Ya lo decía Aristóteles, pero aunque estuviera en lo cierto, no lo había demostrado científicamente. Esto lo hemos podido conseguir solo en nuestros días, gracias al avance de las ciencias y al uso del método científico.

13 de febrero de 2006

Ciencia y Consecuencias En La Reproducción Asistida

El Congreso de los Diputados ha aprobado recientemente el proyecto de Ley de Reproducción Asistida. La ley recoge cambios importantes que, a mi juicio, potencian la libertad de los ciudadanos para elegir, en buen uso de su conciencia, un curso de acción que puede afectar de manera muy importante su vida y la vida y salud de sus hijos. Sin embargo, en aras a usar adecuadamente el nuevo instrumento legal del que nos hemos dotado, conviene que estemos informados de las consecuencias, positivas y negativas, de su uso. Esto no se consigue sabiendo de leyes, sino sabiendo de ciencia, y de medicina.

La nueva ley amplía el número de óvulos que pueden extraerse y fecundarse in vitro, es decir, en el laboratorio u hospital, lo que tiene un serio impacto en la probabilidad de éxito de quedarse embarazada, que es lo que pretenden las mujeres que han decidido usar este método de reproducción, el cual, no cabe duda, es mucho menos placentero que el convencional. Sin embargo, no cabe duda, el aspecto más controvertido de la nueva ley es la posibilidad de seleccionar genéticamente embriones e implantar en el útero aquellos que puedan ser donantes de células madre compatibles con su hermano enfermo. Esta donación es la que permitirá curarle de una enfermedad genética heredada de sus progenitores, quienes, aunque sanos, son portadores sin saberlo de genes mutados que transmitieron a su hijo o hija.

¿Cómo se lleva a cabo esta selección? En primer lugar, se deben extraer óvulos de la madre y fecundarlos in vitro con espermatozoides del padre. El embrión así formado se deja desarrollar hasta el estadio de ocho o dieciséis células. Llegado a este punto, se extraen una o dos células del mismo, las cuales se utilizan para el análisis cromosómico y genético, y el embrión se congela a la espera de los resultados.

Los embriones analizados pueden resultar ser enfermos, es decir, haber heredado de sus progenitores los genes defectuosos de la enfermedad que se trate; pueden ser portadores de un gen defectuoso, y disponer del otro sano; o pueden haber heredado los dos genes sanos. Al mismo tiempo, el embrión puede resultar ser compatible o no con el sistema inmune de su hermano mayor, nacido enfermo.

En el caso de conseguir uno o más embriones sanos y además compatibles con el hermano enfermo, esos embriones serían descongelados e implantados en el útero materno para permitir su desarrollo hasta el nacimiento. En ese momento, se extraerían células madre de su cordón umbilical que se implantarían en el hermano enfermo para que se desarrollaran en él y reconstituyeran su sistema inmune y hematopoyético (el que produce las células de la sangre), cuyos defectos son, sobre todo, los causantes de las enfermedades que se pretenden curar de este modo.

Como con cualquier procedimiento médico, todo esto no está exento de problemas. Es siempre posible que la extracción de una o dos células del embrión antes de su implantación pueda acarrear efectos perniciosos en el desarrollo, y nos encontremos con un segundo hijo enfermo por otras causas que, paradójicamente, pueda curar al primero, aunque un tercer hijo quizá no pueda curarle a él. Esto, afortunadamente, no es muy probable que suceda, pero el riesgo cero, por desgracia, no existe.

Por supuesto, tenemos que analizar también los problemas éticos derivados del uso de estas tecnologías. Y no me refiero aquí a problemas éticos relacionados con una u otra consideración religiosa, sino puramente derivados de consideraciones racionales. El filósofo Kant ya expresó claramente que es bueno, y racional, no tratar a nadie como un medio para otro, sino como un fin en sí mismo. A nadie le gusta que le utilicen. En el caso de la selección de un embrión para curar a su hermano, cabe preguntarse si ese nuevo ser no nace solo con la misión de servir de terapia para otro, es decir, si se le desea no como un fin en sí mismo, sino como un medio. Evidentemente, es esta una cuestión a la que las parejas que tengan la desgracia de encontrarse en esta desafortunada situación deberán dar respuesta. Al fin y al cabo, son ellas las que tendrán que responder, primero y sobre todo, de sus decisiones ante sus hijos, en particular, ante el hijo seleccionado para sanar a su hermano.

No obstante, para saber a qué posibles cuestiones deberemos responder, conviene no fijarse en el problema inmediato, el del hijo enfermo, sino en lo que puede suceder en diez, quince o veinte años con el hijo o hija seleccionada. Y es que lo que nadie dice es que la ciencia ya ha demostrado que la mayor parte de nuestras características como personas, nuestra inteligencia, nuestro carácter, nuestras disposiciones hacia una u otra profesión, dependen sobre todo de los genes, y más aun en un entorno cultural y material homogéneo, como el que se encuentra en el seno de las familias. Pues bien, al seleccionar un embrión por su compatibilidad genética con su hermano mayor, no solo seleccionamos esos genes, sino todos los que le acompañan. En otras palabras, lo que ese niño o niña va a ser en el futuro depende, y mucho, de esa selección genética: su carácter, sus capacidades, su potencialidad incluso para tener éxito y ser feliz no serán las mismas que si no hubiera sido seleccionado para ser compatible con su hermano o hermana. Es incluso posible que la selección resulte en un problema futuro inesperado, como que desarrolle un cáncer que no hubiera desarrollado de no haber sido genéticamente seleccionado. Además, los efectos psicológicos de conocer algo tan impactante como que la existencia de uno se debe a la necesidad de curar a su hermano están, obviamente, inexplorados.

¿Debemos entonces no usar esta ley y dejar morir prematuramente a un niño enfermo cuando podemos salvarlo? En absoluto. Sin embargo, debemos estar informados de lo que realmente estamos haciendo y de sus consecuencias a largo plazo y meditarlas antes de tomar una decisión basada solo, aunque no es poco, en la angustia de tener un hijo cerca de la muerte. Por otra parte, la ley daría aun más libertad de elección y de acción si permitiera seleccionar embriones, pero sin la obligación de que estos tuvieran necesariamente que nacer, a menos que así lo decidieran sus padres potenciales. De esta manera, cada cual con su conciencia y con sus verdaderos deseos de engendrar, educar y amar a un segundo hijo, haría un mejor y más libre uso de esta ley.

20 de febrero de 2006

Virus y Obesos

La medicina popular que leemos en los periódicos habla con frecuencia de que el mundo está sufriendo una epidemia de obesidad. Cada día que pasa, más y más personas franquean la barrera del peso normal al sobrepeso, y cada día que pasa aumentan las personas que traspasan el límite del sobrepeso a la obesidad declarada.

Como es de esperar, en nuestro país las cifras de obesos y de personas con sobrepeso siguen engordando al mismo ritmo al que engorda la población. Se calcula que más del 50% de los españoles y españolas sufren de sobrepeso o son obesos, cifras que en este caso no nos colocan a la zaga de Europa, sino todo lo contrario, y consiguen que nos codeemos, mientras quepamos los dos por la puerta, hasta con los mismísimos estadounidenses. Sin embargo, los EE.UU. no es el país con mayor proporción de obesos, sino que probablemente lo sea la isla de Nauru, en el Pacífico, en la que el 80% de la población es obesa.

Lo más preocupante de la situación en nuestro país es la obesidad infantil, que se ha triplicado en los últimos años, y ha pasado a ser del 5% al 16,1% de la población. De seguir así, en lugar de hacerle la burla al gordito de la clase, los gorditos se la harán al delgadito que quede, si es que queda alguno.

Sin embargo, la situación no es para tomársela a broma. De no tomar medidas, quizá lo único que se puede tomar sin engordar, la esperanza de vida de la población, que no ha parado de aumentar, sufrirá un brusco frenazo, ya que los obesos gozan de una esperanza de vida significativamente inferior a la de las personas de peso normal.

Por supuesto, para acabar con un problema, conviene acabar con sus causas. Se ha dedicado un enorme esfuerzo a estudiar las causas de la obesidad, que de manera global se dividen en dos clases: genéticas y ambientales.

Hoy está admitido por la comunidad médica y científica que mutaciones en diversos genes son factores de riesgo para desarrollar obesidad. Y digo bien: factores de riesgo, porque es obvio que si no nos encontramos en un entorno en el que abunde la comida, esos genes no podrán causarnos obesidad, sino quizá solo más sensación de hambre que no podríamos saciar si faltara el alimento.

Sin embargo, en un entorno donde el alimento es abundante, como sucede en los países ricos, las mutaciones en esos genes inducen un comportamiento alimenticio que genera la obesidad. Por otra parte, ese mismo ambiente hace más fácil que incluso personas genéticamente normales, como lo son probablemente la mayoría de las que sufren sobrepeso, adquieran unos kilos de más, que tanto cuesta eliminar.

Y bien, por si no tuviéramos suficientes razones para engordar con las genéticas y las ambientales, recientemente se ha añadido una tercera causa a la obesidad, una causa genética y ambiental a la vez que, además, realmente puede convertirse en epidemia: los adenovirus.

Los adenovirus son virus responsables de numerosas enfermedades, entre las que se incluyen la faringitis, la neumonía y la gastroenteritis. Existen nada menos que cincuenta y una clases diferentes de adenovirus capaces de infectar a seres humanos.

Fue el Dr. Nikhil Dhurandhar, de la Universidad de Wisconsin, el primero en publicar, en el año 2000, que pollos y ratones inyectados con el adenovirus Ad-36 acumulaban en sus cuerpos unas dos veces y media la cantidad de grasa normal, a pesar de ser alimentados de la misma manera que los animales no inyectados. En otras palabras, la misma alimentación no afectaba de la misma manera a los depósitos de grasa de los animales infectados con Ad-36 que a los de los no infectados. Quedaba por determinar si este virus ejercía efectos similares en humanos, pero, claro, no podemos infectar deliberadamente a personas con ellos.

Para estudiar si la infección con este virus derivaba en similares problemas para los humanos, el Dr. Dhurandhar analizó si la sangre de las personas obesas contenía anticuerpos anti virus Ad-36. Los anticuerpos son proteínas generadas por nuestro sistema inmune que aparecen en el suero para luchar contra determinadas infecciones, entre ellas las infecciones víricas. Según los resultados de sus análisis, 30% de las personas obesas presentaban anticuerpos anti Ad-36, contra solo un 5% de las personas de peso normal, lo que sugería que era más frecuente que un obeso hubiera estado en contacto con el virus.

Era un resultado interesante, pero no concluyente, porque no explicaba si el virus causaba la obesidad en las personas, o si era la obesidad la que hacía más fácil la infección por el virus. Sin embargo, otros estudios de laboratorio demostraron que el virus Ad-36 facilitaba la conversión de células preadipocíticas en adipocitos maduros, las células que acumulan grasa en el tejido adiposo, lo cual estaba de acuerdo con el hecho de la mayor cantidad de grasa acumulada por los animales inyectados con el Ad-36.

A pesar de estos datos, la comunidad científica no estaba muy convencida, quizá porque estos investigadores no eran capaces de explicar el mecanismo por el que el virus actuaba para activar la obesidad. ¿Qué cambiaba el virus en la fisiología de los animales y las personas para convertirlas en obesas?

Un nuevo estudio, muy reciente, ha aportado nuevos datos indicativos de que los adenovirus pueden ser causa no pequeña de obesidad. En este caso, los investigadores inyectaron a pollos con los Adenovirus Ad-2, Ad-31 y Ad-37, y durante más de tres semanas midieron la cantidad de alimento que ingerían.

Sorprendentemente, aunque los pollos infectados y los no infectados con los que se les comparaba consumieron la misma cantidad de alimento durante ese periodo, los pollos infectados con Ad-37 acumularon alrededor de tres veces más de grasa abdominal y unas dos veces más de grasa en el resto del cuerpo que los no infectados. Por fortuna, los otros dos tipos de virus no ejercieron ningún efecto.

Estos intrigantes resultados indican que, en efecto, la epidemia de obesidad, entre otras causas, bien podría deberse al aumento de infecciones víricas. De confirmarse, estos resultados nos incitan a estudiar cuáles son las moléculas y genes que el virus afecta en las células que acumulan grasa, al mismo tiempo que abren, por otra parte, la puerta al desarrollo de vacunas contra ellos, que también serían, en parte, vacunas contra la obesidad.

27 de febrero de 2006

Algo Escrito Sobre El Gusto

Me da mucho gusto cuando uno comprueba que aquello que una vez aprendió en la escuela no era completamente cierto y que nuevos conocimientos han venido a corregir o a completar lo que aparecía en los libros de texto homologados. Y hablando de gusto y de la escuela, si usted cuenta ya con unos años, como el que escribe, probablemente aprendió en la escuela que existen cuatro tipos de sabores: dulce, salado, amargo y ácido. Con gusto le informo de que esto no es del todo cierto. Existe un quinto tipo de sabor, llamado umami, por eso de que fue un japonés quien lo identificó. Este es el sabor evocado por alimentos ricos en aminoácidos y proteínas. Es el sabor del tocino y del glutamato, un aditivo común en muchos alimentos.

Como todas las cualidades de las que disponemos, la capacidad de diferenciar sabores se ha desarrollado por su valor de supervivencia durante la evolución de las especies. Distinguir sustancias nutritivas de sustancias tóxicas es claramente ventajoso para la supervivencia. Por esa razón, nos gusta lo dulce, sabor evocado por alimentos ricos en hidratos de carbono, ya que necesitamos estas sustancias energéticas en nuestra alimentación. También necesitamos sodio, que evoca el sabor salado, y esta es la razón de que ese sabor nos resulte también placentero. Sin embargo, el sabor ácido y, sobre todo, el amargo, inducen respuestas, en general, tendentes a evitar la ingesta de las sustancias que evocan dichos sabores. Esto es así porque la mayoría de las sustancias amargas son tóxicas.

Probablemente en la escuela también le enseñaron que el sentido del gusto reside en las papilas gustativas de la lengua. Las papilas gustativas son esos pequeños abultamientos que podemos observar al espejo cuando nos sacamos la lengua. Hoy sabemos que estas papilas están formadas por grupos de entre 50 y 100 células que cuentan con todos los tipos celulares capaces de reaccionar ante las sustancias que evocan todos los sabores. Este nuevo conocimiento acaba con el mito de que diferentes regiones de la lengua son sensibles con preferencia a determinados sabores. Probablemente, esto pudieron también enseñárselo en la escuela. En mi caso, así lo hicieron, con lo que concluí que debía ser un ser gustosamente anormal, puesto que jamás fui capaz de detectar diferentes sabores en diferentes partes de la lengua, aunque compañeros míos me juraban que ellos sí eran capaces de detectar esas diferencias. Y es que algunas almas son muy sensibles a lo que la "autoridad" afirma, y no solo son incapaces de ponerlo en duda, sino que hacen lo posible para convencerse de una realidad que no existe, y eso en algo tan insípido como si el sabor dulce, o el amargo, se encuentra a la derecha o a la izquierda de la lengua.

No nos disgustemos. Las células de las papilas gustativas son capaces de reaccionar ante las sustancias químicas presentes en los alimentos porque presentan en su superficie unas proteínas receptoras para las mismas. Estas proteínas, como todas, se sintetizan a partir del funcionamiento de los genes correspondientes, que están activados en esas células, pero no en otras. Desgraciadamente, estos genes no funcionan en las células de la piel, ni siquiera en las de las yemas de los dedos, y no podemos, por tanto, saborear alimentos con solo tocarlos, lo que sin duda, en los tiempos que corren, sería un factor importante para evitar la obesidad.

Ciertas hormonas afectan a la cantidad de receptores para las sustancias alimenticias de las papilas gustativas. Por ejemplo, la aldosterona, una hormona involucrada en el metabolismo del sodio, aumenta los receptores responsables del sabor salado. De esta manera, si andamos faltos de sodio, podemos detectar mejor los alimentos que lo contienen. Igualmente, la leptina, una hormona segregada por el tejido adiposo que tiende a rebajar el apetito, rebaja también la sensibilidad a lo dulce, haciéndolo menos apetitoso.

Cuando las moléculas de los alimentos se unen a las moléculas receptoras en la superficie de las células gustativas, se pone en marcha un complejo mecanismo molecular que conduce a la activación de una neurona próxima a la célula gustativa. Esta neurona es la que conduce la señal al cerebro, donde realmente reside la sensación de sabor que percibimos. Como es ya bien conocido, la activación de las neuronas se produce por la liberación de sustancias llamadas neurotransmisores. Estos neurotransmisores son, en general, moléculas pequeñas que viajan de la célula que los libera, en este caso la célula gustativa, a una neurona que los detecta también mediante la presencia en su superficie de receptores particulares para ellos. Al detectarlos, la neurona se activa y envía su señal electroquímica hacia el cerebro.

El neurotransmisor responsable de la activación de las neuronas del gusto no era conocido hasta hace muy poco. Recientemente, un grupo de investigadores en Colorado, EE.UU., han publicado un estudio en la revista *Science* en el que demuestran que el neurotransmisor que actúa en el sentido del gusto es, quizá, la molécula más común en las células: el ATP.

El ATP, o adenosíntrifosfato para los especialistas, es una molécula presente en el interior de todas las células, la cual participa en la transferencia de energía entre las reacciones químicas del metabolismo. El ATP es la molécula que acumula la energía sobrante en algunas reacciones metabólicas para suministrarla a otras en las que la energía es necesaria para que puedan llevarse a cabo.

¿Por qué de entre tantos neurotransmisores posibles conocidos, las células gustativas usan ATP? No podemos responder aún a esta pregunta con certeza. Sin embargo, una posible explicación que yo imagino, apoyada en el argumento de la supervivencia, es que en caso de hambre severa, situación que sin duda ha sido corriente a lo largo de nuestra historia evolutiva, es decir, cuando las células, faltas de alimento, no pueden producir suficiente ATP, el sentido del gusto se vería atenuado o eliminado. Esto favorecería la ingesta de cualquier tipo de alimento, de aquellos de sabor menos placentero, o incluso de aquellos en descomposición, casi tóxicos ya, pero que sería conveniente ingerir de todos modos, porque de otro modo corre peligro nuestra vida. En resumen, es posible que las células gustativas usen ATP porque lo que no mata, engorda, y en caso de necesidad, más vale morir comiendo que morir de inanición. El sentido del gusto podría ser, pues, un placer solo para los bien alimentados.

6 de marzo de 2006

Los Factores Humanos

Ya he mencionado en alguna ocasión que la ciencia, a pesar de su rápido avance, se encuentra todavía en una etapa en la que genera más ignorancia que conocimiento. Esto es así, creo yo, porque para cada nuevo conocimiento adquirido surge un número mayor de incógnitas que demandan explicación. Sucede en casi todos los ámbitos de la ciencia, pero probablemente más en el ámbito de las ciencias de la vida.

Tomemos, si no, el caso de nuestra querida especie, que algunos aún se atreven a seguir llamando humana. Hace unos años no se sabía la razón de que humanos y chimpancés fueran tan similares y, al mismo tiempo, tan diferentes. La secuenciación del genoma humano y del chimpancé ha permitido conocer a ciencia cierta que ambas especies de primates son evolutivamente las más cercanas entre sí, es decir, el chimpancé, a pesar de parecerse más a un gorila que la mayoría de nosotros, es evolutivamente más próximo a nuestra especie que al gorila.

Un nuevo y más profundo misterio surge entonces. Si el chimpancé es tan similar a nosotros que, de hecho, su genoma y el nuestro no difieren sino en un poco más de un 1% del ADN, ¿por qué somos cualitativamente tan diferentes? ¿Cómo puede ser que tan pequeñas diferencias en el genoma se traduzcan en tan grandes diferencias en tamaño cerebral, inteligencia y morfología corporal? Y, sobre todo, ¿por qué los chimpancés no comen pescado?

La ciencia no tiene aún respuesta para estas y similares preguntas y me temo que pasarán unos cuantos años antes de que podamos responderlas, pero si hay algo que la ciencia no acepta es el misterio. Trabaja incansablemente para acabar con él, a pesar de que el misterio posee ese sabor romántico, y hasta religioso, que tanto gusta a tanta gente, sobre todo a quienes suelen apoyarse en él para defender sus ideas preconcebidas.

La cuestión de qué significa ser humano, qué es lo que nos hace humanos, ha sido sin duda una de las más antiguas que la Humanidad haya formulado. Desde que la mujer es mujer se ha preguntado qué es lo que la hace humana. Recientemente, la Comisión Europea ha puesto en marcha programas para financiar investigación encaminada a elucidar el misterio y dar respuesta a esta pregunta, que constituye, precisamente, uno de los signos paradigmáticos de humanidad: la auto-cuestión. Como decía el físico y premio Nobel Richard Feynman: "¿por qué me pregunto por qué me pregunto por qué?"

Las investigaciones científicas sobre las razones de nuestra humanidad han explorado dos avenidas diferentes. La primera de ellas se basa en la hipótesis de que las condiciones en las que nuestra especie ha debido evolucionar para sobrevivir han favorecido mutaciones en genes particulares que han permitido la supervivencia de nuestros ancestros. Evidentemente, estas mutaciones causarían diferencias entre los genes humanos y los del chimpancé, pero estas diferencias no podrían ser muchas, ya que los genomas de las dos especies son muy similares.

De ser cierta esta hipótesis, querría decir que durante la divergencia evolutiva entre nosotros y el chimpancé, se han producido mutaciones en unos pocos genes, precisamente en aquellos que más influencia deben ejercer sobre en el desarrollo cerebral, la bipedación, y el lenguaje, entre otras cosas. De hecho, es cierto que una mutación en un gen, del que ya hablé en estas páginas hará unos tres años, parece ser la responsable de que nuestra especie posea un lenguaje vocal tan sofisticado, y los chimpancés, en cambio, sean incapaces de tan especializada vocalización.

Sin embargo, las mutaciones en el genoma no solo se producen en los genes. De hecho, mutaciones que pueden ser responsables de grandes cambios pueden no producirse en absoluto en el interior de un gen, sino en las regiones que controlan su funcionamiento. Y es que los genes del genoma no siempre están funcionando, ni lo hacen con la misma intensidad durante la vida de los animales y de las células que los componen.

El funcionamiento de los genes está, sobre todo, controlado por unas proteínas que se denominan factores de transcripción. Estos factores, que a su vez, por supuesto, son producto de la actividad de sus genes, se unen a regiones determinadas del ADN y ponen en marcha o detienen la actividad de numerosos otros genes. Los factores de transcripción, entre otras cosas, son los responsables de que las células de nuestro cuerpo sean diferentes entre sí y ejerzan cada una su función, y no tengamos, por ejemplo, neuronas en los genitales, aunque más de uno, e incluso más de una, se esfuerce en pensar con ellos. Sería pues posible que las diferencias entre chimpancés y humanos no fueran debidas a mutaciones en los genes, sino a mutaciones que afectaran la intensidad con que determinados genes funcionan, aunque estos genes sean idénticos en el humano y en el chimpancé.

Para estudiar si este podría ser el caso, un grupo de investigadores de la universidad de Yale, en los EE.UU., ha analizado la intensidad con que funcionan miles de genes diferentes en el hígado de humanos, chimpancés gorilas y orangutanes. Los investigadores descubrieron que ciertos genes funcionaban más intensamente en los humanos que en las otras especies de grandes primates. Curiosamente, como esperaban, un porcentaje elevado de los mismos correspondía a factores de transcripción. Esto quería decir que, puesto que estos factores controlan a su vez la intensidad con que funcionan otros genes, podría radicar aquí, más que en mutaciones en esos genes, la razón de las diferencias entre humanos y chimpancés.

No obstante, el interés de estos estudios no es solo académico, ya que abren la puerta a nuevos descubrimientos que pueden afectar a nuestra salud. Estos investigadores han descubierto que alrededor del 60% de los genes estudiados no varía en la intensidad de su funcionamiento en ninguna de las especies de primates. En otras palabras, durante los cerca de 15.000.000 de años de evolución que separan al orangután del ser humano, la intensidad con que funcionan esos genes no ha variado. Esto indica que debe ser importante mantenerlos funcionando dentro de determinados límites. Curiosamente, alguno de estos genes se ha detectado funcionando de manera anómala en determinados cánceres, lo que sugiere que cambios en su funcionamiento pueden estar relacionados con esta enfermedad. Esto quiere decir que otros genes dentro de esta categoría, de funcionar más o menos de la cuenta, podrían ser el origen de otras enfermedades.

Habrá que investigar mucho más para averiguar cuáles son estos genes y por qué su mal funcionamiento causa una enfermedad. ¿No les decía al principio que la ciencia genera más preguntas de las que responde?

13 de marzo de 2006

Homo Et Al.

La semana pasada nos detuvimos en la cuestión de qué nos hace humanos desde el punto de vista genético, y discutimos que una de las variables que afecta a nuestra humanidad es la mayor intensidad de funcionamiento de algunos de nuestros genes con respecto a nuestras especies hermanas de primates, sobre todo el chimpancé. Al margen de diferencias moleculares, muchos mantienen que lo que nos hace humanos es nuestra capacidad para reír, nuestro sentido del humor, que ninguna otra especie posee, al menos no en un grado tan elevado como el que los redactores del Boletín Oficial del Estado demuestran. Sin embargo, otra hipótesis, más seria, defiende que la característica que nos hace humanos es nuestra capacidad para colaborar y ayudar a los demás, incluso a personas que no conocemos de nada, ni hemos visto antes, ni veremos nunca más después. Y es que solo individuos de nuestra especie son capaces de ofrecer ayuda desinteresada a otros, incluso de otros países y culturas, o de otros continentes donde haya podido suceder una tragedia.

Es esta capacidad para colaborar con otros la que muchos creen ha sido la clave para éxito evolutivo y la supervivencia de nuestra especie. El ser humano, solo, no es nada y, en cambio, en el seno de un grupo es donde puede alcanzar toda su potencialidad, buena o mala. De hecho, es solo en el seno de un grupo donde las nociones de bien y de mal cobran sentido.

Sin embargo, nuestros hermanos genómicos, los chimpancés, son también capaces de colaborar entre sí. La cuestión que aún no está del todo esclarecida es el grado de colaboración del cual los chimpancés son capaces con respecto a nosotros. En general, las teorías evolutivas mantienen que la colaboración entre individuos de la misma especie es más probable si entre estos existen lazos de sangre. Ya he mencionado que esto no sucede exactamente así en la especie humana. ¿Ocurre lo mismo con el chimpancé? Por otra parte, nosotros solemos identificar a la perfección a aquellos que están más dispuestos y son más eficaces cuando nos ayudan. ¿Pueden discriminar también los chimpancés a aquellos individuos más adecuados para una determinada tarea que deba realizarse en colaboración? Para responder a estas cuestiones, investigadores del Instituto Max Planck de Antropología Evolutiva (que reclutan primates para sus filas de donde menos te lo esperas) han llevado a cabo unos interesantes experimentos con chimpancés, que pretendo explicar a continuación.

En el primer experimento, se ofreció a ocho chimpancés semisalvajes, no relacionados entre sí por lazos de familia, la posibilidad de reclutar ayuda de otros chimpancés en situaciones en las que era imperativa para conseguir comida, o en situaciones en las que esta ayuda no era necesaria. Los chimpancés se introducían solos en una estancia central donde para alcanzar la comida que se les ofrecía era necesario tirar de dos cuerdas al mismo tiempo. Esta estancia estaba comunicada con otras dos estancias cerradas por una reja corrediza en las que se colocaba a un chimpancé en cada una. Al chimpancé de la estancia central se le proporcionaba una llave (una ficha de madera) que permitía abrir las rejas de las estancias vecinas, es decir, este chimpancé podía decidir si era necesario dejar entrar o no a un colaborador en su estancia.

Si las cuerdas estaban situadas a corta distancia entre sí, el chimpancé de la estancia central podía tirar solo de ellas. Al contrario, si las cuerdas se colocaban a una distancia grande, hacía falta que dos chimpancés tiraran de las cuerdas al mismo tiempo. En ese momento, el chimpancé de la estancia central debía analizar el problema, si era capaz de hacerlo, y decidir dejar entrar a otro de los chimpancés de una de las estancias vecinas para que le ayudara en su tarea, pero compartiera, por supuesto, la comida conseguida con él.

Los resultados de estos experimentos, publicados por el doctor Tomasello et al. (et al.: y sus colaboradores) en la revista *Science* son ilustrativos. El chimpancé de la estancia central abría una de las rejas para dejar entrar a un colaborador solo si era necesario, es decir, si las cuerdas estaban colocadas a una distancia que hacía imposible que el chimpancé tirara solo de las dos a la vez. Por otra parte, si bien al principio de los experimentos el chimpancé de la estancia central podía dejar entrar indistintamente a cualquiera de los dos chimpancés de las estancias vecinas para que le ayudaran, pronto aprendía cuál de sus colegas era más eficaz o más competente para ayudarle a tirar de las cuerdas. Era a este a quien seleccionaba para que le ayudara, dejando al otro pobre chimpancé siempre encerrado en su estancia, a pesar de sus gritos de protesta.

Así pues, nuestros hermanos los chimpancés, que si en algo nos aventajan es en que no han inventado aún a los juristas, son capaces de detectar cuándo necesitan ayuda y cuándo no. Más importante aun, son capaces de identificar qué individuos son los que mejor colaboran con ellos y son, por tanto, capaces de seleccionar a los que más les conviene para que les ayuden en lo que necesitan.

En todo caso, las sofisticadas capacidades de colaboración de los chimpancés nos demuestran que nuestros ancestros, cuando se separaron evolutivamente de los chimpancés hace entre cinco y siete millones de años, eran probablemente ya capaces de un alto grado de colaboración que posiblemente fue determinante para la supervivencia de nuestra especie, el *Homo sapiens*, que bien podría también llamarse *Homo colaborans*.

20 de marzo de 2006

Simetría y Cáncer

Desde al menos los tiempos del rey Salomón, que propuso partir de arriba abajo a un niño para repartirlo entre las dos mujeres que decían ser su madre, la Humanidad conoce que el cuerpo humano posee simetría bilateral. No digo nada que no sepa usted ya al decir que nuestra morfología corporal contiene numerosas partes que aparecen en pares simétricos: las orejas, los ojos, las fosas nasales, las manos, los pies, los pechos, los dedos...

La simetría corporal no es nunca perfecta. La oreja izquierda no es exactamente simétrica a la derecha. Lo mismo sucede con otras partes simétricas del cuerpo. Estas fluctuaciones de la simetría pueden ser más o menos aparentes en distintas personas.

Es, sin duda, menos conocido que la simetría corporal es un índice de atractivo sexual. Numerosas especies de reptiles, aves y mamíferos prefieren a compañeros sexuales lo más simétricos posible. Por ejemplo, colocar una anilla solo en una pata, no en las dos, de los machos de algunas especies de aves es suficiente para que las hembras los rechacen. Sin embargo, anillas en las dos patas les hacen recuperar su atractivo sexual.

A la vista de esos resultados, uno puede quizá encontrar explicación a la verdadera razón de los anillos de matrimonio. De hecho, estudios con hombres y mujeres en edad de merecer, que decía mi abuela, sugieren que las mujeres prefieren a los hombres más simétricos. Sin duda, la simetría tiene que ver con la belleza, pero la belleza es, evolutivamente hablando, en parte sinónimo de éxito reproductivo.

Para explicar por qué la simetría corporal va asociada a un mayor atractivo sexual en muchas especies, los científicos acuden a la evolución por selección natural, ya que, como dijo el biólogo Theodosious Dobzhansky, nada tiene sentido en biología excepto en la luz de la evolución. Así pues, la simetría corporal debe estar relacionada con la salud o la calidad de los genes que posee el organismo simétrico y que influyen en su éxito reproductivo. Esto es razonable, puesto que es durante el crecimiento embrionario y postnatal cuando se desarrollan y acaban de perfilarse las estructuras corporales simétricas. El desarrollo corporal está sujeto a diversas influencias y fluctuaciones del entorno, a la adecuada alimentación o adecuado cuidado de los progenitores, etc. Estas influencias pueden afectar en mayor o menor grado a nuestra simetría, de acuerdo a la "calidad" de los genes que controlan los procesos de desarrollo. Aquellos genes de mayor "calidad" producirán menos diferencias en el desarrollo de las dos partes simétricas del cuerpo, y resultarán en individuos con mayor simetría.

Así pues, la simetría corporal es un índice de la salud y buena calidad de los genes que poseemos. Sin duda, es esto lo que los compañeros sexuales buscan para aumentar el éxito reproductivo. La belleza y el atractivo sexual de animales, hombres y mujeres, relacionada con la simetría, no es algo inexplicable, sino que posee su raíz en la evolución natural.

Además de con la simetría y la belleza, hoy sabemos que los genes están relacionados con la salud. "Buenos" genes van asociados a una buena salud. Por consiguiente, rasgos asimétricos, relacionados con no tan "buenos" genes, deben estar asociados con problemas de salud. En efecto, algunos estudios así lo indican, ya que las diferencias en la longitud de los dedos de las dos manos, o las diferencias en la talla de las orejas, están relacionadas con la probabilidad de desarrollar obesidad y con la salud física general de las personas. ¿No es fascinante?

Sin embargo, ya que la simetría y la atracción sexual están relacionadas, deberían ser los caracteres sexuales secundarios, esos que aparecen en la pubertad, los que más fácilmente manifiesten posibles problemas de salud. De hecho, son los pechos de las mujeres las partes de sus cuerpos que más asimetría muestran ente sí. La razón es probablemente que los pechos son los caracteres sexuales secundarios que más rápidamente se desarrollan y que, por tanto, pueden manifestar más claramente posibles problemas o fluctuaciones de su desarrollo.

Puesto que es el cáncer de mama una de las enfermedades más importantes en las mujeres, a un grupo de investigadores e investigadoras de las universidades de Liverpool y Lancashire, en el Reino Unido, se les ocurrió estudiar si las diferencias entre el volumen de los dos pechos de las mujeres podrían ser indicativas del riesgo de desarrollar cáncer de mama. Para ello, calcularon el volumen mamario de los dos pechos a partir de mamografías de mujeres sanas tomadas entre 1979 y 1986. De ellas, seleccionaron a 252 mujeres que acabaron por desarrollar cáncer de mama y a otras 252 mujeres que no lo desarrollaron, y compararon las diferencias de volumen entre sus dos pechos.

Los resultados, lo habrá adivinado, indicaron que las mujeres que desarrollaron cáncer de mama poseían pechos significativamente más asimétricos que las que no lo hicieron. Si los volúmenes de los pechos diferían entre sí más de 100 mililitros, las mujeres presentaban un riesgo 50% mayor de desarrollar cáncer de mama.

Antes de que corra al espejo a quitarse el sujetador, si lo lleva, y examinar la simetría de sus pechos, debe saber que estos casi nunca son iguales, y que normalmente difieren en un volumen de 50 o 60 mililitros para pechos de unos 500 mililitros de volumen total cada uno. Los pechos completamente simétricos quizá solo se vean de vez en cuando en las fotos de revistas para hombres. Así que si sus pechos no son completamente iguales, no se asuste; no quiere decir que vaya a desarrollar cáncer de mama.

Queda mucho por estudiar para establecer con seguridad que la diferencia entre los volúmenes de los pechos es un indicador fiable de la probabilidad de desarrollar cáncer de mama. Sin embargo, estos estudios abren la esperanza a que, en lugar de utilizar complicados y caros análisis genéticos para determinar el riesgo de desarrollar cáncer de mama de la población femenina, podamos utilizar una simple mamografía para determinar la diferencia entre los volúmenes de los pechos. Esto permitirá aconsejar a una mujer de pechos asimétricos que se examine y siga de cerca la evolución de sus mamas en busca de posibles bultos o problemas, y tal vez conseguirá relajar la frecuencia de mamografías y análisis futuros en mujeres de pechos más simétricos. No hay duda de que, de confirmarse, estos estudios tendrán un serio impacto en la economía sanitaria y en la fácil selección y seguimiento de mujeres con mayor riesgo de desarrollar cáncer de mama.

27 de marzo de 2006

LONGEVIHEMIA

Pocos dudamos hoy de que el estilo de vida influye en la duración de la misma. Actividades tradicionales, como abusar del alcohol y fumar, e inactividades tradicionales, como tumbarse en el sofá a ver la televisión, acortan la vida (y la inteligencia) significativamente, si bien es cierto pueden hacerla agradable en comparación con otras actividades o inactividades que la alargan. La alimentación es otro de los factores que pueden influir en la longevidad, como demuestra de manera aplastante la cantidad de personas que aún hoy mueren de malnutrición, la principal causa de fallos del sistema inmune propiciatorios de infecciones y enfermedades que acaban muchas veces con las vidas de quienes las padecen.

Si los factores ambientales ejercen una gran influencia en la longevidad, es también hoy claro que los factores genéticos la afectan igualmente en gran medida. Es evidente que las especies animales poseemos genes diferentes, y también longevidades muy distintas (aun en ausencia de servicios sanitarios). En estas páginas he hablado de estudios recientes que indicaban la presencia de genes de la longevidad en el cromosoma humano número cuatro. También he hablado de estudios que indican que los radicales libres, unas moléculas resultantes de procesos de oxidación y que dañan al ADN, pueden igualmente afectar a la longevidad al causar mutaciones en los genes. Por último, estudios en ratones han demostrado que los genes de las mitocondrias, los orgánulos de las células encargados de la producción de energía útil para la vida, también están involucrados en la longevidad.

Sin embargo, estos estudios sorprendían a más de uno por la ausencia de un hallazgo particular. Es de muy pocos ignorado lo malísimo que pueden ser para la salud unos niveles elevados de colesterol en sangre. La concentración total de colesterol y, sobre todo, el contenido de esta sustancia en unas proteínas de la sangre que la transportan, llamadas LDL, es un importante factor de riesgo cardiovascular. Sin embargo, ninguno de estos estudios indicaba que los genes de las LDL u otros genes involucrados en la síntesis, absorción o transporte del colesterol, tuvieran nada que ver con la longevidad. Algo no estaba bien. ¿Será que, en realidad, los niveles de colesterol en sangre no afectan a la longevidad, sino que son simples señales asociadas con otros factores desconocidos, los verdaderos responsables?

Para responder a esta pregunta, nada mejor que estudiar los genes relacionados con el colesterol en personas muy longevas y sus familiares y compararlos con los genes de los familiares de personas fallecidas en edades más tempranas. El primero de estos estudios, realizados con judíos Ashkenazi de más de 98 años de edad, reveló que no había diferencias significativas entre los niveles de colesterol en sangre entre individuos longevos y menos longevos. Este resultado no auguraba nada bueno para el papel del colesterol en la longevidad ni para las empresas farmacéuticas que fabricaban estatinas, el medicamento más usado para reducir los niveles de colesterol plasmático.

Sin embargo, los investigadores no se desalentaron. Decidieron estudiar el tamaño de las partículas de LDL, y de HDL, otra de las proteínas transportadoras del colesterol en sangre, y comprobaron que la talla de las mismas era significativamente mayor en los longevos que en los no longevos. De alguna manera, el tamaño de estas proteínas transportadoras del colesterol estaba relacionado con el desarrollo de la arteriosclerosis y las enfermedades cardiovasculares. A su vez, este tamaño estaba relacionado con los genes que eran responsables de la producción de esas proteínas.

Los investigadores estudiaron en particular uno de esos genes, el gen llamado CETP, involucrado en el reparto de colesterol entre los dos tipos de proteínas transportadoras, LDL y HDL. Era conocido que la cantidad de colesterol transportada por las LDL no es un buen factor pronóstico de enfermedad cardiovascular, mientras que la cantidad de colesterol transportada por las HDL es un buen signo. Pues bien, el gen CETP ayuda a elevar el colesterol transportado por las LDL, y a disminuir el de las HDL. Así pues, no es muy buen gen, que digamos, si este factor afecta a la longevidad. En efecto, los investigadores encontraron que los abuelos más abuelos poseían una variante de este gen que no funcionaba del todo bien, y mantenía niveles de HDL más elevados de lo normal, lo cual disminuía el riesgo de desarrollar enfermedad cardiovascular.

Más recientemente, el mismo grupo de investigadores, estudiando a 213 personas centenarias de la misma etnia anterior, han encontrado otro gen involucrado en el transporte del colesterol que es también diferente entre las personas longevas y las menos longevas. En este caso, se trata del gen APOC3, que participa en la formación de otras proteínas transportadoras de lípidos y de colesterol en sangre.

Estos estudios están ayudando al desarrollo de nuevos fármacos para regular los niveles de las proteínas transportadoras de colesterol. Por ejemplo, ya están siendo investigados fármacos dirigidos a disminuir el funcionamiento del gen CEPT, lo que elevaría el nivel en sangre de las buenas proteínas transportadoras de colesterol, las HDL y, supuestamente, alargaría la vida. Por mi parte, tengo pocas dudas de que un medicamento así podrá encontrarse en el futuro en nuestras farmacias. Otro asunto será que sea eficaz o no para alargar la vida, o al menos para controlar los niveles de colesterol.

Así pues, a pesar de que los estudios iniciales sobre genes de la longevidad no encontraron ninguno relacionado con el metabolismo o la fisiología del colesterol, las investigaciones que acabo de relatar indican que estos genes desempeñan un papel importante en la duración, y posiblemente también en la calidad de nuestras vidas. Es interesante que el control de producción, absorción y transporte de una sola sustancia, como el colesterol, pueda tener un efecto tan importante en nuestras vidas.

El futuro nos promete vivir más alto, más fuerte y, sobre todo, más lejos. La cuestión, sin embargo, sigue siendo: vivir más lejos para llegar ¿adónde? De todas formas, creo que lo importante no es tanto el destino, que me temo es el mismo para todos y todas, sino el viaje. Y es viajar cómodamente, con salud, con agradable compañía, lo que consigue sin duda que viajar más lejos merezca la pena.

10 de abril de 2006

Luminoso Futuro

ENTRAMOS EN CASA y encendemos la luz. El techo entero de nuestro recibidor se ilumina y nos ilumina con una cálida luz blanca, homogénea, sin irregularidades debidas a fuentes puntuales de luz escondidas.

Dejamos nuestras cosas, y nos dirigimos al salón para descansar y ver la televisión. Al pulsar un botón sobre la pared, esta se ilumina y una pantalla de 2X3 metros nos ofrece unas imágenes de una nitidez insólita y de una luminosidad y colorido inusitados.

El escenario anterior quizá no esté tan lejos como parece, y en tan solo unos años pueda verse en nuestras casas. ¿Cómo será posible?

Lo será gracias al desarrollo de los llamados Diodos Orgánicos de Emisión de Luz, OLED, de sus siglas en inglés. La comercialización de estos artilugios vaticina que las bombillas, incluso las de bajo consumo, tienen sus noches contadas.

Veamos, si no. Una bombilla normal es eficaz en la producción de luz, pero mucha de la energía suministrada se pierde en forma de calor. Los tubos fluorescentes y las bombillas de bajo consumo son más eficaces en esta tarea, pero su utilidad se limita a la iluminación pura y, además, son más caros de fabricar.

Los Diodos Orgánicos de Emisión de luz, sin embargo, pueden fabricarse en múltiples tamaños y formas. Pueden "imprimirse" en muchos tipos de superficies, y eso con una delgadez que supera con creces a la de un cabello. Los OLEDs pueden así constituirse en puntos luminosos de una pantalla de ordenador, de teléfono móvil, o de televisión. Como la luz es emitida desde ellos, y no absorbida o transmitida a partir de otra fuente, como sucede en las pantallas de cristal líquido, la imagen es muy nítida, de contraste virtualmente ilimitado y puede verse desde todos los ángulos. Por último, son muy eficaces en la producción de luz, y poca de la energía suministrada para ello se pierde en forma de calor.

¿Cómo funcionan estos diodos luminosos? Para empezar: ¿Qué demonios es un diodo? Y bien, un diodo es un dispositivo electrónico que deja pasar la electricidad exclusivamente en una dirección. El diodo es a la electricidad lo que una válvula es a un fluido como el agua, el petróleo, o la sangre.

Los diodos están compuestos por la unión de materiales semiconductores basados en el silicio y otros minerales. En el caso de los diodos emisores de luz (LED), los materiales de que están compuestos emiten luz de un determinado color cuando la electricidad pasa a través de ellos. Estos LED son muy comunes en todo tipo de aparatos electrónicos hoy en día, pero carecen de la intensidad de luz suficiente como para que sean útiles en iluminación general. Por otra parte, su fabricación y los materiales de que están compuestos no permiten otras aplicaciones, como su empleo en pantallas de ordenador o de televisión.

Los OLED son diodos que, como la O de su nombre indica, están fabricados no a partir de materiales inorgánicos, como el silicio, sino a partir de materiales orgánicos, es decir, son sustancias químicas basadas en el carbono y en el hidrógeno, como los seres vivos y como los plásticos. En realidad, solo son un tipo especial de plásticos. Esto permite que los OLED se puedan fabricar como películas plásticas finas.

Aunque parezca sorprendente, la idea de los OLEDs no es muy nueva que digamos. Ya en 1965 se descubrió que una molécula orgánica, el antraceno, era capaz de emitir luz azul cuando se la colocaba entre dos electrodos. Este fenómeno, llamado electroluminiscencia (que todavía no se comprende en su totalidad), y la investigación para descubrir nuevos materiales electroluminiscentes es lo que permitió la generación de los primeros OLEDs, allá por el año 1987. El problema era su breve duración, ya que solo mantenían la capacidad de emitir luz por unas breves horas, lo que no permitía considerar su aplicación práctica para productos de consumo.

Casi 20 años más de investigación han sido necesarios para elaborar OLEDs de larga duración, que emiten luz por más de 10.000 horas, al igual que consiguen hacer las ya famosas bombillas de bajo consumo. Todavía no es suficiente como para que pueda considerarse su uso en pantallas de televisión, que requieren una duración media de 50.000 horas, pero las investigaciones continúan y no hay muchas dudas de que nuevos avances lo conseguirán.

Uno de estos avances ha sucedido recientemente en el proceso de fabricación de los OLEDs. El desarrollo de técnicas de impresión ha permitido fabricar OLEDs en capas finísimas de materiales orgánicos fosforescentes (como los que muchos relojes de pulsera llevan en sus saetas, para que pueda verse la hora en la oscuridad) y de materiales fluorescentes. Esto ha conseguido aumentar significativamente su eficacia luminosa.

Además, también se han conseguido OLEDs que emiten luz de determinados colores, en particular, los colores primarios azul, rojo y verde. La combinación de OLEDs en capas que emiten esos tres colores permite la generación de luz blanca. Es esta tecnología la que se intenta mejorar para producir placas o superficies capaces de iluminar salas y habitaciones, y eso con un gasto de electricidad mínimo, ya que muy poca de esa energía eléctrica será desperdiciada y convertida en calor, como sucede hoy con las bombillas actuales.

¿Cuándo podremos ir a la tienda de electricidad o electrónica de la esquina a comprar un artilugio OLED? En algunos casos, ya puede hacerlo. Algunos reproductores MP3 y teléfonos móviles ya vienen equipados con pantallas OLED. Pronto aparecerá en el mercado, si no lo ha hecho ya, un teclado de ordenador luminoso que muestra las letras y números sobre las teclas gracias a OLEDs. Este teclado podrá ser modificado a voluntad para que nos muestre, por ejemplo, en qué teclas hemos reconfigurado la eñe, o el acento, o si estamos usando un teclado internacional, o español.

Sin embargo, para comprar una pantalla, un panel luminoso, o una televisión basada en OLEDs tendremos que esperar algo más. El problema no es la fabricación de los OLEDs y la mejora de su duración, sino conseguir incluirlos en materiales translúcidos y flexibles que les proporcionen una eficaz y duradera protección contra la humedad y el aire, los cuales afectan muy negativamente a su funcionamiento. No obstante, probablemente, este problema no es insoluble, por lo que es de esperar que pronto podamos contar con los beneficios de esta iluminativa tecnología.

17 de abril de 2006

Érase Una Vez El Cáncer

Una de las características de la ciencia es que se encuentra en constante estado de verificación. El conocimiento adquirido se encuentra siempre bajo escrutinio y es validado o refutado si nuevos datos así lo aconsejan.

Incluso teorías tan supuestamente ciertas como la del Big Bang (la gran explosión) se encuentran continuamente siendo examinadas. Las observaciones realizadas con cada vez mejores instrumentos deben estar de acuerdo con lo que esta teoría sobre el origen del universo predice y permite. Por ejemplo, si se encontrara una sola estrella más vieja que la edad del universo permitida por esta teoría, habría que abandonarla, o al menos revisarla, lo que seguramente no se efectuaría sin derramamiento de "sangre académica".

Otra teoría científica que parece confirmada y de la que pocos hoy se atreven a dudar es la teoría que explica el origen del cáncer. Como todos sabemos, el cáncer es el resultado de un crecimiento celular incontrolado. La teoría hoy admitida para explicar las causas de este crecimiento postula que las células de nuestro cuerpo se encuentran en estado de reposo. Quiere esto decir que el estado normal de una célula sería la ausencia de reproducción y que nuestras células no se reproducirán a menos que reciban la orden de hacerlo.

Según esta teoría las células normales recibirían la orden de reproducirse a través de factores de crecimiento u hormonas que, al unirse a moléculas receptoras presentes en las membranas celulares, darían a la célula la señal para comenzar su programa reproductor. Lo que sucedería en el caso de una célula tumoral es que se habrían producido mutaciones en genes que controlan este programa. Estas mutaciones harían innecesaria la presencia de factores de crecimiento para estimularlo. La célula crecería incluso en ausencia de esos factores como si estuviera siendo continuamente activada por ellos.

Una considerable cantidad de evidencia apoya esta teoría. Por ejemplo, se conocen más de ciento cincuenta genes cuyas mutaciones influyen en el crecimiento celular. Estos genes se dividen en dos clases fundamentales: los oncogenes, cuyas mutaciones aceleran el crecimiento celular, y los genes supresores de tumores, cuyas mutaciones impiden que la célula continúe en reposo. Por ejemplo, aproximadamente 25% de los tumores contienen mutaciones en el oncogén "*ras*" y sobre el 50% contienen mutaciones en el gen supresor "*p53*".

Y no acaba aquí la evidencia a favor de la teoría de la mutación genética como causa del cáncer. Si introducimos oncogenes o genes supresores de tumores mutados en células normales y las inyectamos a animales de laboratorio, estos desarrollan tumores. Este hecho parece ser suficiente para justificar la exactitud de esta teoría.

Sin embargo, las teorías son siempre frágiles porque no importa la cantidad de evidencia acumulada en su favor, una sola observación en contra es suficiente para invalidarla. Por ejemplo, si al ver tres o cuatro cuervos negros, elaboramos la "teoría" de que "todos los cuervos son negros", cada vez que veamos un nuevo cuervo negro habremos añadido una pequeña cantidad de evidencia a favor de la teoría. Sin embargo, solo examinando todos los cuervos que existen en el universo podremos confirmar la teoría como cierta. En cambio, la observación de un solo cuervo de otro color (a lunares blancos y negros como una falda flamenca, por ejemplo) será suficiente para invalidarla.

Lo mismo sucede con cualquier otra teoría, con el Big Bang, o con la teoría de la mutación genética como causa el cáncer. Y la observación que invalida, o al menos cuestiona, esta teoría es lo que defienden haber realizado los investigadores Carlos Sonnenshein y Ana Soto, de la Universidad de Tufts en Boston, EE.UU.

Estos investigadores realizaron experimentos utilizando como modelo el desarrollo de cáncer de mama en ratas de laboratorio. El cáncer de mama es interesante porque en su desarrollo participan, sobre todo, dos tipos de células, las células epiteliales, que constituyen los conductos de la glándula mamaria, y las células de estroma, que rodean a estas últimas y se comunican con ellas. Son principalmente las células epiteliales las que se transforman en tumorales, y no las células de estroma.

Estos investigadores inyectaron una sustancia carcinógena, que causa mutaciones e induce tumores, en el estroma de la glándula mamaria de algunos ratones, y dejaron otros sin ser tratados. Cinco días más tarde inyectaron en estos ratones células epiteliales que habían sido a su vez tratadas con el mismo carcinógeno. Si las mutaciones causadas por el carcinógeno en las células epiteliales fueran las únicas responsables de la formación de tumores, los investigadores observarían crecimiento de tumores en todos los animales inyectados con células epiteliales tratadas con el carcinógeno, independientemente de lo que hubieran hecho con las células de estroma.

Sin embargo, no fue esto lo que observaron. Los tumores solo se desarrollaron si, además de inyectar células epiteliales tratadas con el carcinógeno, habían inyectado el carcinógeno también en el estroma, es decir, las células epiteliales mutadas solo formaban tumores si las células con las que se comunicaban estaban a su vez mutadas. En caso contrario, las células de estroma normales eran capaces de suprimir el crecimiento de las células epiteliales, aunque estas contuvieran mutaciones que les indujeran a crecer sin control.

Aunque estos datos indican que las mutaciones genéticas siguen siendo necesarias para la formación de tumores, también indican que no son suficientes para que los tumores crezcan. Una célula mutada no crecerá si se encuentra en un entorno que suprima ese crecimiento.

Además de sembrar la duda sobre la validez de los mecanismos conocidos de formación de tumores, estos resultados la siembran también sobre la teoría de que las células normales solo crecen si reciben los estímulos necesarios. En el caso de las células epiteliales tratadas con carcinógenos, se han producido mutaciones que estimulan continuamente las células a crecer y, sin embargo, no lo hacen. En otras palabras, es posible que las células de nuestros cuerpos puedan ponerse a crecer desordenadamente si no reciben, por parte de las células que las rodean y con las que se comunican, ciertas señales que frenan ese crecimiento. Así, la comunicación entre las células que forman nuestros tejidos parece desempeñar también un papel importante en el desarrollo de los tumores.

La ciencia no deja de sorprenderme, a pesar de haberle dedicado gran parte de mi vida. En realidad, es el ser humano quien no deja de sorprenderme. El uso de su imaginación, de su razón, del pensamiento crítico, racional, le hacen enemigo implacable de las tinieblas de la ignorancia. Es esto lo que me llena de satisfacción y lo que hace que merezca la pena dedicarse a la ciencia.

8 de mayo de 2006

Arrepentimiento Inevitable

¿SE ACUERDA USTED cuándo le enseñaron a sentirse arrepentido por algo malo que había hecho? ¿Dice que sí?, pero ¿no le enseñarían solo aquellas cosas por las que debería sentir arrepentimiento, pero no a *sentir* arrepentimiento propiamente dicho?

La capacidad de sentir arrepentimiento es innata y aparece en un momento dado del desarrollo de nuestra personalidad sin que nadie nos la enseñe. Tampoco nadie nos enseña a ver los colores. Nos enseñan a nombrarlos, pero no a verlos. Sentir el rojo, el azul o el verde no se puede enseñar. Se nace con ello, o no se nace. Lo mismo sucede con nuestra capacidad de arrepentirnos.

¿Por qué nacemos con la capacidad de sentir arrepentimiento? Esta pregunta no tiene una respuesta científicamente demostrada, que yo sepa, lo cual no quiere decir que la razón de nuestra capacidad de arrepentirnos no sea científica, sino simplemente que no la sabemos aún.

Sin embargo, sí existen hipótesis basadas en lo que la ciencia ha descubierto sobre la biología y la naturaleza humana que sugieren una explicación probable para la existencia de nuestra capacidad de arrepentirnos. Así, se cree que el arrepentimiento es un sentimiento, una emoción, que favoreció la supervivencia de nuestra especie. Aquellos que sentían en sus carnes que algo que habían hecho o, por el contrario, que no habían hecho, estaba mal, tenían mejores probabilidades de aprender, de modificar su comportamiento futuro cuando se pudiera repetir la situación de la que se estaban arrepintiendo.

Es posible que se haya planteado usted la cuestión de si la sensación de color azul cielo que puede experimentar en un día soleado es la misma que experimentan otros. O la sensación de dolor al pillarse un dedo con la puerta: ¿es la misma que la que experimentaría otro desafortunado a quien le sucediera lo mismo? ¿Cómo podemos estar seguros?

Similares cuestiones pueden plantearse sobre el arrepentimiento. ¿Cuándo alguien se arrepiente, siente lo mismo que yo? ¿Nos arrepentimos de cosas similares o cada uno se arrepiente de sus cosas particulares? ¿Es mayor el arrepentimiento por algo que hemos hecho o por algo que hemos dejado de hacer? ¿Podemos evitar sentirnos arrepentidos? ¿Debemos intentar evitarlo?

Los psicólogos sociales abordan el estudio de estas cuestiones de forma experimental, es decir, someten a sujetos voluntarios a experimentos controlados que intentan determinar cómo y por qué las personas sentimos arrepentimiento. Por ejemplo, Jenaro y Renato han invertido todos sus ahorros, 10.000 euros, en Sellosland y Biomedalba, respectivamente (compañías imaginarias de mi invención). El mes pasado, Jenaro, decide cambiar su inversión de Sellosland a Biomedalba, pero por diversas razones no lo hace. En el mismo momento, Renato también decide cambiar sus ahorros de lugar, de Biomedalba a Sellosland, y así lo hace. Estalla un escándalo financiero en Sellosland y los dos pierden sus ahorros. ¿Quién se siente más arrepentido de los dos?

Desde un punto de vista estrictamente financiero, ambos han perdido la misma cantidad de dinero, pero cuando preguntamos a voluntarios que quién cree que se siente más arrepentido, la inmensa mayoría responde que Renato. Al cambiar su inversión de compañía, su acción tuvo consecuencias catastróficas, y hubiera sido mejor para él no haber hecho nada. Sin embargo, la inacción de Jenaro, a pesar de tener las mismas consecuencias, parece menos grave.

En general, las investigaciones indican que, a corto plazo, nos arrepentimos más de lo que hemos hecho que de lo que no hemos hecho. Esto sugiere que, en efecto, el arrepentimiento es una emoción que permite extraer lecciones de nuestros actos para evitar comportarnos de nuevo de la misma manera en circunstancias similares.

Sin embargo, otras investigaciones indican que de lo que más nos arrepentimos en la vida es de lo que NO hemos hecho. "¿Debería haber estudiado, como me aconsejó mi padre, en lugar de haberme puesto a trabajar tan joven?" "¿Por qué no le dije a mi madre antes de su muerte lo importante que fue para mí?" Además, en general, los arrepentimientos más frecuentes se refieren a cosas que no hemos hecho, pero que estaban bajo nuestro control, es decir, sobre las que teníamos capacidad de decisión y posibilidad de realizar. Pocos se arrepienten de haber sufrido la meningitis, o de que un familiar muriera en un accidente, aunque lo lamentan.

Así pues, si las consecuencias son negativas para nosotros, las investigaciones indican que nos arrepentimos más de lo que hemos hecho al poco de haberlo hecho, pero más de lo que no hemos hecho a medio y largo plazo. Además, otros estudios también indican que los dos tipos de arrepentimiento difieren en las emociones que llevan asociadas. Los arrepentimientos por las cosas que acabamos de hacer, pero que han salido mal, van asociados a emociones de rabia y enfado, y no duran mucho tiempo, pero los arrepentimientos por las cosas que no hemos hecho van asociados a tristeza y nostalgia y pueden durar toda la vida. De hecho, ciertos estudios indican que recordamos mejor los arrepentimientos por inacciones que los arrepentimientos por nuestras acciones.

Por supuesto, nuestros rasgos particulares de personalidad tienen mucho que ver con la intensidad de nuestros arrepentimientos, que en algunos casos pueden ser patológicos y amargarnos literalmente la vida. Sin embargo, me temo que al igual que estamos condenados a ver si tenemos los ojos abiertos y a oír si no nos tapamos herméticamente las orejas, también estamos condenados a arrepentirnos, sea cual sea nuestra personalidad. La razón es que cada elección que hacemos en la vida se hace en detrimento de otra, y es imposible tomar siempre la buena decisión. Por consiguiente, siempre nos arrepentiremos por algo que hemos hecho, o por algo que no hemos hecho.

No, rien de rien, je ne regrette rien, (no, nada de nada, no me arrepiento de nada) decía la famosa canción de la magnífica cantante francesa Edith Piaf. Y bien, Edith Piaf mentía como una bellaca. Es imposible no arrepentirse de nada. En cualquier caso, espero que usted no se haya arrepentido de leer hasta aquí, y al contrario, ahora piense que se hubiera arrepentido si no lo hubiera hecho.

15 de mayo de 2006

Superratón Anticáncer

La actividad investigadora nos regala en ocasiones con hallazgos inesperados que abren nuevas vías de estudio y alimentan renovadas esperanzas. Esto no es tan infrecuente como podría parecer, y algunos de los grandes descubrimientos de la ciencia se han producido por puro azar.

Recordemos, si no, ahora que ha vuelto a ponerse de moda, el descubrimiento de la radiactividad. Lo realizó la suerte que favoreció a Henri Becquerel al olvidar en un cajón unas piedras de mineral de uranio sobre una placa fotográfica de aquellos años, las cuales siempre conseguían que las mujeres salieran guapas en las fotos, no como las cámaras digitales de ahora. Becquerel, al revelar la placa, vio que esta mostraba, además de la foto que había tomado, la señal de las piedras de uranio que había olvidado encima. Dedujo certeramente que las piedras debían emitir algún tipo de radiación invisible para el ojo humano, pero no para las placas fotográficas. Se trataba de la radiactividad. Este descubrimiento le valió el premio Nobel, que compartió en 1903 nada menos que con el matrimonio Pierre y Marie Curie.

Sin embargo, no es de radiactividad de lo que voy a hablar hoy, sino de otro descubrimiento casual que puede proveernos de una nueva avenida terapéutica contra el cáncer. El descubrimiento no es reciente; se produjo hace siete años. Se trata de un extraordinario ratón de laboratorio que es capaz de vencer al cáncer.

El descubrimiento se produjo en el curso de investigaciones que estudiaban el crecimiento tumoral. Para ello, se suele inyectar a ratones de laboratorio células vivas de diferentes tipos de cánceres. Las células cancerosas inyectadas crecen y forman un tumor al que se intenta combatir con nuevos fármacos u otros medios experimentales bajo estudio.

Normalmente, los fármacos son ineficaces y los tumores crecen sin freno y acaban con la vida del animal. Sin embargo, los investigadores encontraron a un ratón macho en el que los tumores no se desarrollaban, incluso si no le inyectaban fármaco alguno. Al principio, los investigadores pensaron que habían cometido algún tipo de error y le inyectaron de nuevo más células cancerosas. Los tumores siguieron sin desarrollarse, y el ratón, vivo y coleando.

Tras inyectarle varias dosis mortales de células cancerosas de diferentes tipos y comprobar que el ratón sobrevivía a todas ellas, los investigadores no tuvieron más remedio que intentar convencer a sus colegas de que habían encontrado un superratón anticanceroso. Esto es más difícil que la realización del descubrimiento propiamente dicho, pero puede eventualmente conseguirse, si se mueven los contactos adecuados.

Puesto que esta extraordinaria capacidad de resistencia anticancerosa podía ser debida a una mutación genética desconocida, los investigadores tuvieron el buen juicio de colocar a este animal en compañía de hembras fértiles para permitir que este macho superratón tuviera descendencia. El análisis de la capacidad de resistencia antitumoral indicó que cerca del 40% de los hijos de este ratón habían heredado la capacidad de su padre. Cruzando a los hijos entre sí, pudieron crear a una estirpe de ratones resistentes al cáncer. Eran muy buenas noticias, que sugerían que un gen o genes eran los responsables de la resistencia anticancerosa.

Para facilitar la identificación de estos genes, convenía saber por qué proceso celular o fisiológico las células de cáncer veían impedido su crecimiento. ¿Era porque no recibían oxígeno o nutrientes, porque eran inducidas a morir por algún factor tóxico para ellas, o porque eran eliminadas por células del sistema inmune?

Los investigadores se pusieron manos a la obra y tras inyectar células cancerosas, analizaron los tumores en estado de regresión en esos ratones.

Los resultados de estos experimentos se han publicado hace solo unos días en la prestigiosa revista *Proceedings of the National Academy of Science*, de los EE.UU.

Los investigadores comprobaron que los tumores de esos ratones estaban invadidos por células del sistema inmune. Así pues, los ratones eran inmunoresistentes al cáncer, pero ¿cómo?

La sorpresa vino al comprobar que las células inmunes que invadían y penetraban el tumor no eran las típicas células inmunes que se encuentran, por ejemplo, en el rechazo a un trasplante. En este caso, el órgano trasplantado es rechazado sobre todo por la invasión y penetración en los tejidos de ese órgano de los llamados linfocitos T. Estos son células que pertenecen al sistema inmune adaptativo, que como su nombre indica, produce células adaptadas a cada enemigo que debe ser combatido.

Sin embargo, todos nosotros contamos con células inmunes que pertenecen al llamado sistema innato. Es este un sistema que proporciona inmunidad contra una variedad de enemigos comunes: bacterias, hongos, parásitos... El sistema innato es la primera línea de defensa contra la infección. Si todo funciona bien, este es suficiente para mantener a raya a los microorganismos enemigos. Solo cuando estos logran superar esta defensa se pone en marcha el sistema inmune adaptativo.

Las células que combatían los tumores de los superratones eran células del sistema inmune innato: neutrófilos, macrófagos y las llamadas células asesinas naturales. Los investigadores comprobaron que si eliminaban una u otra clase de célula de los tumores, estos seguían siendo mantenidos a raya por las células de las otras clases. Para conseguir que los tumores crecieran, había que eliminar los tres tipos de células. Esto indicaba que el mecanismo de resistencia era muy poderoso, ya que ponía en marcha tres tipos celulares diferentes que podían, cada uno por separado, evitar el crecimiento tumoral.

¿Eran estas células suficientes o existían factores desconocidos, quizá una hormona, que eran también necesarios para evitar el crecimiento tumoral? Para responder a esta pregunta, los investigadores aislaron las células inmunes innatas de los ratones resistentes y las inyectaron a ratones normales, sensibles al crecimiento tumoral. Entonces, inyectaron a esos ratones dosis mortales de células cancerosas para ver si podían crecer o no. Y bien, los tumores no crecieron, es decir, las células del sistema inmune innato eran todo lo que necesitaba el superratón para ser resistente al cáncer.

¿Qué nos dicen estos resultados? En primer lugar, dada la similitud genética entre el hombre y el ratón, que los genes responsables de esta extraordinaria propiedad pueden encontrarse también en nuestra especie, aunque no lo sabemos aún. En segundo lugar, que si encontramos los genes responsables de esta actividad antitumoral, quizá podamos desarrollar nuevos fármacos que estimulen nuestra inmunidad innata para convertirla en un arma natural eficaz contra los tumores. Como siempre, la investigación, en este caso unida a la casualidad, vuelve a alimentar la esperanza de que un día no muy lejano acabaremos con la terrible lacra del cáncer.

22 de mayo de 2006

Platensimicina

Hay temas en la ciencia y en biomedicina que se repiten con cierta frecuencia. Es evidente que avances en el tratamiento de las enfermedades que más preocupan a los humanos ricos y desarrollados, como el cáncer, las enfermedades cardiovasculares, y la obesidad (enfermedad que solo los opulentos pueden permitirse), reciben un gran eco en los medios de comunicación.

Sin embargo, como ya he dicho en varias ocasiones, no son las mencionadas arriba las enfermedades que más muertes causan, sino las enfermedades infecciosas, causadas por bacterias y virus. Claro que el hecho de que estas enfermedades acaben cada año con la vida de millones de personas en los países subdesarrollados no parece causar alarma social en nuestras latitudes. Ahora bien, cuando las bacterias matan en nuestros propios países desarrollados, la situación cambia. Y más aun si el cuartel general del microorganismo es un moderno hospital, donde se supone que acudimos para que nos curen, y no para que una bacteria asesina nos mate.

Siempre me han hecho gracia las reticencias de algunos, en países tan supuestamente desarrollados como los Estados Unidos, para aceptar la evolución de las especies como un hecho, en contraposición al creacionismo, es decir, a la doctrina de que el mundo tal y como lo conocemos fue creado por Dios hace solo unos miles de años y que desde entonces ha variado muy poco. Y me han hecho gracia porque desde que los antibióticos fueron descubiertos y ampliamente utilizados, las bacterias a las que supuestamente debían matar han evolucionado y se han hecho resistentes a ellos, es decir, la creatividad y la curiosidad humanas, que han sido capaces de descubrir los antibióticos, han acelerado delante de nuestras narices los mecanismos que utilizan los organismos para evolucionar y adaptarse a un entorno cambiante.

Estas bacterias evolucionadas son ahora una pesadilla en muchos hospitales del mundo. Las enfermedades llamadas nosocomiales (del griego "*nosos*", enfermedad, y "*komeo*", cuidar, nombre muy apropiado porque las enfermedades nosocomiales son "de cuidado") son precisamente enfermedades infecciosas que el paciente contrae al menos 48 horas tras su ingreso en un hospital. En los Estados Unidos, se estima que uno de cada diez pacientes hospitalarios contrae una enfermedad nosocomial. Esto supone alrededor de dos millones de personas al año, lo que se traduce en un costo sanitario de cerca de diez mil millones de euros anuales. En España, la tasa de infecciones nosocomiales es algo menor, alrededor del 7%, pero todavía demasiado elevada, ya que universalmente debería ser cero.

Las enfermedades nosocomiales causadas por bacterias no deberían de ser un problema si las bacterias pudieran ser eliminadas con antibióticos, pero debido al uso y abuso de estos, algunas bacterias atrincheradas en los hospitales, donde es fácil encontrar víctimas con las defensas bajas a quienes pueden atacar, se han convertido en resistentes a casi todos los antibióticos conocidos. En esta situación, si un paciente inmunodeprimido es atacado por una de estas superbacterias resistentes, su vida corre serio peligro.

Para agravar la situación, las compañías farmacéuticas hace tiempo que no dedican esfuerzos de investigación significativos encaminados al descubrimiento y la comercialización de nuevos antibióticos. La mayoría de los antibióticos usados hoy se descubrieron en las décadas de los años 40 y 50 del siglo pasado, y solo se han generado versiones mejoradas de los mismos por modificación química. En general, estas moléculas matan a las bacterias por mecanismos similares que bloquean la producción de proteínas, de ADN, o de la pared bacteriana, una estructura que las bacterias necesitan para contrarrestar la presión osmótica del medio exterior.

Sin embargo, al igual que las bacterias se adaptan a la presión del entorno, las compañías farmacéuticas pueden hacer lo mismo. Debido a las de enfermedades nosocomiales resistentes, comienza a ser urgente, y también rentable, la investigación en nuevos antibióticos.

Recientemente, investigadores de la compañía Merk han publicado en la revista *Nature* el descubrimiento de un nuevo antibiótico, así como el mecanismo de su actividad. La nueva sustancia ha recibido el nombre de platensimicina y ha sido descubierta por métodos tradicionales, que siempre son fiables. En este caso, como se hacía en el siglo pasado, los investigadores hicieron una búsqueda de sustancias naturales que pudieran ser tóxicas para las bacterias. El único truco utilizado para facilitar la búsqueda fue convertir a las bacterias, mediante estrategias de biología molecular, en ligeramente más vulnerables a determinadas sustancias, de las que los investigadores sospechaban podían ser buenos antibióticos.

Para conseguir esto, modificaron a las bacterias para que fabricaran menos producto del gen FabF. Este gen produce una proteína involucrada en la fabricación de grasa, necesaria para la vida de las bacterias. En esas condiciones, a poco que una sustancia natural actuara inhibiendo a la proteína FabF, las bacterias morirían y podríamos así identificarla fácilmente.

Analizando nada menos que cerca de 250.000 sustancias naturales diferentes, los investigadores descubrieron que la platensimicina poseía propiedades antibióticas al inhibir la acción de la proteína FabF. Sin embargo, no todo son buenas noticias. La platensimicina es muy inestable y se metaboliza con rapidez, por lo que para curar a ratones de laboratorio de infecciones bacterianas hay que inyectarla continuamente, de lo contrario es ineficaz. Así pues, habrá que modificarla químicamente para hacerla más estable, o habrá que buscar sustancias naturales relacionadas con ella que no sean tan inestables. Si se tiene éxito con esto, deberá entonces analizarse su efecto en animales de laboratorio, asegurarse de que no es tóxica para ellos, y comenzar estudios clínicos en humanos para estudiar su eficacia y si es o no bien tolerada. Mucho esfuerzo y dinero que puede no dar al final los frutos esperados.

Mucha gente despliega gran dedicación e inteligencia para conseguir nuevos medicamentos que beneficien a muchos. Si es cierto que las compañías farmacéuticas pretenden ganar dinero con ello, no considero que sea algo injusto o inaceptable en el mundo en que vivimos, sobre todo si con ello se consigue un beneficio para toda la Humanidad. A todos nos gustaría que los medicamentos fueran gratis, pero los medicamentos son fruto del trabajo y dedicación de mucha gente muy preparada. ¿Acaso trabajaría usted gratis?

29 de mayo de 2006

VIOLECIENCIA

Uno de los temas más interesantes para mí es si nuestros genes determinan, o al menos influyen, en lo que sentimos, en cómo reaccionamos ante los demás, en nuestros deseos y en nuestra personalidad. En suma, si nuestros genes influyen en lo que somos y, si lo hacen, cómo y en qué medida.

Dentro de este amplio tema, uno de los aspectos del mismo que más me intriga es si los genes influyen en nuestro comportamiento agresivo. Desde hace ya cierto tiempo, sabemos que la respuesta a esta pregunta es afirmativa. En particular, sabemos que el gen de la Monoamina Oxisasa A, abreviado MAOA, afecta al comportamiento agresivo. Este gen fabrica una proteína enzimática que ayuda a eliminar el exceso de moléculas neurotransmisoras importantes, como la serotonina y la dopamina. Se sabe que la cantidad de estos neurotransmisores en el cerebro, imprescindibles para ciertos tipos de comunicación interneuronal, está relacionada con estados depresivos y con la agresividad. Por ejemplo, ratones a los que se ha eliminado el gen MAOA son más agresivos que los normales. Además, si a dichos ratones se les introduce de nuevo el gen normal, su agresividad disminuye.

Este gen, en humanos, se encuentra en el cromosoma X, por lo que los hombres poseen una copia y las mujeres, dos. Así, es más fácil que defectos en el gen de la MAOA produzcan consecuencias en los hombres que en las mujeres, las cuales pueden compensar un gen defectuoso en un cromosoma con una copia sana en su segundo cromosoma X. Esto es precisamente lo que se observó en una familia holandesa cuyos miembros habían heredado un gen defectuoso de la MAOA. Los varones, pero no las mujeres, mostraban una conducta antisocial y agresiva. Así pues, también en humanos el gen de la MAOA es importante para controlar la agresividad.

No obstante, el gen no lo determina todo. Hace casi cuatro años refería en estas páginas un estudio que exploraba la conducta de niños poseedores de una variante de baja actividad (que llamaremos BA) del gen de la MAOA que, aunque funciona, lo hace peor que la variante normal, por lo que puede causar un comportamiento agresivo. Estos estudios concluían que los varones poseedores de la variante anormal mostraban un comportamiento más agresivo y violento cuando adultos, pero solo si habían sido maltratados cuando niños, es decir, el gen anormal aumentaba la probabilidad de que los varones mostraran un comportamiento agresivo, pero no lo determinaba por completo.

Estos descubrimientos invitaban a investigar en detalle los efectos de la variante BA del gen MAOA –que está bastante extendida en la población general– sobre la estructura y funcionamiento cerebral y su conexión con el comportamiento agresivo. Un estudio de particular interés sobre este asunto ha sido publicado en la revista *Proceedings of the National Academy of Sciences* de los Estados Unidos el pasado mes de abril, por investigadores de los Institutos Nacionales de la Salud estadounidenses. En este trabajo, los científicos estudian el tipo de gen MAOA que poseen personas sanas y no violentas, y también el tamaño y la función de determinadas áreas cerebrales. Los resultados son de lo más educativo.

En primer lugar, en personas poseedoras solo de la variante BA de la MAOA, los estudios revelan un menor tamaño en regiones cerebrales específicas. Entre las regiones afectadas se encuentran las amígdalas cerebrales, unas estructuras que se activan al sentir miedo. Hay poca duda de la relación que existe entre el miedo y la reacción violenta. Además, la zona del cerebro orbitofrontal, situada encima de los ojos, es mayor en individuos con la variante BA, pero en este caso solo en los varones, no en las mujeres.

Además de cambios en el tamaño, también se producen cambios de funcionamiento. Estudios de resonancia magnética funcional indican que en los individuos con la variante BA la actividad de la amígdala izquierda está muy aumentada, así como la de otras regiones cerebrales involucradas en el miedo y otras emociones primarias, como el enfado. Curiosamente, la zona orbitofrontal, a pesar de ser mayor, funciona mucho peor. Lesiones en esta zona que afectan a su correcto funcionamiento se asocian con un comportamiento desinhibido y con una conducta antisocial. Además, se cree que esta región cerebral también está involucrada en la regulación a la baja de la actividad de la amígdala, por lo que si funciona mal, puede exacerbar la sensación de miedo. En consecuencia, individuos con la variante BA sufren serias deficiencias funcionales en el control de sus emociones, en particular del miedo.

Hay más. Los hombres, no las mujeres, con la variante BA muestran una mayor actividad cerebral al recordar acontecimientos desagradables. Además, los varones también muestran una actividad deficiente en zonas cerebrales que controlan la impulsividad. El miedo, el enfado y la impulsividad son una buena receta para la agresividad.

Así pues, el gen de la MAOA influye profundamente en la estructura y el funcionamiento de zonas cerebrales que afectan a la regulación afectiva, a la memoria emocional y a la impulsividad. Desde este punto de vista, este gen ejerce una influencia en el comportamiento agresivo.

La buena noticia es que a pesar de estas diferencias en la estructura y funcionamiento cerebrales, los individuos con la variante BA no son necesariamente agresivos. Recordemos que los sujetos de estudio son voluntarios normales no violentos. Esto refuerza la idea de que, además de la genética, otros factores, que pueden ser también otros genes, pero igualmente factores ambientales, influyen en el posible comportamiento agresivo. Incluso en el caso de los varones, claramente más susceptibles a los efectos perniciosos de la variante anormal que las mujeres, el comportamiento agresivo no está exclusivamente determinado por este gen.

Sin embargo, la conclusión más importante de este y del estudio anterior al que me refería es que podemos escapar a la influencia de nuestros genes si controlamos bien el ambiente en el que vivimos. El maltrato, la mano dura, la falta de respeto entre unos y otros, fomentan la violencia en individuos genéticamente susceptibles a ella y con deficiencias en los mecanismos de autocontrol, que son más numerosos de lo que parece. En cambio, un ambiente educativo sin violencia ni acoso, en el que se fomente el respeto y la amabilidad, generará adultos responsables, respetuosos y deseosos de cooperar con los demás, independientemente de la variante de gen MAOA que se posea. Con más de un millón seiscientas mil muertes violentas al año en el mundo, merece la pena intentarlo.

5 de junio de 2006

¿Vitaminas Para Mamá, Obesidad Para Los Hijos?

Los lectores habituales de esta página conocen, sin duda, que todos heredamos dos copias de nuestros genes, una de nuestro padre y otra de nuestra madre. Estas dos copias funcionan generalmente al unísono, y los genes de ambos progenitores colaboran para otorgarnos las características genéticas de las que disfrutamos, o que sufrimos.

Existen excepciones a esta regla. Una de ellas es que ciertas variantes génicas dominan sobre otras, por lo que si heredamos una de estas variantes de uno de nuestros progenitores, la variante del otro queda anulada. Es el caso de los genes que fijan el color de los ojos, en los cuales aquellos que determinan el color oscuro son dominantes sobre los que determinan los colores claros. Con el color del pelo sucede algo similar.

Otra excepción a esta regla es la herencia del sexo, o mejor dicho de los cromosomas sexuales, X e Y. En este caso, solo las mujeres heredan dos cromosomas X de cada uno de sus progenitores, pero no así los varones, que heredan un cromosoma X de la madre y otro Y del padre. De todas formas, incluso si las mujeres heredan dos cromosomas X, solo funciona uno en cada una de sus células, como ya he explicado en otras ocasiones. Así que en el caso de la herencia sexual, la regla del funcionamiento simultáneo y coordinado de las dos copias de los genes que hemos heredado se rompe.

Probablemente, mucho menos conocida es una tercera excepción a la regla. Esta excepción sucede con muy pocos de nuestros genes, alrededor de solo 100 de los cerca de 25.000 que poseemos, y se trata de que, a pesar de haber heredado dos copias de ellos, solo funciona una, la heredada del padre, o la heredada de la madre. Este fenómeno se llama "impronta génica", ya que los genes que lo experimentan llevan la "impronta" de uno de los progenitores. Podríamos decir que la impronta génica es un fenómeno que confiere "sexo" a los genes que no están en los cromosomas X o Y.

¿Cuál es el propósito de este fenómeno genético? No está aún del todo claro, pero se sabe que muchos de los genes con impronta regulan procesos de crecimiento embrionario y fetal. Nosotros, en el grupo de Biología Molecular de la Facultad de Medicina de la Universidad de Castilla-La Mancha, en Albacete, estamos investigando la función de uno de ellos, que descubrimos hace ya más de diez años. Este gen se llama *Dlk1*, y los ratones de laboratorio que no lo poseen, que hemos generado por técnicas de biología molecular, nacen con una talla solo un 80% de la normal.

El gen *Dlk1* solo se expresa a partir del cromosoma heredado del padre. Esto tiene sentido porque el interés del padre es que sus hijos sean lo más grandes y fuertes posible, a expensas de los recursos que deben conseguir del cuerpo de la madre durante el desarrollo fetal. En ausencia del gen *Dlk1*, este efecto sobre el crecimiento no se produce, y los recién nacidos, al menos en el caso del ratón, son de menor tamaño.

Por supuesto, la madre también desea que su hijo sea grande y fuerte, pero no que lo sea tanto como para quedar exhausta durante el embarazo y resultar incapacitada para tener más hijos. Por esta razón quizá, los genes con impronta que solo se expresan a partir de los cromosomas maternos tienden a frenar la acción de los expresados solo desde los cromosomas paternos. Se trata de una guerra molecular de sexos que tiene lugar durante el embarazo, sin que nos enteremos de nada. De la firma de la paz en términos equilibrados depende en buena medida la salud del recién nacido.

¿Cómo "sabe" un gen determinado que debe ponerse a funcionar a partir de solo uno de los cromosomas, y no del otro? Investigaciones relativamente recientes indican que los genes "saben" si deben ponerse a funcionar o no de acuerdo a la presencia, en determinadas zonas del ADN, de una modificación química que se denomina metilación. Un gen metilado posee unidos a él grupos químicos metilo, es decir, -CH_3, que encontramos en el metanol o alcohol de quemar, (de fórmula CH_3-OH) y que es tóxico. Los grupos metilo son neutros, no poseen carga eléctrica, y repelen al agua. La presencia de ellos en zonas del ADN de los diferentes genes modifica la unión de las proteínas necesarias para que los genes funcionen. Sin ellas, los genes son como si no existieran, trozos inertes de ADN.

Si ha leído hasta aquí, se preguntará qué demonios tiene todo esto que ver con las vitaminas y la obesidad, de la que hablo en el título. Ahora se lo explico.

Resulta que durante el embarazo, se aconseja tomar suplementos vitamínicos, cuya eficacia para evitar problemas de desarrollo, como la espina bífida, está ampliamente demostrada. Sin embargo, algunas de esas vitaminas contienen en sus moléculas grupos metilo que pueden unirse a los genes y modificar así su funcionamiento.

No se habían realizado estudios con animales de laboratorio para determinar si esto podía o no suceder. Por ello, un grupo de investigadores de Houston, Texas, suministró vitaminas con grupos metilo a hembras de ratón preñadas y analizó lo que sucedía con su descendencia. Lo que observaron fue que los ratones se convertían en obesos, y la intensidad de la obesidad aumentaba de generación en generación si se seguía suministrando vitaminas durante el embarazo a las hembras de las subsiguientes generaciones.

Los investigadores concluyen que un gen o genes han sido metilados, es decir, modificados con la adición de grupos metilo presentes en las vitaminas, y que esto ha modificado su funcionamiento, convirtiendo a los ratones en más susceptibles de sufrir obesidad si se les permite comer lo que deseen a voluntad.

Estos datos nos indican que la dieta ingerida durante el embarazo puede modificar el funcionamiento de los genes que heredamos. Nada es aún conocido sobre cuáles son los genes que resultan modificados, pero es probable que entre ellos se encuentre alguno del centenar de genes con impronta. Habrá que esperar a que las investigaciones en curso sobre este interesante asunto nos revelen cuáles son y cómo funcionan esos genes.

Este conocimiento será sin duda útil para actuar sobre los mecanismos que causan la obesidad y otras enfermedades.

12 de Junio de 2006

Alimentos Transgrásicos

Hoy, la tecnología invade todos los aspectos de nuestras vidas, incluido el sexo y, por supuesto, la alimentación. No hay más que pasearse por los pasillos de un supermercado para comprobar los centenares de alimentos procesados de los que disponemos: latas de todo tipo, salsas de todas clases, pollos precocinados, pescados rebozados listos para freír, patatas fritas, magdalenas y bollos industriales, leches enriquecidas o empobrecidas, margarinas... Piense en cualquier plato cocinado que se le ocurra, y probablemente podrá conseguirlo en algún supermercado.

El problema con los alimentos tecnológicos es que a veces van por delante de la ciencia de la salud. Me explico: los alimentos procesados pueden contener, debido a sus propiedades culinarias, o a su buen sabor o textura, sustancias artificiales cuyos efectos para la salud no han sido totalmente explorados. Si la sustancia "mata" rápido, probablemente será velozmente retirada del mercado, pero si sus efectos son lentos y a largo plazo, el aditivo continuará presente en los alimentos procesados que consumamos hasta que los estudios correspondientes demuestren que debe ser retirado, lo que puede tardar varios años o incluso décadas en suceder.

Este es el caso de los ácidos grasos insaturados *trans*, muy presentes en los alimentos procesados y, en particular, en todos aquellos en los que en su etiqueta aparece como ingrediente la grasa vegetal parcialmente hidrogenada. ¿Qué son estos ácidos grasos insaturados *trans* y qué se conoce de sus efectos sobre nuestra salud?

Ya he explicado en otra ocasión que los ácidos grasos son ácidos orgánicos que forman parte de las grasas. Estos ácidos contienen un grupo de átomos COOH (C=carbono, O=oxígeno, H=hidrógeno) que es lo que hace que sean ácidos, como el vinagre. Tras ese grupo de átomos, COOH como digo, tienen unidos a él un número variable de grupos CH_2, normalmente de cero a veintiuno, y un grupo CH_3. Por ejemplo, el ácido más elemental es el acético, que se encuentra en el vinagre, y cuya estructura es CH_3-COOH, pero hay ácidos grasos más largos, como el butírico, derivado del butano, que es CH_3-CH_2-CH_2-COOH. Y los hay mucho más largos aun, como el esteárico, formado por una cadena de un CH_3, dieciséis CH_2 y un COOH, es decir, un ácido graso de dieciocho carbonos.

El carbono, el átomo que forma el esqueleto de todas las moléculas de la vida, puede unirse hasta a cuatro átomos. Esta unión puede efectuarse por tres tipos diferentes de enlaces, llamados simple, doble y triple. El enlace simple une a dos carbonos entre sí y deja que cada uno de ellos se una a otros tres átomos. Tenemos así moléculas del tipo CH_3-CH_2-CH_2-CH_3, más conocido como butano. No obstante, a veces, los átomos de carbono se unen mediante un doble enlace, permitiendo así que esos átomos se unan solo a dos átomos más. Tenemos así moléculas como CH_3-HC=CH-CH_3, o buteno. Finalmente, el enlace triple solo permite que los átomos de carbono unidos así puedan unirse a un átomo más cada uno. Tendremos así CH_3-C≡C-CH_3, o butino. La comparación de los ácidos grasos con los hidrocarburos no es casual, ya que ambos son utilizados para la producción de energía por oxidación, unos en motores o estufas, y otros en nuestras células.

Y nos acercamos ya, por fin, al meollo de la cuestión: ácidos grasos insaturados *trans*. Los enlaces dobles entre carbono y carbono se llaman insaturados, porque no están totalmente saturados con hidrógenos. Muchos ácidos grasos, sobre todo los de la grasa vegetal, son insaturados, es decir, contienen enlaces dobles entre dos carbonos cualesquiera de su cadena.

Ahora bien, los carbonos unidos por un enlace doble se encuentran en un plano fijo. Esto implica que los otros átomos a los que se unen se sitúan también en ese plano. Estos pueden estar al mismo lado del plano, lo que se denomina *cis*, que significa "del mismo lado", o pueden situase en lados opuestos, lo que se denomina *trans*, que significa "del lado opuesto". Los ácidos grasos naturales son en su inmensa mayoría *cis*, lo que confiere una forma doblada a su molécula.

Sin embargo, muchos alimentos procesados contienen grasas parcialmente hidrogenadas. Estas se consiguen mediante hidrogenación artificial de grasas vegetales, en un proceso inventado por el químico alemán Wilhelm Norman, quien lo patentó en 1902. En el proceso de hidrogenación, algunos enlaces dobles de los ácidos grasos desaparecen, mientras que otros se convierten en la forma *trans*. Las moléculas de estos ácidos grasos sin enlaces dobles, o con enlaces dobles *trans*, poseen una forma global rectilínea, han perdido su curvatura inicial, lo que les permite ahora ordenarse en paralelo e interaccionar más fuertemente entre sí. Esto convierte a las grasas vegetales en sólidos, al igual que la grasa saturada encontrada en los animales. La importancia de la hidrogenación de las grasas vegetales es precisamente esta, convertirlas en sólidas a temperatura ambiente, lo que les confiere propiedades deseadas para la preparación, el sabor y la textura de los alimentos.

La hidrogenación parcial no causaría mayor problema si no fuera porque numerosos estudios han demostrado que la grasa insaturada *trans* es peor aun para la salud que la grasa saturada de mantequillas y tocinos. Recientes estudios con primates indican que la grasa insaturada *trans* aumenta el riesgo de desarrollar obesidad, diabetes y enfermedades cardiovasculares por encima aun de la grasa saturada si es ingerida en la misma cantidad que esta.

Por esta razón, países como Dinamarca prohibieron ya en 2003 el uso de grasa *trans* en los alimentos. Los Estados Unidos acaban de poner en marcha una nueva normativa en la que los alimentos deben etiquetarse especificando el contenido en grasa *trans*. Nada de esto, que yo sepa, está aún en marcha en España.

La ignorancia es siempre mala, pero es peor cuando la saboreamos, nos la tragamos, y acaba por matarnos. Si hay algo de lo que deberíamos informarnos, es de la composición de los alimentos procesados que consumimos y de los efectos que pueden ejercer sobre nuestra salud. Sin embargo, lo que nos protegería aun mejor es la elaboración de leyes que obligaran a los fabricantes de alimentos a retirar, o al menos avisar al consumidor de inmediato, de la presencia de componentes potencialmente perniciosos desde el mismo momento en que la ciencia así lo demuestre o, al menos, cuando un organismo internacional cualificado, sea este gubernamental o profesional, así lo confirme.

19 de junio de 2006

El Tumbasolarismo y La Crema

EL SER HUMANO parece gozar con lo que le perjudica. El tabaco, el alcohol, la comida grasa y en exceso, el sedentarismo, la promiscuidad sexual. Placeres clásicos y modernos. Y ahora que, una vez más, ha llegado el verano y muchos de nosotros nos disponemos a disfrutar de las vacaciones, debemos añadir un nuevo placer a la lista, placer que podríamos llamar "tumbasolarismo". El tumbasolarismo, como su nombre indica, significa "disfrutar tumbándose al sol", preferentemente en una playa del Mediterráneo.

El tumbasolarismo es un placer que, si no se mantiene bajo control, puede acarrear consecuencias peligrosas, aunque tolerables, como el melanoma u otros cánceres de piel, o consecuencias sin peligro, pero absolutamente inaceptables para cualquiera hoy en día, como las arrugas y el envejecimiento prematuro. Lo mejor que podemos hacer para impedir los daños frontales, dorsales y colaterales del tumbasolarismo es evitar tumbarnos al sol. Esto es muy difícil de conseguir en España. ¿Cómo hubiéramos construido nuestra economía de la construcción si no hubiera sido por el "bum" del tumbasolarismo y su fomento activo? ¿Cuántos millonarios menos tendríamos en nuestro país? ¿Cuántas inmobiliarias no hubieran visto nunca la luz del Sol? No, en este país no podemos permitirnos el lujo de no tumbarnos al sol en vacaciones.

Así pues, debemos protegernos del sol de otra manera, sobre todo si deseamos que nuestra piel no envejezca prematuramente. Afortunadamente, desde hace ya varias décadas, disponemos de cremas bronceadoras con sustancias que absorben o dispersan los dañinos rayos ultravioleta del Sol, que son los causantes de todas las maldades en nuestra piel. ¿Son fiables estos productos? ¿Cómo funcionan? ¿Qué quiere decir el factor de protección numérico que todos muestran en el frasco?

Las cremas protectoras solares son similares a otras cremas hidratantes no protectoras que, además de los componentes normales, contienen en su composición substancias que absorben o dispersan los rayos ultravioleta (UV) del sol. De acuerdo a la clase de componentes y a su concentración, cada crema ofrece un factor de protección diferente, (normalmente de valor comprendido entre 4 y 30) que indica el número por el que se puede multiplicar el tiempo exposición normal al sol sin sufrir quemaduras. Así, si usted puede estar diez minutos al sol sin quemarse, una crema de factor 10 le permitirá estar al sol por 100 minutos.

Los rayos ultravioleta del sol son de tres clases, UVA, UVB y UVC, de acuerdo a su nivel creciente de energía. Los rayos UVC son los más energéticos y, por tanto, los más dañinos. Ninguna crema nos protege de ellos. Afortunadamente, no son capaces, en condiciones normales, de atravesar la atmósfera, ya que son absorbidos por los gases de las capas altas de la misma. Por esta razón, tampoco llegan a incidir sobre nuestra querida piel.

Los UVB son los rayos ultravioleta que pueden causarnos las quemaduras, tan molestas y tan dañinas para nuestra piel. En general, las cremas protectoras nos protegen adecuadamente de los UVB. Sin embargo, numerosos estudios de los últimos años indican que, a pesar de ser los menos energéticos, los rayos UVA pueden también causar daño a nuestra piel e incluso promover la formación y la metástasis de melanomas. La protección para los rayos UVA que ofrecen las cremas protectoras es más problemática. De hecho, informes recientes que pueden consultarse en Internet indican que a menos que la crema contenga avobenzona (también conocida como Parsol 1789), óxido de zinc, o dióxido de titanio, no ofrecen protección adecuada contra los rayos UVA.

Y precisamente, el óxido de titanio se encuentra ahora en el ojo del huracán de verano como componente de estas cremas protectoras. He dicho antes que los componentes de las cremas protectoras bien absorben los rayos ultravioletas, bien los dispersan. El dióxido de titanio es de esta última clase de componentes, y este es su principal interés. La razón es que mientras los compuestos que absorben los rayos UV lo logran solo con determinadas frecuencias de estas ondas, las substancias que los dispersan son de más amplio espectro, por lo que son capaces de frenar los UVA y los UVB.

La dispersión es el fenómeno por el que una partícula, de polvo, de agua, o de dióxido de titanio, refleja la luz en todas direcciones y no la deja pasar libremente. Si ha visto usted alguna película de Steven Spielberg, o en la que aparezca Londres por la noche, seguramente en alguna escena habrá visto como los focos de luz son dispersados por las micro gotas de agua suspendidas en el aire que forman la niebla. Este fenómeno sucede con luces de todas las frecuencias, por lo que también sucede con los rayos UVA y UVB.

Algunas cremas protectoras contienen micropartículas de dióxido de titanio. El problema es que el dióxido de titanio es blanco, un color que es preferible evitar en una crema que, de todas formas, uno se aplica para ponerse moreno. Para remediar el color blanco, la tecnología nos permite hoy fabricar nanopartículas, es decir, partículas mil veces más pequeñas en tamaño que las micropartículas utilizadas normalmente. Estas partículas son transparentes para la luz visible, y las cremas que las contienen no son de color blanco, sino translúcidas. Su aplicación no disminuye, por consiguiente, el tono moreno de la piel que podamos haber conseguido.

Hasta aquí, perfecto, o casi. Estudios recientes sugieren que existe el peligro de que las nanopartículas, siendo tan pequeñas, puedan pasar a la sangre desde la piel, y tal vez llegar al cerebro, en caso de poseer uno todavía no completamente chamuscado por el fútbol o el sol. Una vez en el cerebro, las nanopartículas pueden causar daño a las células de la glia, unas células especiales que protegen a las neuronas de enemigos indeseados. Esto podría, a largo plazo, causar daño neuronal.

Aunque los estudios realizados hasta la fecha con animales no demuestran, sino simplemente sugieren, que las nanopartículas de dióxido de titanio son dañinas para el cerebro, no está de más tomar precauciones, o no tomar tanto el sol. Tenga en cuenta que ninguna crema, ni camiseta, ni sombrilla, puede protegerle por completo de los rayos UVA y UVB, mientras que está usted completamente a salvo de su efecto dentro de su casa, saboreando una cerveza mientras lee, escucha la radio, o ve la televisión. Al fin y al cabo, de lo que se trata en vacaciones es de perder la negrura, no de ganarla, que bastante "negros" nos ponemos ya durante once meses de trabajos esforzados.

26 de junio de 2006

La Edad De La Felicidad

EL TIEMPO PASA, nos vamos haciendo viejos, dice una conocida canción. Aunque carezco de evidencia científica sólida, creo firmemente que a la mayoría de nosotros nos desagrada hacernos viejos. El problema es que, para evitarlo, solo disponemos de una solución que nos desagrada más aun, pero que sobrevendrá irremediablemente.

Dicen que no todo es malo al ir envejeciendo y que incluso algunas cosas mejoran con la edad. Puesto que aún no tengo edad para descubrir qué es lo que va mejorando con la edad, si bien no pierdo la esperanza de alcanzarla un día, he buscado por ahí si acaso algún estudio científico podría aportar evidencia que apoyara esta optimista aseveración, solo mantenida por aquellos con al menos sesenta abriles. ¿O deberíamos decir octubres? Mi alegría ha sido grande al comprobar que, en efecto, no solo un estudio, sino varios apoyan la idea de que algunas cosas mejoran con la edad, y no son solo las arrugas.

Aunque a los hombres nos preocupa mucho que las prestaciones de nuestro órgano favorito no decaigan al ir cumpliendo años, los estudios a los que me refiero han investigado lo que sucede con el envejecimiento del órgano generalmente menos utilizado: el cerebro. El envejecimiento se asocia con un declive de nuestras capacidades intelectuales y cognitivas, con pérdida progresiva de la memoria y de nuestra capacidad para planificar las cosas. Sin embargo, algunos estudios indican que no todas las capacidades intelectuales y cognitivas decaen con la edad y, en particular, la capacidad para ser felices aumenta.

Está cada vez más claro que, en condiciones normales, la felicidad no depende tanto de nuestras circunstancias externas como de nuestras disposiciones internas. La manera en que nos vamos tomando la vida a medida que esta avanza es un factor muy importante que afecta a nuestro nivel de bienestar y calma interiores. Precisamente, varios estudios indican que la intensidad de los sentimientos negativos y los rasgos neuróticos de la personalidad disminuyen significativamente con la edad. Al contrario, la edad aumenta nuestra capacidad para las emociones positivas. Combinado con lo anterior, el resultado es una mayor estabilidad emocional, una mayor sensación de felicidad.

¿Cuál es la causa de esto? Como todo en ciencia, una vez comprobada una observación no faltan hipótesis para explicarla. Unos postulan que la jubilación disminuye el estrés, y sin trabajar se ve la vida de color de rosa. Otros, que la experiencia acumulada acaba por enseñarnos los secretos del control emocional y al final aprendemos que, para los dos días que nos quedan, mejor disfrutarlos y no enfadarnos ni amargarnos la vida. Por último, aun otros mantienen que el secreto de la felicidad de los mayores se debe a cambios normales en nuestro cerebro que suceden a medida que cumplimos años, y que estarían genéticamente determinados.

El problema con esta última hipótesis es que la teoría de la evolución indica que no pueden seleccionarse rasgos genéticos favorables si estos solo se manifiestan en edades no reproductivas. En otras palabras, no hay razón por la que la selección natural deba actuar para favorecer una mayor estabilidad emocional de los mayores, quienes se han reproducido y transmitido sus genes a la siguiente generación cuando eran unos jóvenes infelices (y precisamente por eso se han reproducido).

Sin embargo, otros, yo también, creen que este razonamiento no es del todo correcto. La mayor estabilidad emocional de los mayores sí puede suponer una ventaja reproductiva, si no para ellos mismos, sí para sus hijos, que al fin y al cabo son los portadores de sus genes. Cualquiera que tenga nietos comprenderá lo que digo, ya que sin los abuelos, muchas veces los padres no podrían criar ni educar a sus hijos, al menos no de manera adecuada.

Así que unos investigadores de la Universidad de Sydney, en Australia, decidieron estudiar mediante técnicas modernas de psicología, de fisiología y de resonancia magnética funcional, si se producían o no cambios normales con el envejecimiento en las estructuras cerebrales involucradas en el procesamiento de las emociones. Para ello, estudiaron a 242 individuos de edades comprendidas entre los 12 y los 79 años. Los resultados son de lo más educativo y a mí me hacen feliz.

En primer lugar, los estudios psicológicos demuestran que con la edad disminuye la capacidad de identificar la expresión de miedo en el rostro de nuestros congéneres, mientras que aumenta la capacidad de detectar la expresión de alegría. Los estudios de fisiología y resonancia magnética demuestran que estos cambios cognitivos van, en efecto, asociados con cambios en las estructuras cerebrales que procesan las emociones, en particular con una estructura llamada córtex prefrontal medio.

Lo más fascinante es que la naturaleza de los cambios cerebrales sugiere que a medida que la edad avanza, las emociones pasan a ser menos automáticas y son más controladas por procesos cognitivos voluntarios. Es como si de jóvenes las emociones fueran actos reflejos incontrolables, pero de mayores se convirtieran en actos de la voluntad y pudieran sustraerse a los estímulos exteriores. Imagínese que cuando le golpean la rodilla con el martillo en la consulta del médico para medirle los reflejos usted pueda decidir si subir o no la pierna y comprenderá lo que le quiero decir.

Así pues, parece que la experiencia, y quizá también el cambio en las motivaciones vitales que suceden con la edad, se asocian a cambios en la plasticidad cerebral que incrementan un control selectivo sobre las emociones, potenciándose las positivas sobre las negativas. Ahora comenzamos a disponer de una explicación fisiológica para el hecho de que la edad nos hace más sabios, entendiendo la sabiduría no como el conocimiento de las ciencias y de las letras, sino como el control emocional que nos acerca a la felicidad, al margen de las circunstancias vitales fuera de nuestro control.

En conclusión, alégrese de ir cumpliendo años. Disfrute de lo que le queda de vida. Aparte de sí los sentimientos negativos si tiene edad para ello y si no la tiene, tenga paciencia para llegar a ella. Al final de la ruta, nos aguarda la felicidad, incluso si esta no dura más que unos cortos días antes de nuestra ineludible despedida.

3 de julio de 2006

La Ciencia Del Fútbol

AHORA QUE EL Mundial de Fútbol de Alemania 2006 ha terminado, superada al fin la depresión que sufrimos cada dos años por estas fechas (no olvidemos la Eurocopa), podemos ya, quizá, comenzar a pensar en otras cosas que no sean la pelota y la madre del árbitro. Por esta razón, me ha parecido oportuno traer a colación que el deporte rey, el deporte de masas, el deporte que más amasa, también tiene una relación cercana con la ciencia. ¿No lo sabía?

Pues sí, sí. El fútbol está relacionado con numerosas ramas de la ciencia. Nada menos que con la biología, la física, la química, las matemáticas, la psicología, la medicina, la economía y, por supuesto, con la oftalmología, entre otras. No podemos tratar aquí la relación con todas ellas, pero podemos empezar con la última.

No hay peor ciego que el que no quiere ver, alguien dijo alguna vez, pero en realidad, el peor ciego es el que cree ver y no puede. La situación de los jueces de línea en el campo de fútbol es precisamente esa. La investigación demuestra que para detectar correctamente el fuera de juego, el juez de línea debe estar perfectamente alineado con el último defensor. Un simple metro de diferencia hacia delante o hacia atrás en este alineamiento induce un cambio de perspectiva que impide detectar el fuera de juego con precisión y, por tanto, con justicia. Para paliar esto, muchos científicos han propuesto que el fuera de juego se juzgue desde lo alto de las gradas, donde la diferencia de alineamiento no es tan determinante para detectarlo (por eso la gente en las gradas sí ve si ha sido o no realmente fuera de juego y pone de todos los colores al juez de línea si se ha equivocado). Claro que, ¿quién escucha a esos locos científicos? ¿Qué sabrán ellos de fútbol?

Las matemáticas son otra de las ciencias que puede analizar el fútbol y ayudarnos a extraer conclusiones sobre el juego. Por ejemplo, la estadística nos dice que si en el curso del juego se gana la posesión del balón en el tercio atacante del campo, 13% de esas ocasiones conducen al 66% de los goles. Esto indica que conviene presionar arriba, lo que los buenos equipos siempre hacen.

Por otra parte, el 85% de los goles se producen a partir de cuatro pases de balón o menos desde que se entra en el tercio final del campo. Esto indica que el juego más eficaz es el que conduce el balón lo antes posible hacia el área contraria, es decir, el balón largo "a la olla", precisamente el tipo de juego que a nadie parece gustarle. La moraleja es que si alguna vez queremos ver a España campeona del mundial tenemos que abandonar el juego bonito, los pases cortos, e ir al juego largo y eficaz. ¿Lo querrá entender alguna vez alguien?

La física es otra de las ciencias reinas en el fútbol. Todos hemos visto que la pelota no siempre viaja en una trayectoria recta en el aire. De hecho, los mejores jugadores saben darle una "rosca" que causa que la pelota curve su trayectoria. La aerodinámica es la ciencia que explica este fenómeno. Cuando se golpea a la pelota en uno de sus lados, esta adquiere un movimiento de rotación, al mismo tiempo que se traslada en el aire en una dirección dada, con suerte, hacia la escuadra de la portería contraria. Puesto que la pelota gira sobre sí misma al mismo tiempo que se traslada, el aire con el que se encuentra en su trayectoria va contra el movimiento de rotación en uno de sus lados, pero a favor de ese movimiento de rotación en el otro. Esto causa una diferencia de presión del aire entre los dos lados de la pelota. La presión es mayor sobre el lado en el que el aire y el movimiento de rotación van en dirección opuesta, y la pelota curva su trayectoria hacia el otro opuesto. Por esta razón, los diestros curvan la trayectoria de la pelota hacia la izquierda, pero los zurdos, la curvan hacia la derecha.

La geometría es otra de las áreas de la matemática que también nos ayudan a comprender el fútbol. Así, es prácticamente imposible marcar gol desde ciertas posiciones del balón en las faltas al borde del área. Saber cuáles son estas posiciones permitirá decidir si el jugador debe chutar a puerta o pasar el balón a un compañero quien desde su posición pueda marcar. Solo una de cada siete faltas al borde del área ha sido transformada en gol en los mundiales de fútbol, quizá, en parte, por desconocimiento de esta información.

Tal vez la reina de las ciencias relacionada con el fútbol sea la psicología. Sin duda, los partidos de fútbol causan un profundo efecto psicológico en los hinchas. Algunos estudios sugieren que la salud mental mejora durante los Mundiales. Compartir el mismo interés (que la madre del árbitro sea una buena mujer) con millones de personas consigue que nos sintamos parte de algo importante. Fijar la atención en la competición hace que nos olvidemos de los problemas reales y nos centremos en uno imaginario. Así pues, es saludable ver eliminada a nuestra selección. Verla campeona debe de ser la repanocha en verso. Este país no está preparado para tal cantidad de bienestar.

La psicología es también fundamental para "leer" el juego. Los mejores jugadores son aquellos que junto con buenas capacidades físicas y cualidades técnicas, son capaces de interpretar las intenciones del contrario y de anticiparse. Esta habilidad es fundamental en los porteros ante un lanzamiento de penalti. La investigación sugiere que el lenguaje corporal del jugador que va a ejecutarlo proporciona valiosas pistas sobre el lado por el que pretende lanzarlo. Por supuesto, si lo lanza bien y a un sitio de la portería inalcanzable por el portero, aunque este adivine sus intenciones no podrá hacer nada por evitar el gol.

Y bien, nos hemos dado un pequeño paseo por la superficie de la ciencia del fútbol. Espero que le haya gustado y que le sirva, en el futuro, para apreciar mejor este juego que, como la vida misma, contiene en su interior más secretos de los que parece.

10 de julio de 2006

Panopticón

Me siento fascinado cuando la ciencia proporciona evidencia objetiva sobre lo que se sospechaba cierto desde hace milenios, pero nunca nadie se había tomado la molestia de confirmar. Seguramente, sabe usted que a Dios, entre otras cosas, se le representa como un triángulo con un ojo dentro. Dios es el ojo que todo lo ve. La educación religiosa que recibí de niño insistía en que, si hacía algo malo creyendo que nadie me veía y que así me salvaría del castigo, estaba equivocado. Dios lo veía todo, y estaba siempre mirándome.

Si acaso uno dudaba de la omnipotencia de Dios para verlo todo, entonces *Big Brother*, el Gran Hermano, tomaba el relevo. Es este el gobierno, los servicios secretos, o en general alguien o una organización con autoridad, que vigila nuestro comportamiento y ve todo lo que hacemos, sabe nuestros gustos, conoce nuestra intimidad. El escritor George Orwell hizo famosa esta figura en su novela titulada "1984".

La idea de un Gran Hermano no es tan reciente como parece. Ya a finales del siglo XVIII al filósofo británico Jeremy Bentham se le ocurrió materializar a un Gran Hermano en una prisión de su invención, que nunca se llegó a construir. La prisión debía ser un edificio circular, de varias plantas. Las celdas estarían situadas en la pared de ese círculo. En el centro del mismo, se erigiría una columna desde la que los carceleros vigilarían las celdas. Las ventanas de la columna permitirían a los guardianes observar a los prisioneros, pero no que estos les observaran a ellos. Esta prisión fue denominada el Panopticón ("ver todo") y su objetivo era reducir el número de carceleros necesarios para vigilar a los presos, ya que, al no saber si estaba siendo o no observado, el preso se comportaría siempre como si lo estuviera.

El filósofo francés Michel Foucault, en su obra "Vigilancia y Castigo. Nacimiento de la Prisión" elucubró sobre el mecanismo psicológico que explicaría la eficacia de esta prisión y supuso, creo que acertadamente, que el objetivo de la prisión era "inducir en el interno un estado de conciencia sobre su visibilidad permanente". El poder es visible (la torre central), pero no verificable, es decir, es imposible averiguar si vigila o no. El preso se siente continuamente vigilado incluso cuando no se le vigila, con lo que se consigue que el preso se vigile a sí mismo, y siempre se comporte bien.

Es inherente a estas ideas la suposición de que la simple vigilancia, no la amenaza de premio o de castigo, consigue ya un mejor comportamiento de todos nosotros. ¿Es esto cierto? ¿Basta con sentirse vigilado para comportarse cívicamente, o hace falta que le den a uno seis o siete puntos de sutura a su carné de conducir para conseguir un comportamiento cívico, aun sea solo en carretera? Por increíble que parezca, hasta la fecha, esta importantísima cuestión no había sido estudiada científicamente, esto es, mediante experimentos controlados en los que se pudiera valorar la honradez y honestidad de los comportamientos de personas normales al sentirse o no vigiladas.

Afortunadamente, es cosa hecha. Un grupo de biólogos conductistas de la Universidad de Newcastle, Reino Unido, a cargo de la compra de suministros para la máquina de café comunitaria de su grupo de investigación, estaba hasta los ojos de que sus 48 colegas se sirvieran café sin contribuir con el aporte económico proporcional a su consumo que, tal y como habían acordado, debían depositar en una caja tras cada consumición. Los investigadores decidieron entonces aprovechar esta situación, tan común en muchos lugares de trabajo, al menos en los anglosajones, para realizar un interesante experimento con sus colegas, sin que estos sospecharan que estaban siendo estudiados como monos en una jaula.

Los investigadores colocaron un póster sobre la caja del dinero, en el que se indicaban los precios del té, del café y de la leche que debían depositarse en la caja al consumir estas bebidas. El póster también mostraba, en su parte superior, una imagen que cada semana variaba entre unas bonitas flores, fotos de personas, o simplemente un par de ojos. Estas últimas imágenes se hicieron variar en el sexo y en la orientación de la cabeza, o de la mirada, de tal manera que los ojos enfocasen o no directamente al observador.

Cada semana, los investigadores determinaron la cantidad de dinero voluntariamente depositada en la caja, que en teoría debía ser proporcional al consumo. Para evitar el error que podría surgir de consumos de té o café muy diferentes en las diferentes semanas, los investigadores también determinaron el volumen de leche consumido cada semana, que se utilizó como una indicación del consumo total de té y de café.

Los investigadores calcularon así la proporción entre el dinero depositado en la caja y la leche consumida, y estudiaron si existía alguna relación entre esta cantidad y el tipo de foto, mirada o flores, que se presentaba en el póster. Pues bien, los colegas de estos investigadores llegaron a pagar 2,76 veces más por sus consumiciones cuando lo que se mostraba en el póster era un rostro o unos ojos observándoles que cuando se mostraba una persona que no les miraba, o las bonitas flores.

Hay que aclarar que la mayor cantidad de dinero depositada en la caja cuando la foto del póster era una mirada observadora no era debida a una mayor generosidad de los consumidores, sino a que estos depositaban más frecuentemente la cantidad justa. La conclusión de este trabajo es que nuestros cerebros están condicionados, probablemente de manera innata, a responder a ojos y a caras que nos observan con un comportamiento menos egoísta, aunque no seamos conscientes de ello. Parece que poseemos una tendencia natural a comportarnos de manera socialmente más aceptable cuando nos sentimos vigilados, incluso si no somos vigilados, es decir, la teoría del Panopticón parece cierta, y cuando nos sentimos vigilados por otros, en realidad nos vigilamos nosotros solos.

Perdido ya el poder de la vigilancia divina, ¿qué podemos hacer con este nuevo conocimiento que confirma tan viejas intuiciones? Muchas cosas. Aquí sugiero algunas. Los niños se comportarán mejor en casa si en cada habitación se coloca una sonriente foto de los padres mirando hacia ellos. En lugar de cámaras impersonales de vigilancia en las calles y autopistas, deberíamos colocar fotos de personas observándonos, ojos que nos vigilen... aunque no nos vigilen. Deberíamos sustituir la vigilancia real, por la vigilancia virtual, esa que, gracias a un truco de nuestro cerebro, nos induce a ser verdaderamente responsables y cívicos. Qué tragedia que el ser humano deba, quizá, engañarse a sí mismo para convertirse, precisamente, en un ser humano íntegro.

17 de julio de 2006

El Amor Está En El Aire

UNA CONOCIDA CANCIÓN de John Paul Young, titulada, como este artículo, *Love is in the air*, mantiene que el amor está presente a nuestro alrededor, en todo lo que vemos y oímos. El compositor deja de lado lo que olemos, pero, por lo que indican algunos estudios, si el amor nos rodea, no es por lo que vemos, o por lo que oímos, sino sobre todo por lo que olemos.

En el mundo de los insectos es bien conocida la existencia de moléculas volátiles que las hembras secretan al aire para atraer a los machos. Se trata de las llamadas feromonas. La palabra feromona proviene del griego, *pherein* (transportar) y *hormon* (estimular). Gracias al ciclismo, todos estamos familiarizados con las hormonas, que como su nombre indica, son sustancias estimulantes para el organismo, pero si, salvando el dopaje, las hormonas son producidas por el propio organismo al que deben estimular, las feromonas son producidas por un organismo y transportadas por el aire hasta otro organismo receptor al que estimulan.

La existencia de feromonas sexuales utilizadas por muchas especies de insectos para atraer y estimular a un posible compañero sexual no ofrece dudas, pero hasta la fecha no sucede lo mismo en el mundo de los mamíferos, mundo del que formamos parte en tanto que animales bélicos o incluso, excepcionalmente, en tanto que seres humanos amorosos y pacíficos. Sin embargo, estudios recientes indican bastante convincentemente que los mamíferos también producimos feromonas, en particular, feromonas sexuales. Un grupo de investigadores del Hospital Universitario Karolinska, en Suecia, ha descubierto que un derivado de la testosterona, un compuesto llamado AND presente en el sudor masculino, y otro compuesto relacionado con los estrógenos, llamado EST, presente en la orina femenina, actúan como feromonas. Por ejemplo, oler AND activa regiones del hipotálamo cerebral, altamente involucradas en la conducta sexual, en mujeres heterosexuales y, curiosamente, en hombres homosexuales, pero no en hombres heterosexuales y mujeres lesbianas. ¿Quién se lo hubiera olido? Sin embargo, los cuatro grupos de sujetos bajo estudio procesan los olores de perfumes o alimentos de idéntica manera.

Así pues, el compuesto AND actúa de manera diferente en los cerebros de hombres y mujeres heterosexuales u homosexuales, lo que es evidencia de su función como feromona y es evidencia, además, de que las distintas tendencias sexuales involucran la activación de diferentes áreas cerebrales ante idénticos estímulos químicos. Y esto, evidentemente, sin que el sujeto pueda elegir qué región de su cerebro activar, y mucho menos qué orientación sexual seguir en un momento dado.

Para zanjar de una vez por todas la cuestión de la existencia de feromonas sexuales en los mamíferos, había que descubrir si existían o no moléculas receptoras de esas sustancias. Veamos por qué. Cada hormona producida por nuestro cuerpo posee un receptor específico en otras células al cual debe unirse para ejercer su acción. Por ejemplo, la hormona insulina, de la que hablaba la semana pasada, debe unirse a una molécula receptora en la superficie de células musculares o adiposas. Por consiguiente, aunque las feromonas sean hormonas a distancia, es claro que deberían de poseer también moléculas receptoras a las que deberían unirse para ejercer su acción, las cuales deberían ser diferentes a los receptores olfativos que responden a sustancias de naturaleza no necesariamente sexual.

En mamíferos, los olores son detectados por una familia de receptores olfativos en el epitelio nasal que cuenta con alrededor de 1.000 miembros. Juntos, estos receptores permiten la discriminación de miles y miles de sustancias olorosas diferentes. El descubrimiento de esta familia de receptores le valió el premio Nóbel de Fisiología y Medicina en 2004 a los investigadores Richard Axel and Linda Buck.

Y bien, en una publicación aparecida la semana pasada en la revista *Nature*, los científicos Stephen D. Liberles y, de nuevo, Linda Buck, informan del descubrimiento de una segunda familia de receptores olfativos a los que denominan TAARs. Estos receptores se encuentran en humanos, ratones y peces, y están presentes en la superficie de neuronas específicas en epitelio olfativo.

Lo más interesante es que algunos de esos receptores reconocen sustancias volátiles presentes en la orina, una de las cuales se pensaba que era una feromona, lo que se ve confirmado ahora por estos nuevos datos. Además el análisis de los genes de estos receptores en diferentes especies indica que se han conservado muy bien en la evolución desde peces a mamíferos, lo que parece indicar que no desempeñan una función de percibir, por ejemplo, olores de potenciales presas o alimentos, ya que, por desgracia o por fortuna, las diferentes especies nos nutrimos con alimentos que poseen olores distintos que no podrían ser bien diferenciados con receptores similares para todas ellas.

Así pues, estos receptores parecen desempeñar la función de detectar olores, incluso de manera inconsciente, emitidos por otros miembros de nuestra especie y que nos proporcionan indicaciones sobre la receptividad sexual o quizá el estado de jerarquía social de quienes los emiten, también, obviamente, de manera inconsciente. Estos descubrimientos abren la puerta a la mayor ingeniería social que se haya imaginado. Evidentemente, una vez bien caracterizadas las feromonas que estimulen a los receptores TAAR del amor, podremos sintetizarlas químicamente e inundar con ellas los campos de batalla, las iglesias, las fábricas, las universidades, y por supuesto los hogares con mayor riesgo de violencia de sexo, que no de género. El amor estaría, en efecto, en el aire, siempre a nuestro alrededor, y quizá así llegara de una vez al interior de nuestros corazones. Seamos optimistas, el Mundo Feliz de Huxley está a nuestro alcance, por fin. ¿Somos demasiado optimistas? Será que es verano.

7 de agosto de 2006

Nos Quedamos Sin Pilas

HACE SOLO UNOS años parecía cosa de magia, o de película de ciencia-ficción, llevar en el bolsillo un teléfono sin hilos de menos de cien gramos de peso con el que poder comunicarnos con cualquier parte del mundo civilizado. Hoy es realidad.

Como tantas otras cosas, esto ha sido posible gracias a la evolución y continua mejora de dispositivos y tecnologías implicadas en el desarrollo de la telefonía móvil. Una de las tecnologías que más ha evolucionado ha sido, precisamente, la que hace posible el almacenamiento de energía eléctrica portátil: las pilas y baterías.

Una batería no es más que un dispositivo que convierte energía química en energía eléctrica. Quizá se sorprenda usted al leer que en el interior de una batería tiene lugar una reacción química de oxidación entre dos compuestos, a pesar de que lo que produce la pila es electricidad, y no calor, como se produce en otras reacciones de oxidación. De hecho, en verano, todos estamos familiarizados con las reacciones de oxidación. Se utilizan masivamente, bien para producir incendios en los bosques, bien al quemar combustible para desplazarnos de un lugar a otro en coche, o incluso en avión, aunque esto, últimamente, solo suceda ya cuando los planetas se encuentran en una conjunción favorable en forma de arabesco con el resto de los astros.

Como todos sabemos, el fuego y las explosiones que tienen lugar dentro y, por desgracia, cada vez más frecuentemente, fuera de los motores de nuestros automóviles, son el resultado de reacciones químicas de oxidación. En ellas el carbono y el hidrógeno de los materiales orgánicos, bien vivos como los árboles, bien fosilizados como el petróleo, se combinan con el oxígeno del aire para dar lugar a CO_2 y H_2O, más conocidos como dióxido de carbono y agua, respectivamente.

Los químicos y físicos conocen desde hace mucho tiempo que las reacciones de oxidación y combustión suponen la pérdida de electrones del compuesto que se oxida. Así, sepa usted que el hierro de la barandilla de su apartamento de la playa se oxida porque pierde los electrones que le son propios. ¿Quién se los quita? Pues el mayor ladrón de electrones de la Naturaleza: el oxígeno. Este es el gas tan vital que respiramos y gracias al cual podemos oxidar los alimentos que ingerimos y conseguir así la energía necesaria para, por ejemplo, leer el periódico, lo que cada vez requiere, en efecto, mayor energía, pero las reacciones de oxidación pueden producirse también sin que en ellas participe el oxígeno. En realidad, cualquier sustancia que sustraiga electrones a otra la oxida. El cloro, por ejemplo, es otro elemento oxidante, y puede oxidar a los metales u otras sustancias con menos afinidad por los electrones que él.

Sin embargo, en el caso del fuego, o de la combustión controlada en los cilindros de los motores de explosión, no se produce una corriente eléctrica, a pesar de que estas reacciones químicas suponen, en realidad, el paso de electrones de los átomos de carbono o de hidrógeno hacia el de oxígeno. Una corriente eléctrica supone también el paso de electrones de un lugar a otro pero, para que podamos aprovecharla, este paso debe hacerse de manera ordenada, a través de un hilo conductor, y no dentro del desorden atómico de una reacción de combustión.

Y esto es precisamente lo que consigue una batería: ordenar la reacción de oxidación de tal manera que se produzca en dos compartimentos separados, entre los cuales, a través de un circuito eléctrico al que permiten funcionar, se mueven los electrones resultantes de la oxidación. La pila consigue que los materiales de su polo positivo solo se oxiden y pierdan electrones cuando este está conectado por un circuito conductor a su polo negativo, que los recibe.

Las baterías recargables tan comunes hoy en todos los bolsos y bolsillos que albergan un teléfono móvil contienen sustancias químicas que permiten el paso reversible de los electrones de un polo al otro. En el proceso de recarga, los electrones acumulados en el polo negativo son de nuevo traspasados al positivo mediante la aplicación de un potencial eléctrico mayor al generado por la pila y suministrado durante varias horas por nuestro inseparable cargador del móvil, un engorro que debemos sufrir y no olvidarnos en casa cuando salimos de viaje.

Sería muy conveniente que el cargador no fuera necesario. Si pudiéramos convertir en electricidad la combustión de líquidos orgánicos, como el metanol, o incluso de gases como el hidrógeno, las pilas recargables pasarían a mejor vida. La recarga de la batería sería un simple "llenado de combustible", como hacemos ahora con nuestros vehículos.

Para conseguir esto sería necesario que los electrones del combustible pasaran por un circuito antes de que llegaran al oxígeno. Aunque aparentemente novedosa, esta idea no es nueva, ya que la llamada pila de combustible fue inventada nada menos que allá por el año 1839. Sin embargo, este tipo de pila recargable no ha alcanzado aún la tienda de móviles de la esquina. Las razones han sido las dificultades tecnológicas que ha habido que superar para poder fabricar una pila de este tipo de un tamaño lo suficientemente pequeño como para que pueda alimentar un ordenador portátil o, no digamos, un teléfono móvil.

Finalmente estas dificultades han sido superadas. Se espera próximamente la comercialización de ordenadores portátiles con pilas de metanol, de una autonomía de funcionamiento de ocho horas. Una vez agotadas, bastará con reemplazarles el cartucho de metanol que, similar a los cartuchos de tinta de las estilográficas modernas, contendrá el combustible para hacerla funcionar de nuevo.

Lo más asombroso es que los avances tecnológicos han hecho posible la miniaturización de este tipo de pila para su uso en telefonía móvil. En este caso se trata de una pila de hidrógeno, que utiliza este gas como combustible, gas que genera la misma pila haciendo reaccionar una pequeña cantidad de agua con una sustancia particular llamada borohidruro de sodio. En este caso, la recarga deberá hacerse con agua y este último material incluidos en un cartucho. La pila tendrá una autonomía de un mes, y la recarga podrá efectuarse en solo unos segundos.

Así que ya ven, nos quedamos sin pilas tradicionales, y lo que es mejor, sin sus cargadores correspondientes. En unos años, estos artilugios, un día tan modernos y sofisticados, serán objetos de museo, al igual que en su día les sucediera al candil, o a la máquina de escribir.

14 de agosto de 2006

Sexo y Muerte

Un título, creo, adecuado para un artículo de verano, aunque no voy a hablar aquí de la proliferación de las aventuras amorosas que aparentemente sucede con los calores, ni de los accidentes de tráfico, sino de nuevos datos genéticos que indican que, en efecto, sexo y muerte pueden están más ligados de lo que parece. Si el uno es necesario para la continuidad de la vida, paradójicamente la otra también.

La muerte es algo que acontece independientemente del medio en el que se viva. Por más que coloquemos a un animal en el mejor entorno posible, con alimentación sana, ejercicio regular, aire purificado, etc., este acaba por morir, víctima de la senescencia de sus células. Estas van poco a poco muriendo o funcionando mal hasta que hacen imposible el funcionamiento de órganos vitales, como el hígado o el corazón, por ejemplo.

Esto quiere decir que los animales y las plantas, o bien disponemos de mecanismos que conducen a nuestro inevitable envejecimiento, o bien no disponemos de los mecanismos moleculares adecuados para prevenirlo. Los biólogos tienen hoy muy claro que la respuesta definitiva a este dilema debe ser coherente con la teoría de la evolución y, por tanto, con el efecto del envejecimiento sobre el éxito reproductivo de los individuos y las especies.

Sin embargo, nos topamos nada más empezar con un escollo importante, ya que el envejecimiento no es una ley universal de la biología. Insisto: el envejecimiento no es una obligación para la vida, ni tampoco para la muerte, por supuesto. De hecho hay organismos que no envejecen. Entre estos se encuentran, por ejemplo, las bacterias o los protozoos, pero no solo estos. La hidra de agua dulce y ciertas anémonas parecen no envejecer jamás, y mantenidas en un ambiente adecuado, sin predadores ni parásitos y con comida suficiente, los individuos de estas especies no morirán nunca. Sin embargo, estos organismos también mueren, aunque la muerte les sobreviene por accidente, por predación o por falta de alimento, pero no por envejecimiento.

La conclusión que se deriva de lo anterior es sorprendente: *el envejecimiento ha aparecido a lo largo de la evolución de las especies más avanzadas*, es decir, ha sido seleccionado favorablemente a lo largo del proceso evolutivo. Puesto que en este proceso los que se seleccionan son los genes, deben, por tanto, existir genes que produzcan el envejecimiento. Por supuesto, debe también haber una buena razón para ello, y la razón es posiblemente que los individuos y especies con estos genes, los cuales, por tanto, envejecen, contrariamente a los que no lo hacen, consiguen con ello una ventaja reproductiva y pasan con más éxito sus genes a las siguientes generaciones. Y es que la Evolución solo selecciona favorablemente aquellos genes que conducen a un mayor éxito reproductivo y de supervivencia de los genes de la especie.

En estas páginas ya he hablado en otras ocasiones de la existencia de genes que afectan el envejecimiento. Por ejemplo, la anulación del gen *cox5* de la seta *P. Anserina* consigue que esta alargue su vida de dos semanas a nada menos que a dos años. Y la manipulación del gen *Pit1*, entre otros, ha conseguido duplicar la longevidad de ratones de laboratorio. Así pues, la existencia de los llamados gerontogenes (*geronto* significa viejo) está demostrada por la ciencia.

¿Cuál es la ventaja evolutiva que pueden proporcionar estos genes, que acaban por causar la muerte? Para entender cómo los científicos han llegado a comprender cómo es posible que genes que son perjudiciales para la vida hayan podido ser seleccionados por la evolución debemos remontarnos a 1941. Ese año, el biólogo británico John Haldane se encuentra estudiando la enfermedad de Huntington, una enfermedad hereditaria degenerativa nerviosa que produce la locura y la muerte y sucede en 1 de cada 10.000 personas.

Haldane se preguntó por qué esta enfermedad hereditaria era tan frecuente. ¿Por qué el gen o los genes responsables no habían sido eliminados por la evolución? La respuesta la halló al darse cuenta de que la enfermedad de Huntington se manifiesta solo a partir de los 35 o 40 años, es decir, a una edad en la cual ya se ha dispuesto de tiempo más que suficiente para tener descendencia. Haldane apercibió del hecho más general de que la evolución no puede eliminar genes perjudiciales para la vida si estos comienzan a funcionar a una edad posterior a la edad reproductiva.

El hecho anterior abre a su vez la puerta a una posibilidad más intrigante aun, y es la siguiente: podrían existir entonces genes que aunque tuvieran un efecto pernicioso tardío, tras la edad reproductiva, lo tuvieran beneficioso en la juventud. Sería el efecto beneficioso para la reproducción de estos genes lo que sería seleccionado por la evolución, y no sus efectos negativos que aparecerían solo más tarde en la vida de los organismos, cuando ya no pueden reproducirse y la selección natural no puede actuar. Esta es la teoría del biólogo estadounidense George Williams, quien la postuló hace casi 50 años, en 1957.

Ha habido que esperar unos cuantos años para comprobar si esta teoría era o no correcta, pero al fin se ha confirmado que lo es. Se ha comprobado que los animales que se han hecho más longevos mediante manipulación genética, como los ratones de los que hablaba antes, muestran también un potencial reproductor muy reducido, y en algunos casos, son completamente estériles.

Como siempre, los nuevos descubrimientos de la ciencia iluminan de una luz nueva el camino de la vida, incluso de la nuestra particular. Todos queremos vivir más, y la inmensa mayoría de nosotros, también queremos más sexo (aunque no necesariamente para reproducirnos). La biología nos enseña que, debido a los miles de millones de años de evolución que han precedido nuestra efímera existencia, las dos cosas no son posibles. Nuestra capacidad sexual y reproductiva tiene un precio: nuestro envejecimiento y nuestra muerte. Mientras reflexiona sobre las implicaciones de este hallazgo, permítame que le recuerde el consejo que nos dio Pascal, bien antes de que se conociera la existencia de los gerontogenes: "más vale añadir vida a los años que años a la vida". Usted dirá.

21 de agosto de 2006

Nuevas Esperanzas Anti-Sida

Hace dos semanas concluyó la decimosexta conferencia internacional sobre el SIDA, que este año tuvo lugar en Toronto, Canadá. En ella participaron más de veinte mil profesionales, en un foro destinado a compartir y discutir ideas para luchar mejor contra la enfermedad, que sigue su avance. Más de cuarenta millones de personas están actualmente infectadas con el virus del SIDA y este número sigue aumentando, sobre todo en África, pero también en Asia.

Aunque las perspectivas de poner freno definitivo a la epidemia no son muy halagüeñas, se siguen efectuando avances que pueden ayudar a conseguir este objetivo a largo plazo. De hecho, de ser una enfermedad mortal en los años 80, cuando se declaró la epidemia, la investigación científica ha conseguido producir fármacos que, si bien no curan la enfermedad, la ralentizan y la convierten en una enfermedad crónica no mortal.

Estos fármacos se han podido desarrollar gracias a los avances en el conocimiento del funcionamiento del virus, en suma, de la maquinaria de reproducción vírica. Recordemos que el virus del SIDA infecta principalmente a un tipo particular de células del sistema inmune, los llamados linfocitos T CD4. Los linfocitos T CD4 son absolutamente necesarios para que nuestro sistema inmune funcione y nos defienda de las infecciones por microorganismos. Desgraciadamente, cuando el virus se reproduce en el interior de estos linfocitos, los destruye. Cuando ha destruido a la mayoría de ellos, nuestro sistema inmune deja de funcionar y somos presa fácil de los microbios, y también presa del desarrollo de algunos cánceres. Es esto lo que acaba con la vida de las personas infectadas, y no el virus propiamente dicho.

Para reproducirse en el interior de los linfocitos T CD4 el virus necesita de todos sus genes, pero algunos de ellos son particularmente críticos para el buen desarrollo de su proceso reproductivo. Es el caso del gen llamado "transcriptasa inversa", necesario para que la información genética del virus pueda expresarse y poner en marcha la maquinaria reproductiva dentro de la célula. Es igualmente el caso del gen de la "proteasa", un enzima necesario para cortar, en sitios muy precisos, las proteínas víricas producidas por la célula infectada, las cuales, sin ser cortadas, no pueden participar en la reproducción del virus.

Y bien, fármacos inhibidores de la actividad de la transcriptasa inversa y de la proteasa son los que han resultado eficaces, de momento, para evitar que el SIDA sea una enfermedad mortal. El tratamiento con estos fármacos frena, aunque no impide por completo la reproducción del virus, y alarga por tanto el proceso de la enfermedad.

La razón de esta lentificación, que no destrucción del virus por los medicamentos, es que, lamentablemente, el virus del SIDA, como nosotros mismos, es el resultado de millones de años de selección natural, por lo que ante un entorno agresivo, como el producido por los fármacos, es capaz de adaptarse. De hecho, el virus del SIDA es un virus de mutación rápida, y al reproducirse genera virus "hijos" que contienen variantes ligeramente diferentes de los genes de sus "padres". En algunos casos, estos genes diferentes son los de la proteasa y los de la transcriptasa inversa y, por desgracia, en algunos casos, esas diferencias conducen a que los virus sean inmunes al efecto de los fármacos. Estos virus inmunes son ahora los que mejor se reproducen, y pronto constituyen la inmensa mayoría de los virus presentes en un paciente tratado con dichos medicamentos. El tratamiento resulta entonces ineficaz y la enfermedad acabará por avanzar hacia la inevitable muerte.

Así, el tratamiento de los pacientes de SIDA con estos medicamentos, si bien inicialmente está retrasando el progreso de la enfermedad, está también produciendo nuevos virus inmunes a su efecto. Evidentemente, necesitamos nuevos medicamentos.

Las compañías farmacéuticas, y también los laboratorios de investigación financiados con fondos públicos en varios países del mundo, son conscientes de esto y multiplican sus esfuerzos investigadores en busca de nuevas estrategias anti-SIDA. Una de las más esperanzadoras la constituye un nuevo fármaco aislado en una búsqueda de sustancias químicas presentes en plantas medicinales chinas.

Este nuevo fármaco, llamado PA-457, aún en fase experimental, es un nuevo inhibidor de la proteasa. Esto, en principio, podría parecer una noticia no demasiado buena, ya que sabemos que el virus se adapta a este tipo de medicamentos. Sin embargo, la manera de inhibir la proteasa es diferente, y es posible que el virus tenga mayores dificultades de adaptarse.

Para entender en qué consiste la diferencia, imaginemos que tenemos una tijera y una tira de papel. La tijera es la proteasa y la tira de papel, la proteína del virus que esta debe cortar por un punto preciso. Para impedir el corte, podemos hacer algo a la tijera, unir sus dos filos con una goma elástica para evitar que se abra, por ejemplo. En este caso, la goma elástica haría las veces del inhibidor de la proteasa que ahora se usa. Sin embargo, para impedir que el papel sea cortado, podemos también protegerlo, por ejemplo, poniendo sobre el punto de corte una pequeña lámina metálica, que sería imposible de cortar por la tijera.

Y bien, el nuevo inhibidor de la proteasa funciona como esa lámina metálica. En lugar de unirse a la tijera, a la proteasa, se une a la tira de papel, a la proteína que debe ser cortada, y la protege. Ya han comenzado los ensayos clínicos y los primeros resultados están siendo muy esperanzadores, por encima, incluso, de lo previsto. Se espera que, si todo va bien, este medicamento pueda estar disponible en 2008. Tendremos así tres medicamentos diferentes atacando al virus en tres puntos distintos. Esto, sin duda, hará más difícil, aunque quizá no imposible, su adaptación a ellos. Habrá que esperar y ver.

En mi opinión, solo hay dos estrategias posibles para acabar definitivamente con el virus del SIDA, que son las mismas que han acabado también con otras epidemias: la investigación científica y la educación de las personas en métodos preventivos y en higiene personal. Como aparentemente, una buena educación preventiva en África y en Asia es más difícil de conseguir que la buena investigación en los países desarrollados, es la investigación la que nos ofrece hoy mayores esperanzas contra el SIDA. Una paradoja que nos dice bien a las claras la enorme diferencia existente entre los países desarrollados y los países en desarrollo.

28 de agosto de 2006

Esta Noche Sí, Cariño, Que Me Duele La Cabeza

EL DOLOR DE cabeza, en general sufrido por la mujer, es una de las excusas aparentemente más populares para evitar una relación sexual indeseada, es de suponer que con el marido o la pareja estable. Habitualmente, en una relación de pareja normal, es la mujer la que controla la frecuencia de las relaciones sexuales. Si el hombre parece normalmente siempre dispuesto, la mujer dista mucho de manifestar la misma disposición. Y es ahí cuando el dolor de cabeza puede hacer su aparición para apelar a la sensibilidad y comprensión masculina, tan olvidadas por estos días, y conseguir así que los varones condesciendan una noche más (y van... perdimos la cuenta) con los deseos de la mujer, o mejor dicho, con su falta de deseos.

Si la incompatibilidad de gozar del sexo mientras se sufre un dolor de cabeza es un concepto intuitivamente válido, hasta la fecha no ha sido estudiado científicamente. Sin embargo, sí se ha acumulado evidencia que indica la existencia de una relación compleja entre la actividad y deseo sexuales y el dolor de cabeza, en particular la jaqueca.

Y la evidencia acumulada desde hace ya varios años indica que, cuando aparece, el dolor de cabeza lo hace después de la relación sexual, y no antes. De hecho, los actuales criterios de diagnóstico del dolor de cabeza incluso distinguen entre varios tipos de dolores de cabeza primarios asociados a la actividad sexual. Por ejemplo, los dolores de cabeza pre-orgásmicos se describen como dolores de localización bilateral, que aumentan en intensidad en las raras ocasiones en las que el orgasmo se aproxima. En cambio, los dolores de cabeza postorgásmicos se describen como dolores de cabeza "explosivos" que ocurren en las aun más raras ocasiones en las que se consigue un orgasmo. Ambos tipos de dolor de cabeza tienen características que los relacionan con los dolores de cabeza que surgen durante o tras la actividad física, y quizá sean variantes de la jaqueca común.

Si la actividad sexual puede causar dolores de cabeza, también existe evidencia que indica que, en algunos casos, la actividad sexual actúa de analgésico eficaz contra la jaqueca. Y esto sí ha sido estudiado científicamente. Así, en un estudio reciente, casi la mitad de las mujeres que manifestaron mantener relaciones sexuales a pesar de sufrir un ataque de jaqueca vieron reducida la intensidad de su migraña, y el 17,5% la vieron desaparecer por completo tras sacudir el polvo de las sábanas. Estos datos indican que el dolor de cabeza sería un estímulo para la relación sexual en casi la mitad de las mujeres, y que al menos estas deberían decir algo así como: "esta noche te espero, cariño, que me duele la cabeza".

Así pues, la relación entre la actividad sexual y el dolor de cabeza parece demostrada, aunque no precisamente en la dirección que la frase cliché "esta noche no, que me duele la cabeza" indica. ¿Cuál puede ser la causa fisiológica de esta relación?

Puesto que el deseo sexual y el dolor de cabeza son el resultado de la actividad neuronal en última instancia, es posible que algún neurotransmisor, es decir, alguna sustancia que participe en la comunicación nerviosa, tenga algo que ver. En este sentido, la serotonina es un buen candidato. Estudios exhaustivos indican que los niveles de serotonina están relacionados de manera directa con la iniciación, el desarrollo, y la finalización de un ataque de migraña. Se ha comprobado igualmente que las personas que sufren de jaqueca tienen niveles bajos de serotonina de manera crónica. Por otra parte se ha demostrado que la serotonina, además de su papel como neurotransmisor, puede también ejercer un efecto vasoactivo, es decir, modular la presión y el flujo sanguíneo, lo que es conocido participa en el desarrollo de la jaqueca.

Curiosamente, la serotonina también se ha relacionado con la intensidad del deseo sexual. Por ejemplo, se ha comprobado que un exceso de serotonina en ciertas regiones del cerebro es antagonista de los efectos de la testosterona en los hombres, lo que disminuye por tanto su deseo sexual. Además, ciertos medicamentos cuya acción resulta en un aumento de los niveles de serotonina tienen como efectos secundarios una disminución del deseo sexual, e incluso impiden alcanzar el orgasmo tanto en hombres como en mujeres.

Por consiguiente, parece existir una razón fisiológica que relaciona el deseo sexual con el dolor de cabeza, si bien, la asociación parece ser inversa, es decir, a menores niveles de serotonina, mayor probabilidad de jaqueca, pero también mayor, no menor, deseo sexual. ¿Es esto cierto? Para comprobarlo, nada mejor que realizar un estudio, como el llevado a cabo por un grupo de investigadores de varias universidades estadounidenses. Estos investigadores pasaron un cuestionario anónimo a ochenta y dos personas. Cincuenta y nueve de estas habían sido diagnosticadas con dolor de cabeza, bien de tipo jaqueca, bien de tipo tensional, de acuerdo con los criterios diagnósticos actuales. Las veintitrés restantes sirvieron de control para la comparación. Los resultados, lo ha adivinado, hacen añicos el famoso cliché. En efecto, las personas con dolor de cabeza manifestaron tener mayor deseo sexual que las que no sufrían de este mal. En particular, las personas que mostraban un mayor dolor de cabeza con un incremento de la actividad física, eran las que mayor deseo sexual parecían tener.

La ciencia, una vez más, avanza destruyendo mitos, incluso los socialmente más aceptados, como este del "esta noche no". Por otra parte, estos datos son aun más preocupantes que la realidad que suponíamos cierta. Resulta ahora que si realmente a nuestra pareja le duele la cabeza y *a pesar* de eso todavía no desea relaciones sexuales, las cosas con ella están peor de lo que creíamos. Claro que siempre podemos agarrarnos a que nos miente y por tanto no le duele la cabeza, lo que explicaría mejor por qué no desea una relación sexual. Sea como sea, si todo esto le causa un dolor de cabeza, no lo desaproveche que queda poco verano.

4 de septiembre de 2006

Materia Incógnita

Recientemente, se ha publicado un artículo científico que demuestra la existencia de la llamada "materia oscura" del universo. Muchos no sabíamos que la andaban buscando desde hace más de setenta años, cuando se supuso que este tipo de materia debía existir, y ahora nos encontramos de pronto con su existencia. Sin duda, el universo en el que vivimos, con sus titilantes estrellas y masivas galaxias es, incluso con su luz, un entorno bastante oscuro y difícil de comprender para el común de los mortales. Y si además de la materia que vemos existe otra que no vemos, la cosa se complica aun más. Por ello, intentaré explicar aquí la importancia de este descubrimiento y cómo se efectuó.

La primera evidencia de la existencia de la materia oscura se obtiene allá por 1933. El astrofísico suizo Fritz Zwicky se da cuenta, al estudiar ciertos grupos de galaxias, de que no contienen materia suficiente como para que puedan mantenerse agrupadas por mera atracción gravitatoria, es decir, dada la velocidad con la que las galaxias giraban alrededor del centro de gravedad del grupo, deberían salir despedidas al faltarles suficiente atracción gravitatoria para mantenerlas juntas. Como esto no sucedía, Zwicky postuló entonces la existencia de una materia oscura que debía dar cuenta del resto de la masa que faltaba.

No obstante, esta materia oscura no era simplemente materia ordinaria no iluminada por la luz de las estrellas. Análisis del espectro electromagnético de la luz en todas sus longitudes de onda indicaron que los grupos de galaxias seguían sin contener materia suficiente para mantenerlos juntos. En otras palabras, la materia de nebulosas o nubes de gas, o cualquier otra materia que emitiera o absorbiera luz, no era suficiente. La materia oscura debía ser, por tanto, una forma de materia radicalmente diferente de la materia ordinaria. De hecho, debía ser un tipo de materia invisible, que no emite ni absorbe luz a ninguna frecuencia.

Para complicar más las cosas, los cálculos indicaron que, de existir realmente, la materia oscura debía ser de cuatro a cinco veces más abundante que la materia visible. A pesar de eso, no se la veía por ninguna parte.

Por esta razón, algunos astrofísicos, que no creían en la existencia de semejante tipo de materia, imaginaron que lo que sucedía en realidad era que la gravedad era diferente en los grupos lejanos de galaxias que aquí en la Tierra. Allí, la gravedad era más fuerte, capaz de mantener a las galaxias juntas a pesar de su velocidad. Aquí, la gravedad que mantenía a la Tierra girando alrededor del Sol era más débil.

Como vemos una vez más, en ciencia, una misma observación puede ser interpretada de dos o más formas diferentes. Para dirimir cuál de las interpretaciones es la correcta hacen falta bien más observaciones y mediciones, bien más experimentos. En este caso, como todavía no podemos experimentar con grupos de galaxias en el laboratorio, son necesarias más observaciones.

Afortunadamente, la que sí puede hacer experimentos para nosotros con las galaxias es la propia Naturaleza. Ella, siempre siguiendo escrupulosamente sus propias leyes, crea a veces fenómenos que pueden ser aprovechados por el científico avezado. Uno de estos fenómenos ha separado la materia ordinaria de la materia oscura, lo que ha permitido observar sus efectos gravitacionales por separado.

¿Qué ha sucedido para que la Naturaleza nos regale con semejante experimento? Y bien, lo que sucedió hace solo unos cien millones de años, lo que no es mucho a escala cósmica, es el choque entre dos grupos masivos de galaxias. El resultado de este choque ha sido la separación entre los dos tipos de materia. Hasta los peores cataclismos cósmicos tienen su lado bueno.

¿Y cómo ha hecho posible este choque la separación entre los dos tipos de materia? Para comprender esto hay que saber que además de por estrellas y planetas, las galaxias están formadas por nubes de gas que las rodean, es decir, en realidad, una galaxia es como una nube de mosquitos volando dentro de un gran globo de gas. Los mosquitos son las estrellas, y el globo de gas, la nube de gas galáctico.

Cuando dos grupos de mosquitos van a colisionar, lo más probable es que la colisión no suceda. Las nubes de mosquitos se atraviesan entre sí sin tocarse. Eso es lo que ha sucedido con las estrellas de esos grupos de galaxias que colisionaron. De hecho, las estrellas y planetas no lo hicieron, y se atravesaron mutuamente.

No sucedió lo mismo con las nubes de gas. Estas sí colisionaron y se retrasaron en su trayectoria. El resultado ha sido que las nubes de mosquitos estelares se quedaron desnudas, sin sus nubes de gas galáctico. Y las nubes de gas se quedaron sin mosquitos estelares.

Esta situación ha permitido a los astrónomos calcular dónde se encuentra la mayor parte de la materia, si con los mosquitos o con los globos. Se sabía que la mayor parte de la materia visible se encontraba en las nubes de gas que normalmente rodean a las galaxias. Así que era de esperar que, de no existir materia oscura, la mayor parte de la materia siguiera encontrándose con las nubes de gas, y no con las estrellas y planetas.

Sin embargo, mediciones realizadas con diversas técnicas que sería muy largo explicar aquí, indican lo contrario. Resulta que la mayor parte de la masa se encuentra con las estrellas y planetas, y no en las nubes de gas, a pesar de que estas contienen la mayor parte de la materia visible con algún tipo de luz (rayos-X, infrarrojos, etc.). Eso quería decir que existía materia invisible que tampoco había colisionado entre sí y se había ido junto con las estrellas.

Este resultado prueba la existencia de la materia oscura, en realidad materia invisible, porque incluso si la gravedad es diferente allá por las lejanas galaxias, la diferente distribución de masas indica claramente su existencia. Agradezcamos a la Naturaleza su participación desinteresada en este experimento tan interesante y concluyente.

¿Qué es esta materia oscura? Nadie lo sabe. Nadie sabe de qué está formada, a pesar de constituir sobre el 22% de toda la materia del universo. La materia ordinaria, esa que huele y duele, solo forma el 4% de lo que existe. El resto, el 76%, es energía oscura, algo más oscuro aun que la materia oscura y con la que los científicos se devanan los sesos, que no suelen ser, menos mal, oscuros. Quizá otro día me atreva a hablar de esa energía oscura. En todo caso, ¿quién cree aún que lo sabemos todo?

11 de septiembre de 2006

Místico Cerebro

EN UN LIBRO publicado hace ya unos cinco años (*Se han Clonado los Dioses, editorial Comares*) se describía un mundo en el que la Humanidad entera había perdido la fe en Dios y en el propio ser humano. Puesto que esta situación estaba conduciendo al desastre, y puesto que la ciencia no había dedicado el esfuerzo debido a comprender los mecanismos neurofisiológicos de la fe, un grupo de científicos deciden clonar a un ser humano del pasado, que aún mantenía la fe, para analizar lo que esta supone en su cerebro. Así quizás pudieran ayudar a recuperar la fe perdida por la Humanidad. No les cuento más, que quizá deseen ustedes leer este interesante libro, escrito, no cabe duda, por alguien en un estado mental próximo a locura de la lucidez.

Como a fuerza de ver informativos y leer periódicos hemos aprendido, la realidad supera a la ficción, aunque a veces tarde en conseguirlo. Hoy los científicos han comenzado a dedicar esfuerzos para comprender la naturaleza neurofisiológica de la fe y de la experiencia religiosa. De esta manera, si alguna vez la Humanidad llega a perder la fe por completo, lo que en unos cientos de años puede llegar a suceder tal y como van las cosas, al menos no será sin antes haber averiguado lo que era a nivel cerebral. Así, este nuevo milenio en el que ya decididamente nos adentramos, ha visto nacer un nuevo campo de investigación, que algunos llaman la neuroteología, y otros la neurociencia espiritual.

El objetivo de esta nueva disciplina científica no es otro que comprender los mecanismos neuronales y cerebrales que están asociados con las experiencias místicas y religiosas. Y no crean que este objetivo no tiene validez universal, como todos los buenos objetivos científicos. No olvidemos que las experiencias y sentimientos religiosos no son privilegio de unos pocos. Bien al contrario, este tipo de experiencias son vividas por numerosas gentes de las más diversas religiones y culturas alrededor del mundo. En otras palabras, el cerebro del ser humano debe estar equipado de alguna manera para experimentarlas, de la misma manera que lo está para experimentar la luz, el sonido o el tacto. Entonces, ¿existe un centro neuronal divino en cada uno de nuestros cerebros? Si existe y se daña, enferma, o degenera de alguna forma, ¿perderemos nuestra fe, si acaso la tenemos aún?

Evidentemente, para comprender qué regiones del cerebro se ponen en marcha para procesar la información que nos llega por los ojos lo mejor es no utilizar como sujetos de estudio a ciegos, y ni siquiera a aquellos que tengan mala vista. De la misma manera, los sujetos ideales para intentar responder a las cuestiones que mencionaba antes deben ser personas que habitualmente experimentan vivencias religiosas, la pérdida del sentido del espacio y del tiempo, la unión completa con Dios y con el mundo; y no personas sin fe, o que solo rezan para ver si el Madrid de una vez gana un partido. ¿Y quiénes con más fe y más experimentadas en vivencias religiosas que las monjas Carmelitas?

Esto es lo que pensaron Mario Beauregard y Vincent Paquette, dos investigadores de la Universidad de Montreal, Canadá, que publican los resultados de sus interesantes estudios en la revista *Neuroscience letters*. Estos investigadores pidieron a 15 monjas Carmelitas de edades comprendidas entre los 23 y los 64 años, y que se encontraban en perfecto estado mental, su participación en el estudio. Puesto que las simpáticas monjitas les advirtieron de que "Dios no puede ser convocado a voluntad", los investigadores pidieron a las hermanas que en lugar de experimentar una vivencia mística nueva, intentaran revivir la experiencia mística más reciente. Igualmente, les pidieron que revivieran la experiencia más intensa de unión con un ser humano que recordaran (no se especificaba si la naturaleza de esta unión era física, espiritual, o ambas).

Los investigadores se proponían así estudiar qué diferencias podían existir en la actividad cerebral propia de las vivencias místicas y de las vivencias emocionales, si es que existía alguna. Para ello, mientras las Carmelitas revivían estos estados de unión don Dios o con un ser humano, la actividad de sus cerebros era estudiada mediante la técnica de resonancia magnética funcional. Esta técnica permite analizar los cambios en el nivel de oxígeno sanguíneo que suceden en el cerebro en funcionamiento, los cuales, a su vez, dependen de la actividad neuronal en un lugar determinado del cerebro.

No dirán ustedes que el experimento no es brillante, de pura inspiración divina. De hecho, es diferente de otros realizados hasta la fecha, en los que lo que se hacía era inducir experiencias místicas a base de "freir" el cerebro bajo intensos campos magnéticos y estudiar lo que sucedía. Se vio así que la estimulación magnética del córtex temporal, situado en la parte inferior lateral del cerebro, podía inducir experiencias de naturaleza mística incluso en personas ateas. Esto condujo a la hipótesis de la existencia de un "núcleo divino" en el cerebro humano, especializado en el procesamiento de información procedente de vivencias religiosas, el cual podía estar más o menos desarrollado o estimulado según las personas.

¿Encuentran este "núcleo divino" los investigadores canadienses en los cerebros de las hermanas Carmelitas? La respuesta es no. Cuando comparan las zonas cerebrales que se activan durante las vivencias místicas con las que se activan con las vivencias emocionales, los investigadores comprueban que son varias regiones en diversas zonas del cerebro las que incrementan su actividad, incluido, bien es verdad, el córtex temporal. Estas regiones están involucradas en diversas tareas cognitivas, tales como la percepción espacial del propio cuerpo; la vivencia de emociones positivas, como la alegría, el amor romántico y maternal; y la percepción subjetiva de bienestar y placer. Los investigadores sugieren que una fuerte activación de estas zonas puede conducir a sensaciones de "salir del propio cuerpo" y de amor incondicional, propias de muchas experiencias místicas.

Por supuesto, estos estudios, por desgracia o por fortuna, no dicen nada sobre la razón por la cual esas regiones cerebrales se activan. Podrían, después de todo, ser directamente activadas por el propio Dios, tras un determinado tiempo de oración, quizás, aunque también podrían activarse por otras causas de tipo físico, o incluso químico, como sustancias psicótropas, por ejemplo. En todo caso, estos estudios abren la posibilidad de que la ciencia encuentre un día un método eficaz para estimular nuestra debilitada o moribunda fe. ¿Quién se lo iba a decir a Galileo?

18 de septiembre de 2006

Sueño Ligero, Peso Pesado

En varias ocasiones he hablado en estas páginas de la creciente epidemia de obesidad que amenaza a nuestra opulenta civilización. El número de obesos y personas con sobrepeso no deja de crecer. Más preocupante aun es el hecho de que la obesidad infantil también está aumentando alarmantemente en Europa y en nuestro país. La obesidad infantil es un factor de riesgo importante para garantizar una obesidad continuada a lo largo de la vida, con el consiguiente riesgo de muerte temprana por enfermedad cardiovascular o cáncer.

Las causas de esta epidemia, que ya sufren en el mundo mil millones de personas, suelen atribuirse a razones genéticas y hormonales y a una alimentación desequilibrada, con excesivo contenido en grasas y proteínas animales y pocas frutas y verduras. A esta insensata alimentación se une un insano estilo de vida, falta de ejercicio físico, demasiado sedentarismo, demasiada televisión en el sofá.

Ante este craso panorama, la receta que se martillea una y otra vez es, por supuesto, mover menos las mandíbulas y más el resto del cuerpo. No obstante, no todos tienen la fuerza de voluntad para seguirla... siempre. Es fácil dejar de comer en exceso por unos días, o prometerse seguir un programa de ejercicio físico por unas semanas. La realidad es que pocos consiguen la fuerza de voluntad para comportarse sanamente de manera duradera. Al fin y al cabo, la carne es débil, y a la plancha, o guisada, está riquísima.

Afortunadamente, estudios recientes sugieren que puede haber una manera de perder peso, o al menos de no ganarlo, insospechadamente fácil y placentera. No se trata de dejar de comer, o de sudar la camiseta sin cobrar millonadas. Se trata, simplemente, de dormir más.

Los investigadores en el tema de la obesidad han descubierto que, además de la epidemia de gordura y sobrepeso que se cierne sobre nuestras sociedades, debemos considerar otra también preocupante: la falta de sueño. En nuestra sociedad occidental, cuanto más se come, menos se duerme y cuanto menos se duerme, más se come. Ya antaño nuestras abuelas solían decir que dormir era un buen alimento. ¿Estarán comer y dormir relacionados de algún modo?

Desde el punto de vista biológico la idea no es tan descabellada, después de todo, ya que el sueño y la búsqueda e ingesta de alimento son dos comportamientos absolutamente necesarios para la supervivencia de los animales y, por supuesto, para la nuestra. Un animal debe estar despierto para conseguir alimento, por lo que debe existir algún mecanismo que evite dormir cuando el hambre aprieta. Es, por tanto, posible que ambos comportamientos esenciales, sueño y alimentación, compartan algún mecanismo cerebral común que pueda regularlos.

La mejor manera de determinar si, en efecto, esta correlación existe es, evidentemente, mediante estudios controlados. Uno de los más recientes, realizado en la Universidad de Columbia, en Nueva York, analizó los hábitos de sueño de 9.500 personas de entre 32 y 49 años de edad. El estudio encontró que las personas que dormían solo cinco horas por noche tenían un 60% más de probabilidades de ser obesos que los que dormían siete o más horas. Otro estudio realizado con niños en el Reino Unido indicó que dormir pocas horas a los tres años de edad era un factor de riesgo para convertirse en obeso a la temprana edad de siete años.

No obstante, una de las lecciones más importantes que debemos aprender es que una asociación entre dos hechos no quiere decir que uno sea la causa del otro. Por ejemplo, la lluvia suele estar asociada con un descenso de las temperaturas, pero la lluvia no es necesariamente la causa de ese descenso, ni el descenso necesariamente la causa de lluvia.

Algo parecido podría suceder con el sueño y la obesidad. Quizá no sea la falta de sueño la que cause obesidad, sino justo lo contrario: que la obesidad conduzca a falta de sueño. Quizá los obesos, por su excesivo peso y su estilo de vida tengan mayores dificultades para conciliar y mantener el sueño, pero quizá las personas estresadas e irritadas por la falta de sueño compensen su irritación a base de dulces o hamburguesas. Peor aun, quizá obesidad y falta de sueño no sean el uno la causa del otro, sino que sean el resultado de una causa común. ¿Cómo averiguarlo?

En este caso, no basta con contar las horas que duermen las personas y pesarlas. Hay que actuar sobre las supuestas causas, en este caso la falta de sueño, y ver si se producen los supuestos efectos. En otras palabras, son necesarios experimentos que estudien si causando una falta de sueño se produce algún efecto que pueda explicar un aumento de peso.

En un experimento de este tipo, se impidió a doce hombres jóvenes voluntarios dormir más de cuatro horas durante dos noches consecutivas y se analizó entonces sus niveles de hormonas del apetito: de leptina, que es una hormona que produce sensación de saciedad, y de grelina, una hormona que produce sensación de hambre.

Y bien, tras solo dos noches sin dormir bien, que son bastantes menos de las que no dormimos bien en periodos de fiestas y ferias, los niveles de leptina habían disminuido un 18% y los de grelina habían aumentado un 28%. En otras palabras, los niveles de ambas hormonas se habían modificado para aumentar la sensación de hambre, lo que fue confirmado por los doce voluntarios, que se sentían, en efecto, más hambrientos y con deseos de comer, sobre todo, alimentos ricos en azúcares.

Aunque estos datos son interesantes, todavía queda mucho por estudiar para demostrar si la falta de sueño aumenta el hambre y conduce a un sobrepeso o incluso hasta la obesidad declarada. Entre otras cosas, es necesario averiguar qué mecanismos cerebrales y hormonales podrían regular ambos procesos. Mientras tanto, los científicos se esfuerzan en averiguar estas y otras cosas, si está usted sobrado de peso y falto de sueño, procure quedarse más en la cama (pero eso sí, sin comer) y descanse. Si así pierde peso, estupendo, y si no lo pierde, al menos no habrá desperdiciado un gran esfuerzo y voluntad.

25 de septiembre de 2006

Amargos Genes

Uno de los sabores más nauseabundos de mi infancia, cada día más lejana, como la de todos, fue el sabor de la col cocida. El de la col de la huerta local era horrendo, pero el de la col de Bruselas era indescriptiblemente nauseabundo. Mi madre era amiga de la amargura que, decía ella, era sana si era vegetal, y me daba una buena dosis cada día que decidía regalarnos con un plato de col o repollo con patatas para comer.

Nunca supe por qué a mis padres les gustaban semejante tipo de alimentos, por llamarlos de algún modo, mientras que a mí y a mis hermanos su simple olor nos producía nauseas. Por fortuna, desde mi infancia hasta aquí es mucho lo que la ciencia ha descubierto; entre otras cosas, el mecanismo fisiológico del sabor amargo de ciertas verduras y por qué a unos individuos, en particular a los niños, ese sabor les repele más que a otros.

Como para tantas otras cosas en medicina y biología, los científicos creen que la explicación del porqué del sabor amargo, como de los otros sabores, se encuentra en los mecanismos de evolución de las especies. Se supone que muchas plantas se defienden de ser comidas mediante la fabricación de sustancias tóxicas dañinas para el animal que se atreva a ingerirlas. Entre estas sustancias, se encuentran las llamadas glucosinolatos, que causan problemas hormonales al interferir con la captación de yodo por el tiroides, lo cual afecta al desarrollo de los organismos e incluso puede llegar a causar daño cerebral. Evidentemente, esto es muy dañino, sobre todo para los organismos en crecimiento, como nuestros niños.

Los animales se han defendido de esta guerra química mediante varias estrategias, una de las cuales es desarrollar sensores que detectan la presencia de esas sustancias tóxicas para evitarlas. Se cree que esos sensores no son otros que las proteínas receptoras de las papilas gustativas de la lengua que detectan el sabor amargo.

Era ya conocido que la lengua posee, en efecto, un receptor para el sabor amargo, llamado TAS2R. Este receptor está producido por un gen del que existen varias formas que confieren a sus propietarios la capacidad de sentir el sabor amargo con mayor o menor intensidad. La razón de la existencia de esas distintas formas de TAS2R era desconocida, como también era desconocido si este receptor era el responsable de la detección del sabor amargo de los glucosinolatos tóxicos que impiden la fijación del yodo por el tiroides.

Para averiguarlo, no hay nada mejor que realizar experimentos adecuadamente diseñados. Es lo que hicieron los investigadores Mari Sandell y Paul Breslin, del Centro de Investigación Química de los Sentidos de Philadelphia, USA, sin duda, un centro de investigación con mucho sentido.

Estos investigadores sometieron a treinta y cinco esforzados voluntarios paladares humanos a probar varios tipos de verduras crudas, ricas o no en glucosinolatos, y a valorar la intensidad del sabor amargo que sentían. Además, analizaron el ADN de estas personas para determinar qué tipo de receptor TAS2R poseían si el muy sensible al sabor amargo o el menos sensible a este sabor.

Y bien, los individuos que poseían dos copias de la variante sensible del gen TASR2 (una en el cromosoma heredado del padre y otra en el heredado de la madre) describieron las verduras que contenían glucosinolatos como bastante más amargas que las personas que no poseían las variantes sensibles de ese gen. Igualmente, las verduras con menor contenido en glucosinolatos eran valoradas como menos amargas que las de mayor contenido en esta sustancia tóxica.

Estos resultados parecían indicar que, en efecto, los responsables del sabor amargo de las verduras eran los glucosinolatos, pero no explicaban por qué existen variantes de este gen que no detectan bien el sabor de esta sustancia, y que ponen en riesgo a sus propietarios de desarrollar problemas de tiroides.

La respuesta a este misterio se encuentra de nuevo en los mecanismos de la evolución de las especies. A pesar de su contenido en glucosinolatos, las coles de Bruselas y otras verduras amargas poseen también nutrientes y sustancias que son buenas para la salud. De esta manera, en áreas en las que existe abundante yodo y en las que por consiguiente no es probable que los glucosinolatos impidan el correcto funcionamiento del tiroides, es ventajoso no detectar el sabor amargo de esas verduras, no evitar por tanto comerlas, y beneficiarse así de los nutrientes que proporcionan. En estas áreas sería pues ventajoso poseer la variante no sensible del receptor TASR2.

Por el contrario, en áreas en las que el yodo no es abundante, y en las que por tanto los glucosinolatos pueden ser realmente dañinos para la salud, es ventajoso poseer la variante sensible del gen TASR2 que incite a evitar ingerir verduras ricas en esas sustancias. Es también posible que dado que el yodo es más necesario en la infancia, los niños dispongan de mayor número de receptores que, sean del tipo que sean, aumentan la sensación de sabor amargo.

Tenemos pues dos tipos de condiciones que favorecen bien la expansión de la variante sensible del gen TASR2, bien la variante menos sensible del mismo. Esta es la razón de que ambas variantes de este gen hayan llegado hasta nuestros días y una de ellas no haya sido eliminada por la selección natural.

Por supuesto, además de los genes, la educación y la cultura desempeñan un papel importante en los sabores que percibimos como buenos o malos. Sea como fuere, la próxima vez que algo le deje un sabor amargo en la boca, no culpe a los malos espíritus ni justifique el amargor invocando el valle de lágrimas en el que supuestamente nos encontramos para sufrir. Piense, en cambio, que la causa del sabor amargo no es otra que la batalla de los genes por favorecer la supervivencia de los organismos que los contienen, uno de los cuales es, por suerte para usted, su querido cuerpo.

2 de octubre de 2006

Interferencia Génica

No suelo escribir en estas páginas sobre descubrimientos que han hecho merecedores del premio Nobel a sus descubridores. Normalmente, los interesados pueden encontrar información suficiente sobre la importancia del descubrimiento en todos los medios de comunicación del mundo. Sin embargo, el premio Nobel de Fisiología y Medicina de este año me parece tan acertado y tan interesante, y sus aplicaciones prácticas tan importantes, que deseo aprovechar el espacio del que dispongo para intentar explicarlo con algo de detalle.

El descubrimiento que ha valido el premio Nobel este año a los científicos estadounidenses Andrew Fire y Craig C. Mello es el del mecanismo de la *interferencia genética*. Este mecanismo participa en la defensa de las células frente al ataque de los virus, en el control del funcionamiento de los genes y puede tener aplicaciones importantes para la terapia de numerosas enfermedades genéticas, aunque esto queda aún por confirmar.

¿Cómo funciona la interferencia genética?

Es sabido que los genes están contenidos en la doble hebra del ADN de nuestros cromosomas. No obstante, un trozo de ADN no es nada si no es capaz de manifestarse, de fabricar a partir de la información genética que contiene una pieza de la maquinaria de las células. Para manifestar esta información, el primer paso es transmitirla mediante la fabricación de una molécula del llamado ácido ribonucleico, ARN. Esta molécula, fabricada a partir de un gen determinado del ADN, es la receptora y transmisora del mensaje genético, por lo que se llama ARN mensajero.

La fabricación de este ARN mensajero es la que decreta, a su vez, la formación de proteínas determinadas, de acuerdo a las instrucciones contenidas en dicho ARN. Estas proteínas son las piezas que hacen funcionar a la maquinaria celular, es decir, el número y tipo de piezas que las diferentes células de nuestros cuerpos producen para su funcionamiento depende del mecanismo de transmisión de las instrucciones genéticas desde el ADN al ARN y a las proteínas.

Por supuesto, un mecanismo de tal importancia debe estar sometido a un control preciso. No es conveniente que, por ejemplo, una célula del hígado se ponga a fabricar una pieza que no le corresponde. Imaginemos que, por un casual, las células de ese órgano se pusieran repentinamente a fabricar insulina, que es propia de las células beta del páncreas. El aumento de la concentración de insulina en sangre nos causaría una hipoglucemia que podría ser mortal.

Uno de los mecanismos de control de la fabricación de proteínas a partir de las instrucciones genéticas se encuentra en los propios genes, es decir, en el ADN. Este posee zonas específicas a las que se unen numerosas proteínas que, juntas, determinan si se fabrica o no ARN mensajero a partir del ADN. Durante algún tiempo se pensó que este era el único mecanismo de control de la fabricación de piezas de la maquinaria celular a partir de los genes, pero algunos experimentos de resultado inesperado indicaron que no era así.

El descubrimiento inicial no puede ser más descolorido. Resulta que allá por 1990 científicos en USA y Holanda pretendieron introducir copias adicionales de ciertos genes que afectan al color de las petunias y mejorar así el colorido de estas flores. Sin embargo, cuando introdujeron estos genes se encontraron con que en lugar de conseguir petunias de colores violeta o rojo más intensos, consiguieron petunias blancas.

Cuando los científicos analizaron qué petunias estaba sucediendo, se encontraron con que la introducción de las copias extra de esos genes causaba que tanto los genes normales de las petunias como los que habían sido introducidos dejaran de funcionar, quedaran silenciados, mudos.

¿Por qué habían dejado de funcionar los genes? Nadie lo sabía.

Unos años más tarde, estudios sobre los mecanismos de resistencia de los virus de las plantas indicaron que células a las que se había introducido pequeñas regiones de ARN de virus que las atacaban eran más resistentes a la infección por esos microorganismos. Los investigadores pusieron entonces trocitos de algunos genes de las plantas junto con el ARN del virus y vieron que al introducirlo en las células los genes de las plantas también dejaban de funcionar. Sin embargo, seguía sin saberse por qué se silenciaban los mensajes de los genes al introducir genes enteros o trozos de esos mismos genes dentro de las células.

En 1997, un equipo de investigadores indios se acercó a la resolución del misterio al descubrir que el silenciamiento de los genes sucedía también en la mosca *Drosophila melanogaster* y dependía de la fabricación de ARN por las células. Este trabajo fue el que inspiró el trabajo de los ganadores del premio Nobel de este año, los doctores Fire y Mellow. Estos investigadores utilizaron otro de los animalillos favoritos de los biólogos, el gusanillo de alrededor de un milímetro de longitud *Caernorhabditis elegans*, para demostrar, en 1998, que la inyección en sus células de pequeños trozos de ARN de doble hélice, como el ADN (este era el secreto), producía un potente y específico silenciamiento de los genes. Estos investigadores llamaron a este ARN de doble hélice ARN interferente, o ARNi (RNAi, en sus siglas en inglés). El agente causante del silenciamiento había sido descubierto.

Este descubrimiento, a su vez, abrió la puerta a la investigación del mecanismo molecular de interferencia génica y a interesantes aplicaciones para la investigación y la terapia de enfermedades. Muchos científicos investigan la función de numerosos genes. Para conocer lo que hacen esos genes en las células, nada mejor que eliminarlos de las mismas y estudiar qué sucede, pero ¿cómo? El descubrimiento del ARN interferente proporcionó una herramienta fácil para eliminar uno a uno los genes de las células, una herramienta utilizada hoy en numerosos laboratorios del mundo, incluido el nuestro. Hoy, miles de publicaciones científicas son el resultado de la utilización de esta herramienta que ha permitido descubrir o, al menos, avanzar en la comprensión del funcionamiento de muchos genes.

Por último, ciertas enfermedades, entre ellas muchos cánceres, son producidas por defectos en algunos genes; otras, por genes de virus o bacterias. El ARN interferente proporciona igualmente una herramienta para intentar conseguir su silenciamiento. Las investigaciones en este sentido no han hecho más que empezar.

Por estas razones, el premio Nobel de Medicina de este año es bien merecido, aunque no conviene perder de vista el importante trabajo previo realizado por otros investigadores que lo ha hecho posible. Este es, quizá, el lado injusto de los premios, que sin duda sirven para estimular la actividad investigadora de numerosos jóvenes soñadores, y también para decirnos a todos que toda investigación es importante aunque no se sea directamente premiado por ella.

9 de octubre de 2006

Madres Del Cáncer

El próximo día 19 de octubre se celebra el día mundial del cáncer de mama. El cáncer de mama es el segundo tipo de cáncer que mayor mortalidad causa entre las mujeres de los países desarrollados, si bien hace unos años era el primero. Debido al aumento del número de fumadoras, el cáncer de pulmón ha pasado a ser, desde hace más de diez años, la primera causa de mortalidad por cáncer entre las mujeres, como lo es de los hombres desde hace más de cinco décadas.

Sin embargo, el cáncer de mama es el tipo de cáncer más frecuentemente diagnosticado entre las mujeres. Puesto que la mortalidad femenina debida al cáncer de mama es menor que la causada por el cáncer de pulmón, de esto se deduce que, a pesar de ser el que más frecuentemente se produce, el cáncer de mama es más curable que este último.

Aunque la investigación contra el cáncer en general es intensa, es cierto que aquellos cánceres más frecuentes son los más investigados. Entre ellos, no hay duda, se encuentra el cáncer de mama. Los avances en diagnóstico y tratamiento de este tipo de cáncer han tenido su impacto en la mortalidad que causa, que se encuentra en continua disminución desde hace ya más de diez años.

Una nueva avenida de investigación contra el cáncer, relativamente reciente, puede ayudar a desarrollar nuevas terapias más eficaces, no solo contra el de mama, sino también contra otros tipos de tumores. La avenida de investigación ha sido abierta por el interés en las células madre que, en principio, no son utilizadas para intentar curar el cáncer, sino para conseguir la regeneración de tejidos y órganos. Afortunadamente, todo en biología –y en ciencia y en la vida, en realidad– está unido, conectado de maneras a veces insospechadas, las cuales, una vez descubiertas, proporcionan nuevos puntos de vista para explorar lo desconocido.

Las investigaciones en células madre han conducido a avances importantes en lo que se refiere a la biología de la glándula mamaria. Hace solo unos meses refería en estas páginas la demostración científica de la existencia de células madre para la mama en el ratón. Estas células son las responsables de la formación de la mama durante la pubertad. Las investigaciones demostraron que una sola célula madre podía regenerar una mama de ratón completa que había sido previamente extirpada.

Las células madre pueden lograr esta proeza porque tienen la propiedad de dividirse indefinidamente, precisamente como las células de un tumor. Como todas las células que se dividen, una célula madre produce dos hijas, pero en este caso una de las hijas es idéntica en todo a su madre y continúa siendo, por tanto, célula madre, mientras que la otra puede sufrir las transformaciones necesarias para convertirse, ella y sus descendientes, en células especializadas como, por ejemplo, las productoras de leche. La célula madre que ha quedado de estas dos hijas iniciales, puede dividirse de nuevo en dos células, una de las cuales seguirá conservando las propiedades de la célula madre mientras que la otra podrá de nuevo convertirse en alguno de los tipos de células especializadas que forman la mama. Y así hasta completar la mama.

Este proceso de división celular y de adquisición de nuevas funciones celulares en una de las células hijas es el que se cree participa en la formación no solo de la mama, sino también de otros órganos. Por ejemplo, se sospecha que células madre hepáticas pueden ser las responsables de la extraordinaria capacidad de regeneración del hígado. Afortunadamente, el proceso está autorregulado y deja de funcionar en un momento dado, que en el caso de la mama, evidentemente, sucede antes o después, de acuerdo a la talla de sujetador que acabe por utilizarse.

¿Qué sucedería si este proceso no se detuviera a tiempo? ¿Podría estar sucediendo algo así en el caso del crecimiento incontrolado de un tumor? ¿Existen células madre tumorales causantes del crecimiento tumoral?

Las investigaciones recientes así parecen indicarlo. Por ejemplo, se ha demostrado que aquellas razas de ratones de laboratorio con mayor número de células madre mamarias tienen mayor incidencia de cáncer de mama. El tema se encuentra también bajo debate en otros tipos de cánceres.

¿Qué implicaciones puede tener este descubrimiento para el tratamiento del cáncer? De ser cierto que las causantes de los tumores son células madre tumorales, que se dividen dando lugar a células hijas, el crecimiento de un tumor sería similar al de la formación de un órgano, pero de manera desordenada. Para parar ese crecimiento, no bastaría con matar a las células más maduras, que han podido dejar de ser células madre. Habría que acabar con todas aquellas células madre tumorales, que siguen teniendo la capacidad de regenerar el tumor a partir de solo una de ellas.

Por fortuna, las investigaciones sobre las propiedades de las células madre normales, esas que quizá un día podamos usar para curar enfermedades degenerativas como el Parkinson, el Alzheimer y la diabetes, nos proporcionan también información valiosa sobre las propiedades de las células madre tumorales. Esta información, junto con la nueva que sin duda se generará al ir avanzando en esta línea de investigación, permitirá quizá desarrollar estrategias terapéuticas encaminadas a la completa erradicación no del tumor en sí mismo, sino de las células madre tumorales. Al erradicarlas, el tumor dejaría de crecer y, por tanto, de suponer una amenaza para la vida. Para entenderlo mejor, quizá lo habríamos convertido en una especie de verruga que, aunque fea, sería inofensiva.

Así pues, ¿quién lo hubiera pensado?, el estudio de las células inmortales, las que nunca dejar de crecer, las células madre, puede no solo proporcionar beneficios para curar enfermedades degenerativas, sino además para curar enfermedades causadas por un proceso incontrolado de excesiva regeneración, como es el cáncer. Esta situación debe hacernos reflexionar sobre las consecuencias de poner trabas a la investigación en este tema, como sucede en Estados Unidos sin ir más lejos, por consideraciones supuestamente éticas. Consideraciones que, muchas veces, no se basan en análisis racionales sobre lo que es conveniente hacer o no para conseguir el bien común, sino en creencias sin lógica ni fundamento científico alguno, por respetables que sean las personas que las creen.

16 de octubre de 2006

Parásitos, Sexismo y Cultura

El parásito *Toxoplasma gondii* ha vuelto a aparecer en la escena científica debido a una serie de estudios, cuando menos inquietantes, que suscitan preguntas incómodas no solo sobre el estado de salud de las poblaciones de varios países, sino sobre la identidad y personalidad de cada uno de nosotros, e incluso sobre el tipo de cultura en la que nos ha tocado nacer. ¿Puede un parásito tener tanto poder?

Recordemos que *Toxoplasma gondii*, del que ya he hablado en alguna ocasión, es un parásito fascinante. Se trata de un microorganismo de la familia de los protozoos, como el Paramecio que los ya no tan jóvenes estudiábamos en la escuela de nuestra infancia. Este protozoo es extraordinario porque se las arregla para vivir no –como otros– en la sangre o en el intestino, sino nada menos que en el interior de las células del cuerpo, donde el sistema inmune no puede alcanzarle.

El ciclo vital de este parásito alcanza su culminación en su reproducción sexual, que solo puede suceder en el interior de gatos u otros felinos. El gato ingiere el parásito al comerse un ratón o una rata infectada. El parásito infecta entonces las células del intestino del gato, donde se reproduce sexualmente y produce oocitos, es decir, células reproductoras, que son liberados con las heces. La ingesta de esos oocitos por otros animales acarrea su infección.

Además del gato y los felinos, el parásito puede hospedarse en muchas otras especies de sangre caliente, incluido el ser humano, los cuales nos contagiamos al comer carne cruda o no completamente cocinada, o incluso hortalizas mal lavadas.

La infección inicial en el ser humano puede producir síntomas parecidos a los de la gripe y, en raras ocasiones, puede incluso causar la muerte. En general, tras esta infección, el parásito reside en estado de latencia en el interior de las células musculares y, lo que es mucho más inquietante, en el interior de las células cerebrales.

Dentro de estas células, el parásito se reproduce lentamente en el interior de vacuolas. Cuando se ha alcanzado un alto nivel de parásitos en las vacuolas celulares que los abrigan, la célula explota y libera al exterior esos parásitos, que pueden entonces infectar nuevas células introduciéndose dentro de ellas.

Si la infección sucede durante el embarazo, el parásito puede atravesar la placenta e infectar al feto, al que puede causar varios problemas graves, incluido el aborto o defectos en su desarrollo. Esta es la razón por la que conviene no tener gatos en casa si se pretende tener hijos, sobre todo si se deja salir al gato al exterior, donde puede infectarse con facilidad.

El interés en *Toxoplasma gondii* ha resurgido gracias a dos trabajos de investigación recientes. En uno de ellos, el parasitólogo eslovaco Jaroslav Flegr estudia la proporción de niños y niñas nacidos de madres infectadas de forma latente con *Toxoplasma*. La infección latente, afortunadamente, no causa problemas en el embarazo. Sin embargo, los resultados del estudio, realizado con 1.803 nacimientos en tres servicios de maternidad de hospitales de Praga, indican que si la proporción normal de nacimientos es de 104 niños por cada 100 niñas, las madres infectadas con *Toxoplasma* dan a luz a 150 niños por cada 100 niñas. Lo que es más, en aquellas mujeres con niveles en sangre más elevados de anticuerpos anti *Toxoplasma*, la proporción de nacimientos es de 260 niños por cada 100 niñas. *Toxoplasma* parece pues un parásito muy machista que, en los tiempos que corren, habría que eliminar por todos los medios del cuerpo de las mujeres, en aras a la verdadera paridad.

Si este problema es ya suficientemente grave, espere a leer lo que sigue. Estudios llevados a cabo con ratas de laboratorio indican que las ratas infectadas con *Toxoplasma* muestran cambios en su comportamiento. En particular, las ratas son más atrevidas y parecen temer menos a los gatos, e incluso, imprudentemente, buscan los sitios en donde estos han orinado. Es evidente que esta conducta arriesgada facilita la caza de la rata por su enemigo el gato, pero, en realidad, lo que facilita es la infección del gato por el *Toxoplasma* tras comerse a la rata fácilmente cazada. Así pues, el parásito, al vivir en el cerebro de su huésped, es capaz de modificar su comportamiento para facilitar su propia reproducción.

¿Sucede lo mismo en el ser humano? Y bien, como muchos de nosotros no somos sino ratas de biblioteca, no es sorprendente que la respuesta sea positiva. El mismo investigador eslovaco es coautor de un estudio en el que se analizan los rasgos de personalidad en hombres y mujeres infectados o no con *Toxoplasma*. Los resultados indican que en los hombres la infección está asociada con un mayor desinterés por la novedad, mientras que en las mujeres infectadas parece causar el efecto opuesto, ya que son más extrovertidas. Además, la infección con *Toxoplasma* parece incrementar las conductas de riesgo y, paradójicamente, aumentar los sentimientos de inseguridad y duda sobre sí mismo.

Por si esto fuera poco, la infección con *Toxoplasma* está asociada con rasgos neuróticos de personalidad y también con brotes psicóticos propios de la esquizofrenia. Varios estudios han encontrado altos niveles de anticuerpos anti *Toxoplasma* en la sangre de esquizofrénicos. Además, el Haloperidol, un medicamento usado para el tratamiento de la esquizofrenia, disminuye la capacidad de reproducción del *Toxoplasma* en cultivos celulares en el laboratorio, lo que sugiere que la relación entre *Toxoplasma* y esquizofrenia puede ser de causa a efecto, y no solo una mera asociación.

Se estima que alrededor de un 65% de la población mundial está infectada con *Toxoplasma*. Los porcentajes varían mucho de país en país. Por ejemplo, Korea tiene infectada el 4,3% de la población; el Reino Unido, el 22%; Estados Unidos, el 33,1%; España, el 42,8 %, Brasil, el 66,9% y Francia, hasta el 88%.

Estas diferencias entre países, unido al efecto que *Toxoplasma* parece ejercer sobre la personalidad humana, han llevado a algunos a postular que la Toxoplasmosis debe ser considerada como un factor de evolución cultural. Si la cultura de un país, digamos su personalidad, sus maneras y costumbres, son el resultado de la interacción de las personalidades de los individuos que lo forman, cualquier factor que afecte a esta última acabará tarde o temprano por afectar a la cultura que resulta de la interacción entre los individuos. Por supuesto, queda mucho por estudiar para comprobar si esta inquietante hipótesis es cierta.

Mientras tanto, si usted siente dudas sobre sí mismo, se siente perdido, desinteresado, si es un hombre, o con muchas ganas de hablar, si es mujer, piense en el *Toxoplasma* que quizá sea parte de usted, como lo es de casi la mitad de quienes le rodean en España.

23 de octubre de 2006

Un Nuevo Gen Para *Rain Man*

UNO DE LOS requisitos más importantes para conseguir curar una enfermedad es conocer sus causas. Sin saber qué factores son determinantes para que la enfermedad se manifieste es difícil poder intervenir sobre ellos, lo cual es condición indispensable para curarla.

En mi opinión, es esta una de las tragedias de la medicina moderna, capaz de identificar enfermedades y condiciones patológicas que aún no tienen cura, ni son conocidas las causas que las determinan. Un ejemplo de este tipo de enfermedad es el autismo.

Todos quizá nos concienciamos un poco más de la existencia de este desorden neurológico gracias a la película *Rain Man*, producida en 1998 y protagonizada por Dustin Hoffman y Tom Cruise. Sin embargo, el autismo existe quizá desde antes de que *Homo sapiens* apareciera sobre la Tierra.

El autismo se define como un desorden del desarrollo neuronal que aparece antes de los tres años de edad y que se manifiesta por retrasos en la interacción social y en el uso del lenguaje como herramienta de comunicación. La mayoría de los niños autistas prefieren el contacto con objetos al contacto con personas, y parecen tener una enorme dificultad para aprender a entablar interacciones sociales cotidianas. Incluso tras los primeros meses de vida, los niños autistas ya evitan la mirada y la interacción con otros seres humanos. Los niños autistas prefieren a menudo estar solos y solo aceptan pasivamente signos de afecto, como abrazos o caricias, sin devolverlos. Este tipo de comportamiento distante causa un enorme desasosiego en los padres y otros miembros de la familia, que no comprenden su razón de ser, y se preguntan si acaso se debe a que ellos estén haciendo algo mal.

Como con tantos otros casos de enfermedades mentales, el autismo es más frecuente en niños que en niñas –unas cuatro veces más–, aunque la proporción de los casos más severos es prácticamente la misma entre los dos sexos. Además, un estudio publicado este mismo año revela que los hombres cuarentones tienen una probabilidad unas seis veces mayor de engendrar un hijo autista que los hombres veinte o treintañeros (quizá por eso se pasa de treintañero a cuarentón). En este caso, la proporción de niños nacidos autistas es la misma para los dos sexos.

El número de casos de autismo diagnosticados no cesa de aumentar en estos últimos años. Parecemos asistir a una epidemia mundial de autismo. Existen varias teorías para explicar esto. Una de ellas postula simplemente que, gracias a la mayor concienciación sobre la enfermedad, se han refinado los criterios de facilitan su diagnóstico, de manera que casos que antes pasaban desapercibidos son ahora diagnosticados. Otros, en cambio, mantienen que existen variaciones en el modo de vida, quizá incluso en la alimentación, que pueden incrementar el riesgo de que un niño desarrolle autismo.

Determinar qué teoría es cierta reviste su importancia porque, puesto que desconocemos las causas del autismo, si estas son principalmente medioambientales, la investigación se enfocará hacia ellas, dejando de lado la investigación de otras posibles causas, como las genéticas. Por el contrario, si el aumento de los casos no se debe más que a cambios en la manera de diagnosticar la enfermedad, pero no refleja un aumento real de su incidencia, las causas habrá que buscarlas posiblemente en los genes. No obstante, los expertos en enfermedades genéticas saben que ambas cosas, genes y ambiente, pueden interaccionar de maneras diversas que acaban conduciendo o no a una enfermedad, según los casos. Los genes son factores de riesgo, después de todo y, salvo contadas excepciones, no determinan por sí solos que se deba sufrir una enfermedad.

De hecho, algunos estudios sugieren que el autismo puede ser debido en parte a causas genéticas. ¿De qué gen podría tratarse? ¿Cómo podríamos averiguarlo? Para encontrarlo, un consorcio de investigadores de diversas universidades estadounidenses e italianas se enfocó en el estudio de familias con casos de autismo severo que, además, se acompañaban de problemas gastrointestinales e inmunológicos. Apoyándose en otros estudios previos que sugerían la presencia de un gen causante del autismo en una región del cromosoma 7, los investigadores analizaron dicha región en busca de genes cuyos defectos pudieran explicar no solo el autismo, sino también los problemas inmunológicos e intestinales.

Fue así como encontraron el gen MET, que produce una proteína receptora en la superficie de las células la cual envía a su interior señales indicativas de si las células deben crecer o no. El mal funcionamiento de esta proteína ha sido asociado con la generación de metástasis de algunos tumores y, además, con disfunciones gastrointestinales e inmunológicas. Sin embargo, lo más interesante era que estudios recientes indicaban que el gen MET participa en el desarrollo del córtex cerebral y del cerebelo. Esto sí podía explicar, quizá, su implicación en el autismo, ya que defectos en el desarrollo normal del sistema nervioso bien pudieran ser la causa de esta enfermedad.

Ahora solo quedaba analizar si la variante de este gen que poseían los miembros de esas familias afectados de autismo era diferente de la que poseían individuos normales. Lo han adivinado, este es, en efecto, el caso. La variante del gen MET que habían heredado los niños autistas mostraba un cambio de una de las letras del ADN en la región del gen que controla su funcionamiento. Esta mutación causa que dicha variante del gen produzca solo la mitad de la cantidad normal de proteína, lo cual, posiblemente, afecta a la intensidad de señal recibida por las células, que puede no ser suficiente como para que estas crezcan y se comporten con normalidad. Estos resultados se publicaron el pasado 19 de octubre en la revista estadounidense *Proceedings of the Nacional Academy of Sciences*, y abren la puerta a la investigación de nuevos fármacos contra el autismo que actúen sobre el gen MET. Como siempre, la investigación genera no solo conocimiento, sino también esperanza.

Sin embargo, el misterio del autismo dista mucho de quedar resuelto. Resulta que el 47% de las personas normales poseen la variante "autista" del gen, sin que por ello hayan desarrollado autismo alguno. Solo unos pocos lo desarrollan. Esto sugiere que, además de este gen MET mutado, otros factores afectan al desarrollo del autismo. Por supuesto, estos factores pueden ser medioambientales, pero también otros genes aún desconocidos podrían colaborar con el mutado gen MET para producir la enfermedad en solo los individuos que los poseyeran. Como siempre que conocemos algo más, ahora sabemos que nos faltan otras cosas por conocer. La investigación debe continuar.

30 de octubre de 2006

Vida y Calor

Todos sabemos que la temperatura óptima de nuestro cuerpo es 37°C y que esta temperatura se mantiene constante en un individuo sano, independientemente de las variaciones de la temperatura ambiente. En condiciones normales, solo se producen pequeños aumentos o disminuciones de ese valor de temperatura a lo largo del día. Por ejemplo, por las mañanas nuestros cuerpos presentan temperaturas más elevadas que durante la noche.

Una modificación de la temperatura corporal de solo un grado al alza o a la baja ya causa problemas. Por esta razón, nuestros cuerpos y el de los animales de sangre caliente disponen de mecanismos sofisticados para mantener la temperatura dentro de un rango de valores muy estrecho, un rango menor de un grado centígrado de variación.

En primer lugar, nuestros cuerpos disponen, en la parte del cerebro denominada hipotálamo, de un termostato, es decir, de un mecanismo neuronal de detección de la temperatura corporal. Además, al igual que el termostato de nuestra nevera o aire acondicionado pone en marcha o apaga el motor para mantener la temperatura deseada, el termostato corporal, si detecta variaciones de la temperatura, debe ser capaz de poner en marcha mecanismos conducentes bien a un aumento, bien a una disminución de la misma. Por ejemplo, si la temperatura sube, se desencadena la producción de sudor que, al evaporarse, absorberá el exceso de calor que pueda haberse producido (con el ejercicio físico, quizá). Y si la temperatura desciende, se estimula el movimiento muscular involuntario, temblores, que generan calor tendente a elevar de nuevo la temperatura.

Entre los factores que parecen afectar a la temperatura normal del cuerpo se encuentra la dieta. Mis lectores conocerán, además, que varios estudios han demostrado que la disminución de la cantidad diaria de calorías ingeridas por animales de laboratorio resulta en un aumento de la longevidad de estos.

Y bien, la disminución de la ingesta alimenticia resulta también en una disminución de la temperatura corporal. Así, los ratones de laboratorio mantenidos con dietas bajas en calorías disminuyen su temperatura corporal alrededor de medio grado centígrado. Es como si, al no ingerir suficientes calorías, el cuerpo bajara el termostato para economizar energía, forzándolo así a generar menos calor. Esto es muy similar a lo que haríamos durante las crisis económicas o energéticas en las que, probablemente, bajaríamos la temperatura del termostato de nuestras viviendas para ahorrar energía, y dinero.

Este fenómeno planteó a los investigadores una pregunta muy difícil de responder: ¿qué es lo que causa el aumento de la longevidad, la disminución de las calorías de la dieta o la disminución de la temperatura corporal que resulta de dicha dieta baja en calorías?

Para responder a esta pregunta bastaría con disminuir la temperatura corporal de ratones de laboratorio a los que se alimentara con una dieta normal, no restringida en calorías, y medir su longevidad. El problema es que esto es muy fácil de decir, pero muy difícil de hacer. Para bajar su temperatura corporal no podemos, por ejemplo, meter a los animales en una habitación más fría, porque eso no la hará disminuir. Recordemos que disponen de mecanismos sofisticados para mantener su temperatura corporal independientemente de los cambios de temperatura ambiente.

Para descender su temperatura corporal no hay otro remedio que engañar al termostato. Hay que hacerle creer que la temperatura del cuerpo es mayor de lo que realmente es para que así mantenga una temperatura corporal menor, creyendo que es la adecuada.

¿Es posible engañar al termostato, al menos el de los animales de laboratorio?

Unos investigadores del instituto Scripps en la Jolla, California, han demostrado que es posible. Estos investigadores sabían que el termostato se encuentra en una región muy específica del cerebro. Si podían lograr que la temperatura subiera solo en esa región, el termostato creería que la temperatura corporal era también más elevada. Sería como si, con un mechero, calentáramos el termostato de la calefacción de casa (aquellos que lo tengan) para que "creyera" que la temperatura de la habitación es más elevada de lo que realmente es y así no pusiera en marcha la caldera. De nuevo: ¿cómo logramos subir la temperatura solo en el termostato? ¿Cómo metemos un "mechero" en el cerebro?

Afortunadamente, nuestro cuerpo cuenta con "mecheros" moleculares. Estos son frecuentes en un tipo especial de tejido adiposo, el llamado tejido adiposo marrón. Este tejido adiposo en lugar de almacenar grasa la quema para producir calor. El tejido adiposo marrón es más abundante en los animales recién nacidos, los cuales necesitan generar más calor que los adultos por su pequeño tamaño.

Las células adiposas marrones poseen funcionando unos genes especiales en sus mitocondrias, que son los orgánulos de la célula que queman los azúcares y grasas para producir energía. Estos genes especiales consiguen que, en lugar de que se produzca energía útil, esta se disipe en forma de calor. Uno de estos genes se denomina proteína desacopladora dos, o UCP2 (de sus siglas en inglés, idioma de la ciencia).

Mediante técnicas de biología molecular, los investigadores hicieron que este gen, el UCP2, se pusiera a funcionar en las mitocondrias de células cercanas al termostato cerebral de sus ratones de laboratorio. De esta manera, esas células producían más calor de lo normal. Habían así logrado introducir en sus cerebros un "mechero molecular" que calentaba el termostato, pero no el resto del cuerpo. Como era de esperar, la temperatura corporal de los ratones descendió un poco, alrededor de medio grado centígrado. Los ratones, sin embargo, dejados a su libre albedrío alimenticio, comían lo mismo que los ratones normales, es decir, ni aumentaban ni disminuían la cantidad de calorías de su dieta. Esto quería decir que si su longevidad variaba, no era debido a una diferencia en las calorías ingeridas

¿Viven más estos ratones que los ratones normales? La respuesta es sí. Las hembras un 20% y los machos un 12% más, lo que a escala humana supondrían de 8 a 12 años de vida adicionales. Así pues, parece que es la disminución de la temperatura corporal causada por una dieta baja en calorías lo que aumenta la longevidad y no la disminución de las calorías de la dieta propiamente dicha.

No muchos están dispuestos a pasar hambre para vivir más, pero si, de alguna manera, quizá farmacológica, se lograra disminuir ligeramente nuestra temperatura corporal, quizá muchos nos apuntaríamos encantados a vivir con frialdad, aunque sin desdén, una buena, larga y, si es posible, opípara vida.

13 de noviembre de 2006

Homo diabetens

Aún se debate en ciertos foros sobre qué es lo más característico del ser humano: que si la risa, que si la religión o la cultura, que si su alta inteligencia, que si es el único animal que ha dejado de fumar al menos una vez… No obstante, todas esas consideraciones filosóficas olvidan lo más fundamental: el ser humano es el único animal que piensa que la diabetes es una enfermedad que van a sufrir solo "los otros". Y sin embargo…

Se estima que una persona de cada seis de la llamada Civilización Occidental sufre de algún tipo de desorden que puede considerarse como pre-diabético, aunque ellas no lo saben. Esas personas tienen un 75% de probabilidades de desarrollar diabetes en los próximos 30 años. En Estados Unidos se estima que en los hoy *born in the USA* –y Bruce Springsteen ya nos avisaba de lo malo que eso podía llegar a ser para la vida de uno–, las probabilidades de desarrollar diabetes son de una entre tres. Lo que es lo mismo: un tercio de la población de los Estados Unidos será diabética en un futuro no muy lejano. Por desgracia, en Europa tampoco andamos lejos de esas cifras. Con este panorama, si estamos ya sufriendo las consecuencias del calentamiento global, pronto sufriremos también las de la hiperglucemia mundial.

Como todos sabemos, una de las causas de la diabetes es la falta de producción de insulina por las células beta del páncreas, que la secretan a la sangre en mayor o menor cantidad de acuerdo a la concentración de glucosa presente en el plasma. En realidad, no es que las células beta del páncreas dejen de producir insulina porque se hagan viejas o tengan algún problema, sino porque son eliminadas por las células del propio sistema inmune, que en algunas personas las identifica erróneamente como enemigos y las mata. Este tipo de diabetes necesita de inyecciones frecuentes de insulina para su tratamiento.

El descrito arriba no es el único tipo de diabetes. Unas diez veces más frecuente que la diabetes dependiente de insulina, llamada de tipo I, es la causada por una resistencia de las células a los efectos de la insulina. Esta es la llamada diabetes de tipo II y, en ella, aunque se pueden producir inicialmente cantidades adecuadas de insulina en algunos casos, las células del cuerpo se han hecho refractarias a la misma; digamos que no le hacen caso, no captan la glucosa de la sangre y sus niveles suben por encima de lo normal.

Desde hace varios años se conoce que ciertas variantes de algunos genes incrementan tanto el riesgo de padecer diabetes de tipo I como diabetes de tipo II. Sin ir más lejos, no hace mucho relataba en estas páginas la identificación de un gen, llamado TCF7L2. Ciertas mutaciones de este gen causaban una baja producción de insulina por las células beta del páncreas, a pesar de estar vivas y sanas y de no haber sido atacadas por el sistema inmune. Si en estas condiciones se desarrolla siquiera una ligera resistencia a la insulina, la diabetes se declara sin remedio.

Sin embargo, parece evidente que la epidemia de diabetes que estamos sufriendo no se debe a un incremento de mutaciones perniciosas en los genes que pueden afectar al desarrollo de la enfermedad. Por el contrario, nada de eso parece estar sucediendo, y lo que sí sucede es la adopción de un estilo de vida en el que cada vez hacemos menos ejercicio físico y nos alimentamos más con dietas hipercalóricas y desequilibradas. Por mi parte, confieso que casi los únicos miembros del cuerpo que ejercito adecuadamente son los dedos de las manos, a base de darle a las teclas del ordenador cuando trabajo, y a los botones del mando a distancia de la tele cuando descanso. Afortunadamente, debo tener buenos genes, o eso creo. Recuerde que la diabetes solo la sufren los otros.

Si una mala dieta puede conducir a la diabetes, quizá una dieta adecuada pueda ayudar, no solo a la prevención, lo que parece evidente, sino también a su tratamiento una vez declarada la enfermedad. Es la hipótesis que barajaron unos investigadores de la Universidad de Massachusetts, también nacida en los USA.

Los científicos sabían que ciertos medicamentos utilizados para evitar la subida de glucosa que se produce tras las comidas en los pacientes diabéticos actúan disminuyendo la acción de determinados enzimas que facilitan la absorción de los hidratos de carbono por el intestino. Si estos enzimas no ejercen su acción sobre muchos de los hidratos de carbono ingeridos, estos no se pueden absorber bien y, en consecuencia, la glucosa en sangre sube menos.

Los investigadores de la Universidad de Massachusetts se preguntaron si no podrían existir sustancias naturales en algunos alimentos que pudieran actuar de similar forma que esos medicamentos, pero evitando los efectos secundarios de los mismos, claro. De hecho, investigaciones previas sugerían que algunos compuestos extraídos de las plantas y verduras podrían poseer este tipo de propiedades.

Desgraciadamente, a los diabéticos en general no deben de gustarles mucho las verduras, salvo excepciones, y quizá por eso sean, precisamente, diabéticos. Así que en lugar de dedicarse a analizar el efecto de extractos de verduras –que pocos diabéticos comerían– en la actividad de los enzimas implicados en la absorción de los hidratos de carbono, decidieron estudiar el efecto de los yogures, naturales o de frutas, sobre las mismas.

Así, encontraron que los yogures de arándanos y los producidos a base de soja contenían una sustancia que disminuía la actividad de los enzimas en cuestión. Por si fuera poco, comprobaron también que además de inhibir esos enzimas, algunos productos presentes en los yogures mencionados eran capaces también de inhibir un enzima involucrado en la hipertensión arterial, que es igualmente un mal frecuente de muchos diabéticos. La investigación para averiguar de qué productos se trata sigue abierta.

Estos hallazgos, por supuesto, no significan que si es usted diabético deba alimentarse exclusivamente a base de yogur de arándanos de ahora en adelante, pero sí significan que una dieta adecuada y, ¿por qué no?, también sabrosa, puede ayudarle a vivir mejor con su enfermedad. Aún nos queda mucho que aprender para poder diseñar la dieta antidiabética perfecta, si es que tal cosa existe. Como siempre, investigaciones como la que acabo de relatar aquí, si no nos bajan la glucosa por el momento, nos suben al menos la esperanza en sangre y corazón, lo cual es algo que también ayuda siempre a vivir mejor a todos.

20 de noviembre de 2006

Alimentos Hipogénicos

Todos estamos familiarizados con los alimentos transgénicos. Al menos, probablemente hemos oído hablar de este tipo de alimentos en los medios de comunicación. En estas páginas me he referido a ellos en varias ocasiones y he explicado algunas de sus ventajas y de sus inconvenientes.

Recordemos que las plantas o animales transgénicos contienen genes que no les son propios, es decir, genes que proceden de otras especies. De ahí que se denominen transgénicos, ya que el prefijo "trans" significa, en griego, "de otro lado". Los genes que se han introducido en los animales y plantas transgénicos provienen, en efecto "de otro lado", de otros organismos.

Entre las ventajas que se consiguen al generar plantas transgénicas se encuentra, por ejemplo, la de aumentar su resistencia a plagas, a insectos o a malas hierbas. También la de aumentar su resistencia al frío, incluso a la congelación. Igualmente, algunos transgenes consiguen retrasar el proceso de maduración, de manera que los alimentos no se pudran durante el transporte desde los sitios de producción al supermercado, o a nuestra mesa.

Los alimentos transgénicos no representan ningún problema para la salud del consumidor. Al contrario, bien podrían ser beneficiosos. Podríamos por ejemplo, fabricar tomates transgénicos con mayor contenido en algunas vitaminas, o carne de cerdo rica en ácidos grasos omega tres, como ya relaté también en estas páginas.

Sin embargo, en algunos casos, los alimentos transgénicos sí podrían ser perjudiciales para el medio ambiente, y para la biodiversidad. Una planta transgénica resistente a una determinada plaga podría diseminarse al medio exterior y competir con éxito con las demás plantas de su especie, a las que podría condenar a la extinción. Este fenómeno puede suceder también en animales modificados para crecer más rápido, o ser más resistentes. El resultado sería la extinción de la especie original y su sustitución por la especie transgénica.

Estos problemas aconsejan que seamos cautos con el tipo de animales o plantas transgénicas que produzcamos. Sin embargo, recientemente, la tecnología del ARN de interferencia proporciona una nueva posibilidad de modificación genética de animales o plantas que está exenta de este problema. Se trata de lo que yo llamo "hipogénesis".

Hace pocas semanas, con motivo precisamente de la concesión del premio Nobel a sus descubridores, expliqué aquí cómo funcionan los ARNs de interferencia. Muy brevemente diré de nuevo que los ARN de interferencia interfieren con el funcionamiento de un gen determinado. La producción en el laboratorio de ARNs de interferencia para genes de nuestra elección, y su introducción en las células, permite interferir con el funcionamiento de un determinado gen y con la producción de la proteína o enzima que de dicho gen se deriva. Como sabemos, las proteínas son las piezas ejecutoras de las instrucciones escritas en los genes. Al no poderse producir la proteína es como si lo hubiéramos eliminado.

En algunos casos, es más interesante eliminar un gen de un organismo que introducir uno nuevo. Es el caso, por ejemplo, del algodón. Esta planta se cultiva en más de ochenta países con el objeto de obtener fibra de algodón para la elaboración de prendas de vestir. Su cultivo es un importante recurso económico para muchas personas de Asia y de África.

Una característica casi desconocida del algodón es que por cada kilogramo de fibra textil producida también proporciona 1,65 kilogramos de semillas que contienen proteínas de alta calidad, similares a las encontradas en otras semillas más familiares, como las judías y las lentejas.

A pesar de su elevado contenido en proteínas, nadie come semillas de algodón, ni siquiera son utilizadas como alimento de animales de granja. La razón es que las semillas, en realidad toda la planta del algodón, contienen gosipol, una sustancia tóxica que hace imposible su consumo para animales y humanos. El gosipol se encuentra en glándulas especiales de las hojas, tronco, flores y semillas de la planta de algodón y sirve de mecanismo de defensa ante los insectos que las devorarían de no producir dicha sustancia.

La presencia de gosipol en la planta de algodón es conocida desde hace cierto tiempo. Ya en los años 50 del pasado siglo se intentó seleccionar artificialmente plantas de algodón mutantes carentes de gosipol, es decir, con algún fallo en los genes que controlan la producción de esta sustancia. Estas plantas producían semillas comestibles, pero eran demasiado débiles, muy susceptibles al ataque de insectos y otras plagas, por lo que no fue posible cultivarlas a gran escala.

Afortunadamente, hoy disponemos de la tecnología del ARN de interferencia. Con ella, podemos eliminar el gen de la producción del gosipol, y no en toda la planta, como sucedía en el caso de los mutantes, sino solo en las semillas, dejando al resto de la planta protegida del voraz ataque de los insectos. Es lo que han conseguido un grupo de investigadores de la universidad de Texas, quienes publican sus resultados en la revista *Proceedings of the National Academy of Sciences* de USA.

Estos investigadores han conseguido plantas de algodón con un contenido de gosipol en las semillas reducido un 98% respecto de los valores normales. Estos niveles de gosipol son aceptables, si no para consumo humano directo, sí para la alimentación de animales de granja, como vacas, cerdos y pollos. De esta manera, el cultivo del algodón podría ahora adquirir una doble utilidad y ser fuente de fibras textiles y también de alimento de alta calidad proteica para animales de granja, incluso, quizá con el tiempo y subsiguientes mejoras, también para la especie humana.

La ventaja adicional de este algodón hipogénico, y lo llamo así porque posee menores niveles (de ahí el uso del prefijo "hipo") de un determinado gen, es que su diseminación por el ambiente no corre riesgo de acabar con la especie original. El algodón hipogénico es, seguramente, más frágil, más susceptible de ser atacado por insectos o plagas, al menos sus semillas lo son. Esto hace improbable que su cultivo a gran escala plantee un peligro para el medio ambiente, como pueden plantearlo las plantas transgénicas, más resistentes que las originales.

La biotecnología no ha acabado de darnos sorpresas y de prometernos beneficios. De hecho, no ha hecho sino empezar. Muchos nuevos avances nos aguardan en un futuro no muy lejano que esperemos sirvan para mejorar, sobre todo, a la parte de la Humanidad más desfavorecida.

27 de noviembre de 2006

La Resurrección De Stradivarius

ALGUNOS CREEN QUE las civilizaciones antiguas poseían sabiduría y misteriosos secretos que se han perdido para siempre con el avance de la Historia. Los que creen esto suponen, claro, que esos secretos son importantísimos y su redescubrimiento nos concedería la llave de los misterios de la vida y del universo, que alguna vez poseímos. Es una variante del mito de la expulsión del Paraíso, pero esta vez lloramos no la pérdida de la felicidad, sino la pérdida de conocimiento y sabiduría que nos conduciría a ella. ¿Puede ser eso cierto? ¿Existen antiguos secretos superiores incluso a los revelados por la ciencia moderna?

Y bien, es cierto que los antiguos, al menos algunos de ellos, desarrollaron tecnologías que se perdieron durante un gran periodo de la Historia, para reinventarse más tarde. Sin ir más lejos, la revista *Nature* de esta semana publica las conclusiones de sofisticadas investigaciones realizadas sobre el Mecanismo de Antiquitera, un artilugio encontrado en el año 1900 por pescadores de esponjas, quienes lo hallaron entre los restos de un barco naufragado cerca de Antiquitera, una pequeña isla griega situada al noroeste de la isla de Creta.

Este artilugio es el primer mecanismo conocido que funciona mediante engranajes y ruedas dentadas, fabricadas en bronce, similares a las ruedecillas que pueblan los interiores de los relojes de péndulo. Las conclusiones de los estudios indican que el mecanismo contenía al menos 30 ruedas dentadas, a pesar de estar fabricado unos 100 años antes de Cristo, aunque su objeto no era la medición del tiempo, sino la reproducción de los movimientos del Sol y la Luna, y quizá algunos planetas, con precisión suficiente como para predecir los eclipses.

Nadie sabe quién fue el inventor de esta sofisticada maquinaria, que podríamos considerar incluso como el primer ordenador conocido, ya que de alguna manera computaba las posiciones relativas de los astros. Sin embargo, el famoso orador, político y filósofo Cicerón dejó escrito que su maestro Posidonio, a su vez un discípulo de Hiparco, quien fue quizá el mejor astrónomo de la Antigüedad, había construido un artefacto capaz de calcular las posiciones del Sol, la Luna y los cinco planetas.

Posidonio pudo ser, por tanto, el inventor de este mecanismo. No obstante, su complejidad sugiere que es el resultado de años de mejora, quizá incluso por parte de sabios de varias generaciones, es decir, no es el Mecanismo de Antiquitera "Intel 386", sino quizá el Mecanismo de Antiquitera "Pentium III", o superior. Por consiguiente, parece más probable que Posidonio introdujera algunas mejoras, pero no fuera el inventor original.

En el caso del Mecanismo de Antiquitera, hoy no nos perderíamos nada si acaso no supiéramos cómo fabricar uno exactamente igual. Disponemos de modernos computadores capaces de simular no solo los movimientos del Sol, la Luna y los planetas, sino prácticamente del resto de la Galaxia, además de predecir eclipses miles de años en el futuro o de averiguar cuándo sucedieron en el pasado.

Sin embargo, existe conocimiento antiguo, e incluso no tan antiguo, cuya pérdida sí supone hoy un cierto problema para nosotros. Un ejemplo lo tenemos en los famosos violines fabricados al inicio del siglo XVIII por Antonio Stradivarius, y también en los fabricados por el menos conocido en círculos no musicales, José Guarneri del Gesu, contemporáneo de Stradivarius. Los secretos de fabricación de esos instrumentos acabaron en la tumba con sus descubridores y sus extraordinarias cualidades musicales no han podido ser reproducidas hoy, ni siquiera aplicando las tecnologías más modernas.

Desde la muerte de esos instrumentistas, se ha intentado, sin éxito, fabricar instrumentos musicales que posean las mismas cualidades sonoras que los fabricados por ellos. Para lograrlo, se ha probado de todo: se ha pensado que el secreto radicaba en el tipo de madera y en el clima en el que crecían los árboles de los que se extraía; se ha supuesto que el secreto radicaba en las sustancias adhesivas empleadas para pegar las distintas partes del instrumento; se ha considerado que no era sino el barniz que se daba a la madera el que confería esa maravillosa tonalidad, tanto visual, como musical. Evidentemente, estas hipótesis son muy difíciles de demostrar, ya que desconocemos cómo fabricar un Stradivarius para poder compararlo con otro instrumento fabricado con materiales distintos. Además, si supiéramos fabricar un Stradivarius, ya no haría falta demostrar nada.

De todas formas, lo que estaba claro para los científicos era que las cualidades sonoras de un instrumento Stradivarius deben residir en las propiedades de los materiales usados y combinados para su fabricación, y no en alguna extraordinaria propiedad mística conferida a sus obras por el espíritu del creador de esos instrumentos. Por esta razón, un grupo de investigadores decidió estudiar con métodos de análisis sofisticados la composición química de las maderas de los violines Stradivarius y Guarneri y compararla con la de otros violines más modernos (y menos buenos). Los resultados también se publican esta semana en la revista *Nature*, y sugieren que el secreto de la fabricación de esos instrumentos no es ninguno de los arriba supuestos, sino que reside en el tratamiento administrado a la madera para evitar su putrefacción y el ataque de gusanos y de la carcoma.

En tiempos de Stradivarius, para favorecer su conservación, solía tratarse la madera hirviéndola en una solución de diversas sustancias minerales. Los análisis efectuados indican que la composición química de la madera de los instrumentos Stradivarius refleja un tratamiento de este tipo. El problema es que no sabemos a ciencia cierta qué tipo de sales minerales y otras sustancias formaban parte de la solución para hervir la madera.

No obstante, los investigadores no se han desanimado por eso. La composición mineral de la madera y los productos resultantes de los cambios sufridos por la celulosa al hervirla, sugería el empleo de una determinada mezcla de sustancias (que los investigadores mantienen en secreto, por el momento). Fabricando una solución con esas supuestas sustancias e hirviendo la madera con ella, se han logrado fabricar unos violines que, aunque no suenen exactamente como los Stradivarius, se les aproximan.

Así que, ¿quién sabe?, quizá probando diferentes composiciones y tratando con ellas la madera de diversas maneras, por ejemplo, diferentes tiempos de tratamiento, suene un día la flauta por casualidad y se consiga también que suene un violín moderno como suena un Stradivarius. Sin duda sería una noticia a la que no haría oídos sordos. Supongo que usted tampoco.

4 de diciembre de 2006

^{210}Po: Veneno Radiactivo

EL ESPECTACULAR CASO de la muerte del ex-agente ruso Alexander Litvinenko, envenenado, al parecer, por uno de los isótopos del polonio, me ha suscitado tanta curiosidad que no he podido remediar escribir lo que sigue para compartir lo que he aprendido sobre ese elemento radiactivo con usted.

Para entender por qué el isótopo 210 del polonio (^{210}Po) es tan tóxico y tan adecuado para envenenar a alguien en un avión sin que el veneno sea detectado, a pesar de las tremendas medidas de seguridad que debemos sufrir para volar, es necesario recordar algunos conceptos sobre los átomos y la radiactividad. Como todos sabemos, los núcleos de los átomos están formados por la unión de neutrones y protones. El número de protones es lo que confiere la identidad a un elemento químico. Así, el polonio, para ser polonio, debe tener 84 protones. Si tuviera 83 no sería polonio, sino otro elemento, el bismuto. Y si tuviera 85, sería ástato.

Sin embargo, el número de neutrones de un núcleo atómico puede variar. El ^{210}Po posee 126 neutrones (84 +126 = 210), pero podría poseer otro número diferente, a pesar de lo cual seguiría siendo polonio. A los átomos con el mismo número de protones y diferente número de neutrones se les denomina isótopos. El polonio 210 es solo uno de los 25 isótopos conocidos de este elemento químico.

Todos los isótopos del polonio son radiactivos. Recordemos que el núcleo de un isótopo radiactivo contiene demasiada energía y no es estable.

Debe liberar esa energía para estabilizarse, lo que sucede de tres formas distintas. La primera es emitiendo energía electromagnética de alta frecuencia: los rayos gamma. La segunda, emitiendo electrones, llamados en este caso partículas beta. La tercera, desgajando de su núcleo dos protones y dos neutrones, es decir, núcleos del elemento helio. Se trata de las partículas alfa.

La exposición a radiación beta y gamma es peligrosa. Sin embargo, no hay peligro de exposición radiactiva a las partículas alfa. Estas, al ser más grandes, no pueden atravesar materia espesa y son detenidas fácilmente por cualquier cosa que se encuentre en su camino, incluido el aire y la ropa. Las partículas alfa no pueden penetrar ni la piel.

No obstante, las partículas alfa son enormemente peligrosas si se emiten desde el interior del cuerpo, es decir, si se ha ingerido o inhalado un isótopo radiactivo que las emita. Como estas partículas son núcleos de helio que no poseen electrones, tienen una enorme tendencia a robarlos a los átomos que les rodean, produciendo radicales libres que atacan al ADN y acaban por matar a las células. Cuando un número suficiente de células de un determinado órgano han muerto, el órgano deja de funcionar y sobreviene la muerte del individuo.

El ^{210}Po es un isótopo particularmente eficaz en la emisión de partículas alfa. El ^{210}Po es 5.000 veces más radiactivo que el radio, el cual, como el polonio, es otro elemento radiactivo, descubierto por los esposos Curie. Además, la velocidad con que las partículas alfa son expulsadas del núcleo de ^{210}Po es también muy elevada, por lo que poseen una elevada energía cinética que comunican a lo que encuentren a su alrededor, elevando la temperatura peligrosamente.

La elevada actividad alfa del ^{210}Po contrasta con la casi nula actividad como emisor gamma. Es esta última radiación la más fácilmente detectable por los aparatos de detección. Al carecer de ella, el ^{210}Po puede pasar fácilmente sin ser detectado por los sistemas de seguridad que puedan existir en los aeropuertos para detectar radiactividad.

Evidentemente, transportar este elemento con seguridad sin resultar envenenado no es nada fácil. Para hacernos una idea, basta mencionar que a igualdad de peso, el ^{210}Po es mil millones de veces más tóxico que el cianuro. Solo la inhalación de 10 milmillonésimas de gramo es capaz de matar a un ser humano adulto, es decir, solo un gramo podría matar a cien millones de personas. La dosis que se calcula ingirió Litvinenko era suficiente para matarle mil veces. ¿De dónde la obtuvieron? ¿Cómo la trasportaron con seguridad?

No conocemos las respuestas a esas preguntas, pero algo podemos especular. Existen cuatro posibles fuentes de ^{210}Po posibles. La primera es su extracción a partir de minerales de uranio, lo que es muy complicado; la segunda, alguna fuente radiactiva ya fuera de servicio o vieja. En todo caso, manejarlas es también complicado y peligroso. La tercera fuente la constituyen artefactos antiestáticos comerciales, utilizados en la industria del plástico. Sí, sí, lo crean o no el ^{210}Po se produce (unos 100 gramos al año, o lo suficiente para matar a 10.000 millones de personas) por su utilidad para neutralizar la electricidad estática en algunos procesos industriales, ya que las partículas alfa emitidas por el ^{210}Po capturan los electrones y neutralizan las cargas negativas en exceso. Por último, la cuarta fuente puede ser su producción en reactores nucleares especializados para fabricar isótopos radiactivos artificiales. Se cree que esta es la fuente más probable.

En cuanto a cómo manejar esta sustancia con seguridad para evitar el envenenamiento de la persona que lo transporta, sabemos menos aun. No obstante, me atrevo a especular, aun a riesgo de equivocarme por completo, que la persona que lo manipuló pudo haber ingerido alguna sustancia que pudiera protegerle de los efectos de la ingesta o inhalación del ^{210}Po. Esta sustancia bien podría ser la llamada dimercaprol, la cual captura los átomos de elementos como el polonio y aumenta su excreción por la orina antes de que los átomos puedan pasar al interior de las células, donde son realmente dañinos. Algunos experimentos han demostrado que esta sustancia es capaz de proteger a ratas de laboratorio de una dosis mortal de ^{210}Po.

Con este panorama de toxicidad quizá podamos ahora entender mejor por qué se ha avisado a las personas que han viajado en aviones donde se han detectado pequeñas trazas de ^{210}Po. Si bien el riesgo de irradiación es mínimo, conviene realizar un reconocimiento médico a las personas que hayan podido ingerir o inhalar ^{210}Po, el cual, además de su toxicidad inmediata, si se inhala puede también causar o acelerar la aparición de un cáncer en unos años, dada la potente actividad de esta sustancia.

En cualquier caso, no ganamos para sustos. Ni siquiera hace falta ya el ruido de una bomba para conseguir que cunda el pánico internacional. La racionalidad de la ciencia y la técnica unida a religiones fanáticas o a políticas dictatoriales han creado un arma que manejan unos pocos locos, pero que es capaz de devorarnos a todos. De seguir así las cosas, solo la racionalidad, la educación, los valores democráticos y el respeto mutuo podrán salvarnos ¿Lo lograrán?

11 de diciembre de 2006

Canal Hacia El Sindolor

SI DEBIERA ELEGIR el sentimiento que ha desempeñado el papel más importante en la historia de la Humanidad, no elegiría el amor, sino el dolor. ¿Cómo hubiera podido Cristo redimirnos del pecado y fundar el cristianismo si no hubiera tenido la capacidad de sentir dolor? ¿Se habría acaso inventado la tortura si no pudiéramos sentir dolor? ¿Tendría sentido la guerra sin dolor?

El dolor físico, que es el tipo de dolor del que voy a hablar aquí, consiste en una clase de sensaciones desagradables que pueden clasificarse desde sensaciones mortecinas a sensaciones de lo más agudas e insoportables. Además, al margen de su intensidad, no todos los dolores son de igual calidad, y no duele lo mismo una quemadura, o un arañazo, que cogerse los dedos con la puerta del patio, o recibir una patada en la parte del cuerpo de su elección, delantera o trasera.

Seguramente, a estas alturas, todos poseemos experiencia más que suficiente para que nos hayamos hecho una idea precisa sobre el sentimiento del dolor. Puede que nos muramos sin haber podido experimentar el placentero sabor del verdadero caviar, que yo solo imagino, pero nadie muere sin haber experimentado dolor de una clase u otra. ¿Nadie? Veamos.

Existen terminaciones nerviosas especializadas en captar estímulos nocivos y enviar impulsos al cerebro. Estos impulsos son enviados a través de la médula espinal, y recibidos por la región del cerebro denominada tálamo. Desde el tálamo, la señal viaja a la corteza somatosensorial, la zona de la corteza cerebral que posee un, llamémosle, mapa de nuestro cuerpo. En esa región se identifica la zona del cuerpo que emite las señales dolorosas y la sensación del dolor en la misma se hace entonces consciente.

Como en el resto de las transmisiones nerviosas, en el caso de la transmisión del dolor también desempeñan un papel importante ciertas sustancias neurotransmisoras. Además, en la transmisión del dolor intervienen los iones de sodio, esos que se encuentran en la sal común de cocina.

Todos los impulsos nerviosos son de naturaleza eléctrica, y los iones de sodio, que poseen una carga positiva, son fundamentales para su propagación. Estos iones deben entrar y salir de la célula nerviosa a través de su membrana, modificando así la diferencia de carga eléctrica entre el interior y el exterior de la neurona. Esta diferencia de carga es fundamental para la propagación del impulso nervioso.

No obstante, la membrana de nuestras células es de naturaleza aceitosa, hidrófoba, y no deja que las cargas eléctricas la atraviesen. El aceite no conduce la electricidad. Para conseguir el transporte de átomos cargados de un lado a otro de la membrana celular hacen falta proteínas especializadas en esta tarea, que se denominan proteínas canal. La denominación no es inapropiada, ya que estas proteínas crean canales que atraviesan la membrana, mediante los cuales regulan el paso de átomos cargados. Existen diversos tipos de proteínas canal, de acuerdo al átomo cuyo transporte facilitan. Tenemos así canales de sodio, de potasio, de cloro…

Es evidente que, para la percepción adecuada del dolor, es necesario que los elementos de la maquinaria de su transmisión funcionen adecuadamente. En particular, es necesario que funcione bien la maquinaria neurotransmisora y también las proteínas canal. Si, por las razones que fuesen, no lo hicieran, podríamos tener el caso, al menos en teoría, de algunas personas que no sintieran dolor.

Lo dicho arriba es, en realidad, un argumento válido para casi todos los mecanismos de nuestro cuerpo. Si las piezas que los hacen funcionar son defectuosas, no funcionarán bien. Sin embargo, en algunos casos, si el defecto se produce en un mecanismo vital, no podremos encontrar a nadie con ese defecto, ya que no estaría vivo. Por ejemplo, para hacer la digestión hacen falta determinadas proteínas y enzimas derivadas de algunos de nuestros genes. Si esas piezas son defectuosas, la digestión no podrá producirse. En teoría, sería pues posible la existencia de personas con defectos en esas piezas e incapaces de digerir los alimentos. El problema es que esas personas probablemente morirían al poco de nacer.

Así pues, aunque en teoría sea posible la existencia de personas incapaces de sentir dolor, como las hay incapaces de ver el color rojo, no es seguro que puedan existir. Al fin y al cabo, la capacidad de sentir dolor tiene un valor de supervivencia fundamental. Sin dolor no podríamos aprender a protegernos de aquello que puede hacernos daño y pondríamos en serio peligro nuestra vida. Por esa razón, alguien que no pudiera sentir dolor quizá muriera pronto.

A pesar de lo dicho, es sabido que existe una rara condición congénita de insensibilidad al dolor. Estas personas, que en general mueren jóvenes, son capaces de sentir el calor, las cosquillas, o la presión sobre la piel sin problemas, pero no sienten dolor ante nada. Las consecuencias de esta insensibilidad son graves. Los niños insensibles al dolor sufren de múltiples mordeduras en la lengua, ya que no pueden aprender a no mordérsela (al igual que algunos políticos). Por otra parte, no pueden adquirir el concepto de peligro, y realizan actividades temerarias que les llevan a sufrir de numerosas fracturas óseas, de las que, muchas veces, no son ni siquiera conscientes, ya que no les duelen. En algunos casos, su conducta temeraria les conduce a la muerte.

Estudiando a miembros de familias pakistaníes genéticamente relacionadas que sufren de esta condición, un equipo de científicos ha descubierto que estos individuos poseen una mutación en el gen SCN9A (Sodium ChaNnel 9A, es decir, canal de sodio 9A). Esta mutación hace que la proteína canal de sodio producida por este gen no funcione, y el impulso doloroso no pueda viajar al cerebro. Estos estudios han sido publicados en el número de esta semana de la revista *Nature*. Curiosamente, otras mutaciones en el mismo gen habían sido asociadas muy recientemente con una hipersensibilidad extrema al dolor. En este caso, las mutaciones resultaban en la producción de una proteína canal hiperactiva, que inducía sensaciones dolorosas al menor estímulo, incluso cuando este no debía ser doloroso por sí mismo.

Estos resultados pueden convertirse en una noticia excelente para todos, sobre todo para los anestesistas. El papel fundamental que desempeña el canal de sodio SCN9A en la percepción del dolor lo convierte en un blanco de primera magnitud para investigar y desarrollar fármacos que bloqueen su función. Si se lograra por medios farmacológicos impedir el funcionamiento de este canal, dispondríamos quizá de un analgésico poderoso y de utilidad clínica para tratar condiciones de dolor tanto crónico como agudo. Esperemos que la espera para disponer de este fármaco no se nos haga demasiado dolorosa.

18 de diciembre de 2006

Obesidad Floral

Esta Navidad, como todas, no vamos a dar de comer manjares solo a nuestro cuerpo. Le recuerdo a usted que dentro de su tubo digestivo alberga a más de cien billones, con be, de bacterias, distribuidas en más de cuatrocientas especies. Constituyen la llamada flora intestinal. Por si no lo sabía le informo de que el número de bacterias en su intestino es diez veces superior al de las células que componen su cuerpo. Resulta así que los seres humanos pueden ser considerados como sacos de células andantes que albergan diez veces más bacterias que células forman dichos sacos. Sin duda, una visión "poética" del ser humano que aún faltaba en nuestra colección.

Las bacterias del intestino nos utilizan. En nuestro interior se encuentran protegidas, a la temperatura óptima para su vida y reproducción, y nunca les falta el alimento que conseguimos con el sudor de nuestra frente (aunque para algunos sea cada vez más común conseguirlo con el sudor de la frente de los demás). Las bacterias, claro, ni tienen frente, ni sudan, las pobres.

Sin embargo, las bacterias de nuestros cuerpos también nos aportan beneficios. Uno de los más importantes es que nos protegen de la invasión de otros microorganismos menos amables con nosotros. Uno de ellos es la *Salmonella*, causa importante de contaminación alimenticia. Otro beneficio es la ayuda que las bacterias intestinales prestan a la digestión de ciertas sustancias alimenticias. Precisamente uno de los problemas de la toma de antibióticos es que estos fármacos, además del patógeno al que atacan, también destruyen a la flora intestinal, haciéndonos más vulnerables a otras infecciones y modificando nuestro equilibrio digestivo. Esta es una de las razones por la que los antibióticos nos dejan "hechos polvo" aunque nos recuperamos cuando la flora intestinal ha tenido tiempo también de recuperarse.

La importancia de la flora intestinal se estudia en animales llamados gnotobióticos. Estos animales de laboratorio se hacen nacer mediante operación cesárea en un ambiente absolutamente exento de microorganismos. En este ambiente, su intestino no puede ser colonizado por bacteria alguna, y esos animales no poseen por tanto flora intestinal. El intestino de estos es después "colonizado" por las especies de bacterias deseadas por los investigadores, lo que permite así estudiar el efecto de uno u otro tipo de bacteria en su aparato digestivo y su la salud general.

Una de las características de los animales gnotobióticos es que no ganan peso a la misma velocidad de los animales normales. Este hecho sugiere que la flora intestinal puede tener que ver con la regulación del peso corporal y, por tanto, quizá también con la obesidad.

Es bien conocido que factores que incluyen los genes que hemos heredado, el tipo de dieta y la falta de ejercicio afectan al desarrollo de la obesidad. Es menos conocido que para que la obesidad no se desarrolle, el equilibrio entre las calorías ingeridas y consumidas tiene que ser muy preciso, ya que incluso un desequilibrio de un 1% anual entre lo ingerido y lo gastado puede conducirnos a la obesidad. Por esta razón, la flora intestinal y el tipo y la cantidad de bacterias de la misma, al afectar a nuestra capacidad digestiva, podría ejercer, además de genes, dieta y ejercicio, un papel importante en el control del peso corporal.

Esta hipótesis ha sido explorada recientemente por un grupo de investigadores de la Universidad de Washington, en San Luis, Missouri, USA, quienes publican sus resultados en el número de esta semana de la revista *Nature*. Estos investigadores compararon la abundancia relativa de los tipos de bacterias de la flora intestinal de ratones de laboratorio o de seres humanos voluntarios, tanto delgados como obesos.

Las dos poblaciones más abundantes de microorganismos de la flora intestinal tanto en ratones como en seres humanos son miembros de los grupos bacterianos conocidos como *Firmicutes* y *Bacteroidetes*. Y bien, los estudios de la flora intestinal de los voluntarios humanos obesos indicaron que estos tenían más especies de bacterias *Firmicutes* que los individuos delgados.

Para comprobar si esta diferencia estaba relacionada con la obesidad, los experimentadores sometieron a una dieta adelgazante a los voluntarios obesos que lo desearon. Tras perder peso con esa dieta, resultó que la proporción de *Firmicutes* en los intestinos de esas personas disminuyó. Parecía pues que la relación entre tipo de flora y obesidad era cierta.

Resultados similares fueron obtenidos con ratones de laboratorio genéticamente determinados para convertirse en obesos debido a mutaciones en diversos genes. Estos animales mostraron una proporción de *Firmicutes* superior a la encontrada en animales delgados. Además, estos *Firmicutes* poseían enzimas capaces de digerir azúcares complejos encontrados en los alimentos, que así podían ser absorbidos y aprovechados por el animal. De este modo, las bacterias *Firmicutes* hacen posible extraer más colorías útiles de la misma cantidad de alimento ingerido.

Estos resultados indican que las personas o animales obesos poseen diferentes tipos de flora intestinal que los delgados, pero todavía no demuestran de manera concluyente que los distintos tipos de flora ejerzan un efecto en la obesidad y puedan ayudar a su desarrollo. Para intentar demostrar si esta posibilidad era cierta, los experimentadores utilizaron animales gnotobióticos.

Como hemos dicho, estos animales se hacen nacer y vivir en un ambiente sin microorganismos y sus intestinos no pueden ser colonizados por las bacterias. Se consiguen así animales a los que ahora podemos "infectar" bien con bacterias procedentes de la flora intestinal de animales obesos, bien procedentes de la flora intestinal de animales delgados, que colonizarán así sus intestinos.

Y esto fue lo que hicieron los investigadores. Lo que encontraron fue que cuando proporcionaban a los ratones gnotobióticos bacterias procedentes de ratones obesos, aquellos ganaban peso más rápidamente que cuando les proporcionaban bacterias de ratones delgados. Se establece así una relación causa-efecto entre la flora intestinal de ratones obesos o delgados y la velocidad a la que los ratones aumentan de peso ingiriendo la misma dieta.

Estos resultados añaden una posible explicación más a por qué unos comen poco y engordan, y otros se hinchan a turrón y no lo hacen. Además estos resultados prometen estimular el campo de los estudios sobre la obesidad, ya que de confirmarse más sólidamente en un mayor número de personas, abrirían la puerta al tratamiento de la obesidad mediante la manipulación de la flora intestinal, además de continuar con la tradicional dieta y ejercicio, claro. Otra esperanza más para algunos y algunas que, en estas Fiestas, tendrán problemas para no aumentar de peso. Felices Fiestas, por cierto.

25 de diciembre de 2006

FIN DEL VOLUMEN III

www.ingramcontent.com/pod-product-compliance
Lightning Source LLC
Chambersburg PA
CBHW060819170526
45158CB00001B/27